城市设计思维与表达

彭建东　刘凌波　张光辉　编著

中国建筑工业出版社

图书在版编目（CIP）数据

城市设计思维与表达/彭建东，刘凌波，张光辉编著．—北京：中国建筑工业出版社，2015.4（2023.1重印）
ISBN 978-7-112-17655-7

Ⅰ.①城… Ⅱ.①彭…②刘…③张… Ⅲ.①城市规划—研究—中国 Ⅳ.①TU984.2

中国版本图书馆CIP数据核字（2014）第310575号

责任编辑：李 杰 兰丽婷
书籍设计：京点制版
责任校对：李欣慰 党 蕾

城市设计思维与表达

彭建东 刘凌波 张光辉 编著

*

中国建筑工业出版社出版、发行（北京西郊百万庄）
各地新华书店、建筑书店经销
北京京点图文设计有限公司制版
北京中科印刷有限公司印刷

*

开本：787×1092毫米 1/16 印张：15¼ 字数：340千字
2016年1月第一版 2023年1月第三次印刷
定价：**99.00**元

ISBN 978-7-112-17655-7
（26873）

前　言

我们美国的城市，经过一段时间的快速增长和城市向郊区蔓延后，已经跨入到一个崭新的时代，对于过去繁荣发展的城镇更需要承担前所未知的责任。同时，城市规划已经发展成为一个新的学科。现在的城市规划者关注城市结构、生长和衰败的过程，并研究所有这些塑造城市的因素——地理的，社会的，政治的和经济的。

……

城市设计是城市规划中涉及物质形态的部分，亦是其中最有创意的阶段，想象和艺术在此可以发挥更重要的作用。这也可能是最困难和最有争议的部分。

——哈佛大学设计研究生院主任　何塞·路易斯·赛尔特（Josep Lluís Sert）

摘自《首届城市设计研讨会：简明报告》，1956 年

跨越近六十载的时空，此文仍熠熠生辉，昭示了中美两国城市规划设计实践在历史节点上的惊人相似。经过三十多年城镇化发展，新型城镇化成为跨入到快速城镇化阶段中国经济的经世方略。城市规划学科亦从建筑学中分离出来，步入一级学科行列，并与其他学科兼容并蓄，上至巨型区域城市圈，下到街巷绿道，从各个尺度解决城市交通、基础设施、土地利用和城市活力等问题。城市问题所引发的挑战，激励着越来越多的人成为城市规划师。

而作为承载着空间决策的城市设计，它关注建筑物、场所、空间，构成我们城镇的网络系统，以及人们使用它们的方式。但城市设计关注的不只是城市外观和建筑形式，更着眼于环境、经济、社会和文化的设计产出。这需要不同学科共同决策，其成果不仅包含设计本身，更重要的是决策的过程。

城市现实与理想的分歧、多学科分析研究与空间形态设计手法的交织，如何塞所言，使城市设计变成“最困难和最有争议的部分”。在设计实践与教学课程中，总能遇到同样的困惑。大家专著与教科书大都偏重于理论探索，设计案例类书籍则偏重理念与结果的表达，对于设计生成的过程言之寥寥，初学者往往会于开始有无处着笔之感。而快题设计类的书虽易于入手，但多着眼于模式化的方案表现，有取巧之嫌，更缺少实际操作层面的指导作用。城市设计归根结底属于空间决策，严谨的思维推导决策过程与富有创意的空间艺术完美结合方才能彰显设计之魅力。

麦肯锡日本公司的大前研一，核物理专业出身的战略咨询师，最终却成为商业发展战略决策的世界级导师。他在《思考的技术》一书里，讲述了纵观大局、着眼细节、层层推

进的逻辑思考的方法，以及合理易学的分析工具，为决策的思考划出一道可遵循的轨迹。而保罗·拉索的《图解思考》则永远启迪着设计师们，精妙的设计与理性的思考，两者亦可兼得。

因而，本书希冀展示出城市设计的有章可循的生成过程，以及技术性思考与艺术性表达的融合，在实际方案分析与逻辑解析中为大家展示空间艺术与规划决策的美妙旅程，为城市设计的实际操作应用与学习提供深入浅出的讲解。简而言之,不仅要“问题解决好”，还要“城市空间美”。故此，本书主要包含了两个部分：

①梳理城市设计理论与思维脉络，展示城市设计的思维方法。

②模块化的城市设计案例。通过对不同纬度与类型的实际案例生成过程的详细解析，进一步展示不同尺度的城市设计构思方法。

对于城市设计而言，其创作过程一直闪耀着理性与艺术的光芒，它突破历史与现实迷雾，竭尽全力于制高点窥视错综复杂的城市问题，在现实与未来的羁绊中，理性地寻找通往未来的乌托邦之路，以大刀阔斧的气势和细致入微的手笔融合艺术之魅力，激活都市活力，重构城市图景。当前城市研究科学方兴未艾，复杂性科学的介入、大数据的影响以及追求幸福感的城市规划让城市设计生机勃勃。

作为城市设计参考书，本书力求鉴于实践、务实求新，但才疏学浅，作为城市设计的一家一言，难免会有疏漏，亦请各位读者指正。

编者

2014 年 7 月 19 日

于路易斯安那州立大学

目　录

第 1 章　概　论

要掌握城市设计思维和设计方法，首先必须对城市和城市设计有所了解。本章从城市和城市规划的概念入手，简要介绍了中外城市设计的历史以及在漫长的发展过程中形成的经典理论，有助于读者理解城市设计，并构筑整体印象。

1.1 相关概念

1.1.1 城市

何谓城市？一般认为城市（city）是一定地区的经济、政治和文化中心，以非农业产业和非农业人口聚集为主要特征的居民点，包括按国家行政建制设立的市和镇[①]。

从城市发展的角度来理解，城市是社会与经济发展的集中体现。这一点我们可以借助于城市的文字含义来理解。早期的“城”和“市”是两个不同的概念，表现为两个不同的环境形态。“城”是防御性的概念，是为社会的政治、军事等目的而兴建的，边界鲜明，其形态是封闭的、内向的；而“市”则是贸易、交易的概念，是生产活动、经济活动所需要的，边界模糊，其形态是开放的、外向的。这两种初始的空间形态随着社会的进步和经济的发展变得丰富和扩大，并相互渗透，界线模糊，杂陈在一种新的环境形态之中，最终形成了内容多样、结构复杂的聚居形式——城市。

1.1.2 城市规划

城市规划（urban planning）随着城市文明进步应运而生，主要内容为对一定时期内城市的经济和社会发展、土地利用、空间布局以及各项建设的综合部署、具体安排和实施管理[②]。

从学科上讲，城市规划是一门综合性学科，它涉及社会学、建筑学、地理学、经济学、工程学、环境科学、美学等多种学科。从行政上讲，城市规划是政府的一项重要职责和重要工作。城市规划作为一门公共政策，其核心作用是协调和分配城市空间利益，为实现城市社会、经济、文化、环境的可持续健康发展，提出城市未来空间发展的途径、步骤和行动纲领，并通过对城市土地利用及其变化的控制，来调整和解决城市空间问题的社会过程。

城市规划作为一门学科体系，它包括法定规划和非法定规划。其中法定规划包括城镇体系规划、城市总体规划、控制性详细规划、修建性详细规划等；非法定规划包括城市设计、专项规划、专题研究等。各类规划所属层次不同，分别对区域、城市、乡镇、街区、地块等起到引导其发展的作用（图 1-1）。

---

① 城市规划基本术语标准（GB/T50280—98）。
② 城市规划基本术语标准（GB/T50280—98）。

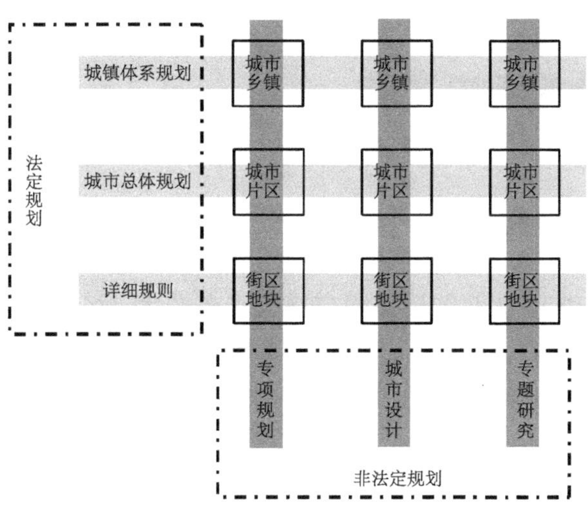

图 1–1 相关规划类型在规划体系中的划分

1.1.3 城市设计

城市设计（urban design）是一门关注城市规划布局、城市面貌、城镇功能，并且尤其关注城市公共空间的学科。是介于城市规划、景观设计与建筑设计之间的一种设计，相对于城市规划的抽象性和数据化，城市设计更具体和图形化（图 1-2）。它贯穿于城市规划的全过程 ①，核心内容是对城市体型和空间环境作整体构思和安排。

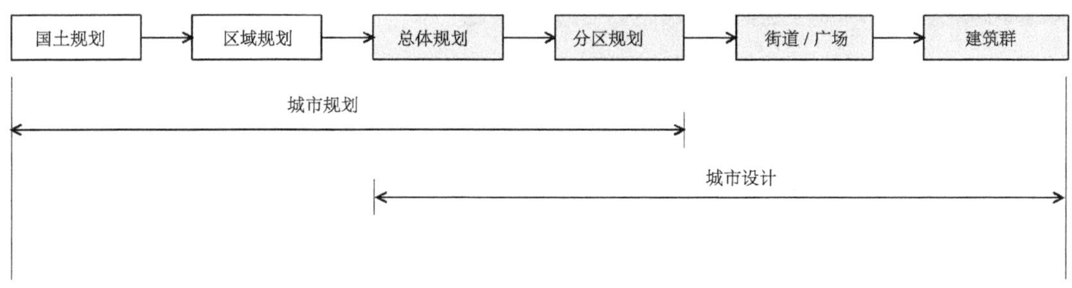

图 1–2 城市规划学科定位

城市设计要在三维的城市空间坐标中化解各种矛盾，并建立新的立体形态系统。城市设计侧重城市中各种关系的组合，建筑、交通、开放空间、绿化系统、文物保护等城市子系统交叉综合、联合渗透，是一种整合状态的系统设计。

① 城市规划基本术语标准（GB/T50280—98）。

1.2　城市设计的历史发展

1.2.1　城市设计的缘起

城市设计几乎与城市文明的历史同样悠久。在古代，城市设计与城市规划密不可分，几乎等同。它是随着人类最早的聚居点的建设而产生的。埃及、美索不达米亚、伊朗和小亚细亚的聚居点在公元前 5000 年已经具有村落形式。城市的产生和发展，对于人类文化传播的贡献，仅次于文字的发明[①]。这时期城市设计的代表包括古埃及金字塔（图 1-3）、新巴比伦城（图 1-4）等。

图 1–3　古埃及金字塔

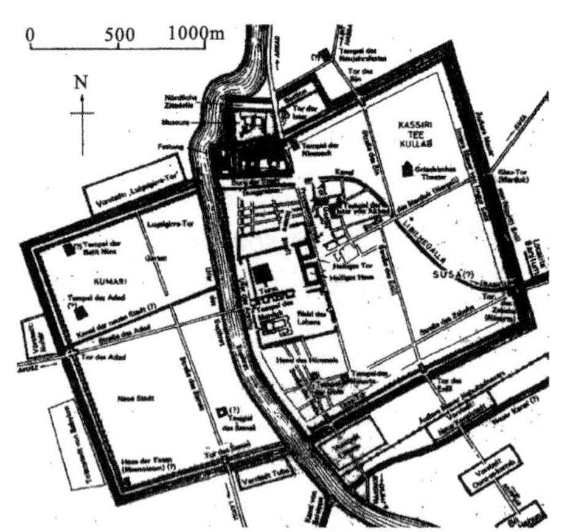

图 1–4　新巴比伦城平面

1.2.2　古代的城市设计

1.2.2.1　中国古代的城市设计

长期的封建社会、悠久的历史文化以及多民族融合的背景，造就了中国特有的儒家文化，“礼制”是其核心思想。“天人合一”、“象天法地”成为重要的规划设计原则，具体体现就是《周礼· 考工记》中的“王城”模式。早在公元前 11 世纪，我国城市规划设计已形成一套较完整的为政治服务的“营国制度”，这种反映尊卑、上下、秩序和大一统思想的理想城市模式，深深影响着以后历代的城市设计实践，特别是都、州和府城的设计建设。古都北京就是这一模式的范例（图 1-5）。

① 《城市设计》（第 2 版），王建国著，东南大学出版社。

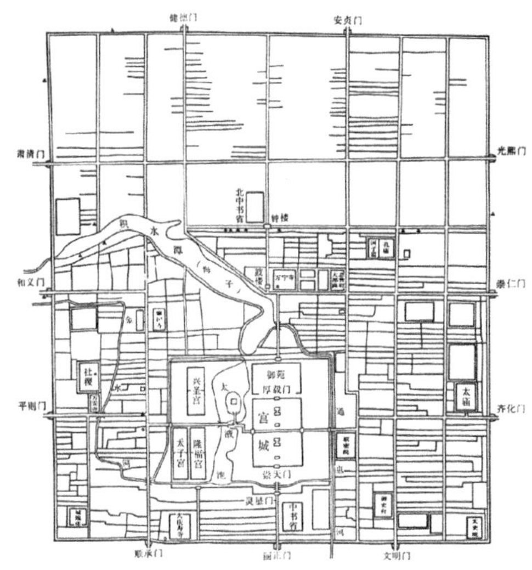

图 1–5 元大都城复原平面图

北京城的最早基础是唐朝幽州城，辽代北京改称为“南京”，又叫燕京。公元 12 世纪，金人打败南宋，模仿北宋汴梁的城市形制，在辽南京基础上扩建“金中都”。随后元朝将元大都向东北迁移，皇宫围绕北海和中海布置，城市则围绕皇宫布局成一个正方形，规模更大，恢复“左祖右社”、“前朝后市”等制度。公元 15 世纪，明成祖朱棣迁都北京，贯通从正阳门到钟鼓楼长达 7.8km 的中轴线，奠定了北京其后数百年发展的基础。

另一方面，我国古代也有一些城市规划设计更多地结合了特定的自然地理和气候条件，至于大量地处偏僻地区或地形条件特殊的城镇更是如此。如明南京城设计的一个显著特点就是城与山水紧密结合，城内街道呈不规则状，从而形成独特的城市格局（图 1-6）。

图 1–6 明南京城平面

1.2.2.2 西方古代的城市设计

希腊文明之前，欧洲缺乏城市设计的完整模式和系统理论。这一时期城镇建设和城市设计几乎都出自实用目的，除考虑防守和交通外，一般没有象征意义。古希腊时期城市建设最典型的当属雅典卫城（图 1-7）。

公元前 5 世纪，希波丹姆所做的米利都城（图 1-8）重建规划，在西方首次系统地采用正交的街道系统，形成十字路网，这种系统被认为是西方城市规划设计理论的起点。

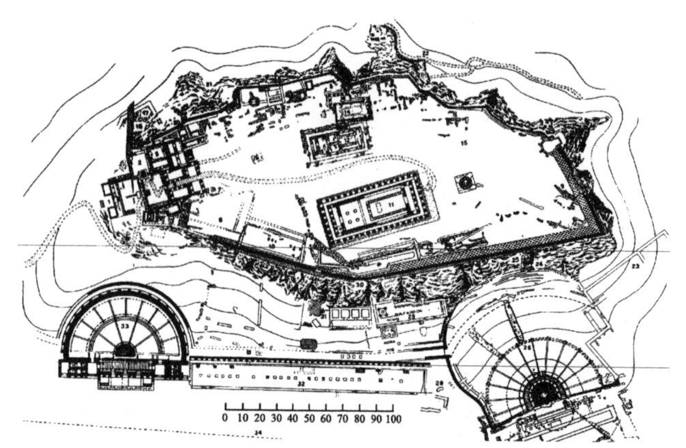

图 1-7 雅典卫城平面

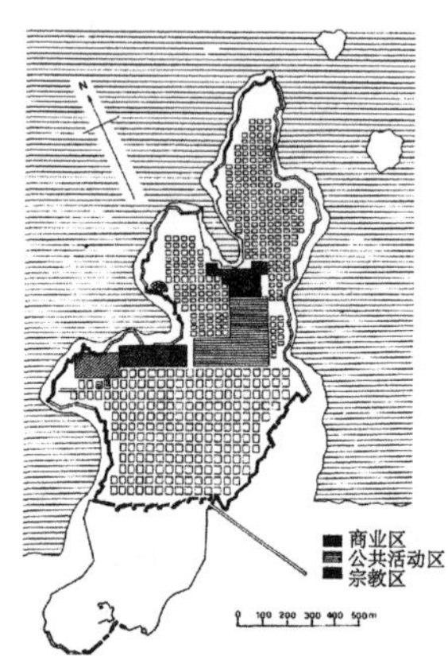

图 1-8 米利都城平面和城市中心

古罗马时代已有了正式的城市布局规划，它具有 4 个要素：选址、分区规划布局、街道与建筑的方位定向和神学思想。罗马人从希腊城镇中学到了基于实践基础的美学形式。而且对封闭的广场、四周连续的建筑、宽敞的通衢大街等都依照自己的方式进行了特有的转换，比原来的形式更华丽更雄伟。著名案例有：庞贝城（图 1-9）、罗马（图 1-10）等。

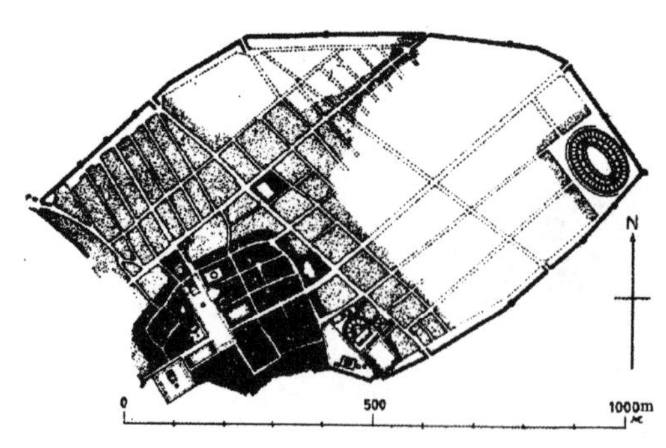

图 1-9 庞贝城

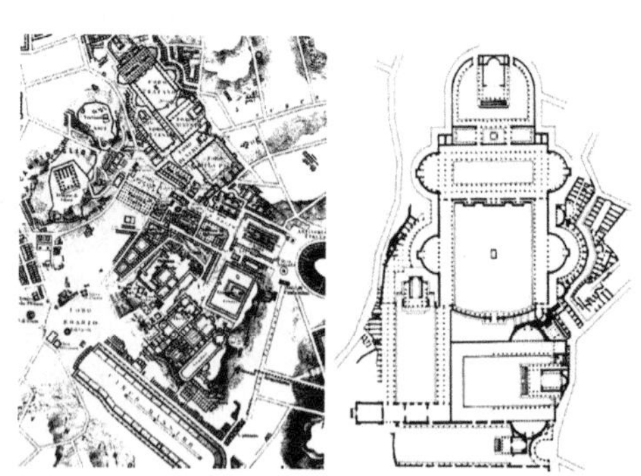

图 1-10 罗马中心区广场群

中世纪，城市开始作为主教与国王的活动中心兴建起来。从规模上看，中世纪欧洲城市比古罗马小很多。城市大多是自发形成的，布局形态以环状与放射环状居多，虽然教堂、修道院和统治者的城堡位于城镇中央，但布局较为自然。随着后期工商业发展及军事需要，也规划新建了一些格网状城市。这一时期代表城市有:佛罗伦萨（图 1-11）、威尼斯（图 1-12）等。

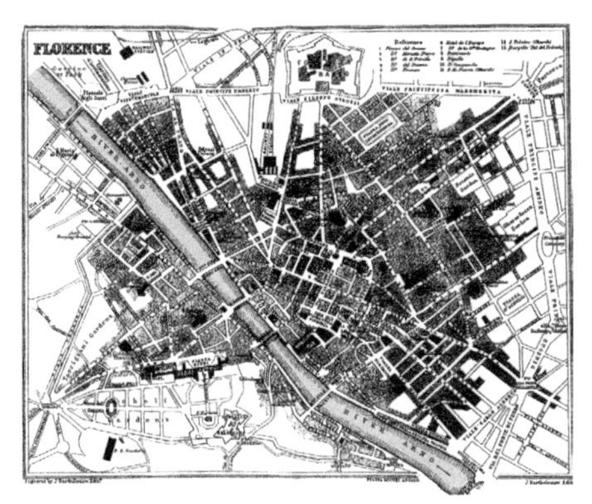

图 1–11　16 世纪的佛罗伦萨城市平面

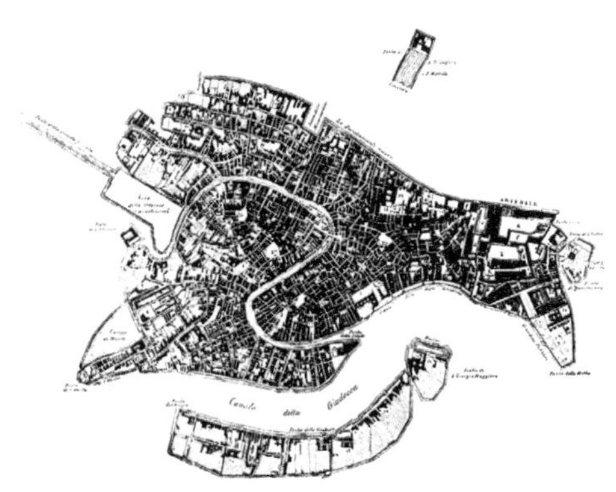

图 1–12　威尼斯城市平面

自文艺复兴始，西方城市设计越来越注重科学性，规范化意识日渐浓厚。这一时期地理学、数学等学科知识对城市发展变化起了重要作用，出现了正方形、八边形、多边形、圆形结构及格网式街道系统和同心圆式的城市形态设计方案。到 16 世纪，出现了巴洛克风格，强调城市空间的运动感和序列景观，在一些实际案例中，多采用环形加放射的城市道路格局。这一时期城市设计的成就包括帕马诺瓦城（图 1-13）、巴黎（图 1-14）等。

图 1–13　帕马诺瓦城全景

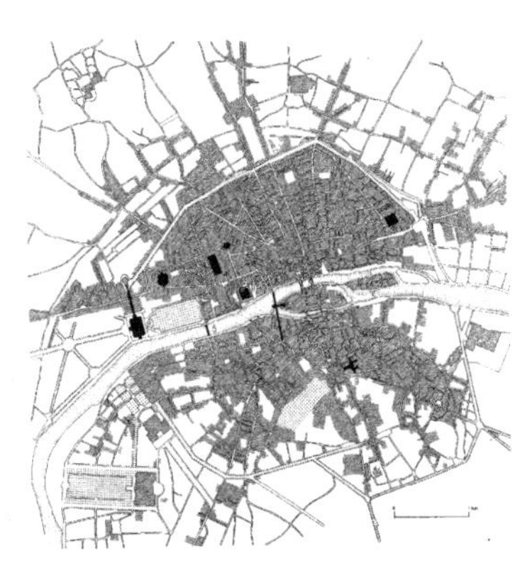

图 1–14　巴黎城市平面

1.2.3 近现代城市设计

工业革命后，由于新型武器的运用，城市军事防御功能弱化；同时新型交通和通信工具的发明应用，使得城市形体环境的尺度有了很大的改变。城市社会具有更大的开放程度。人口及用地规模急剧膨胀使得城市发展速度超过了人们的预期，这使人们逐渐认识到有规划的城市设计是十分必要的。以总体的可见形态的环境来影响社会、经济和文化活动，构成了这一时期城市设计的主导价值观念。这一时期城市设计的成就包括了巴黎改建（图 1-15）、印度昌迪加尔（图 1-16）、巴西利亚（图 1-17）等。

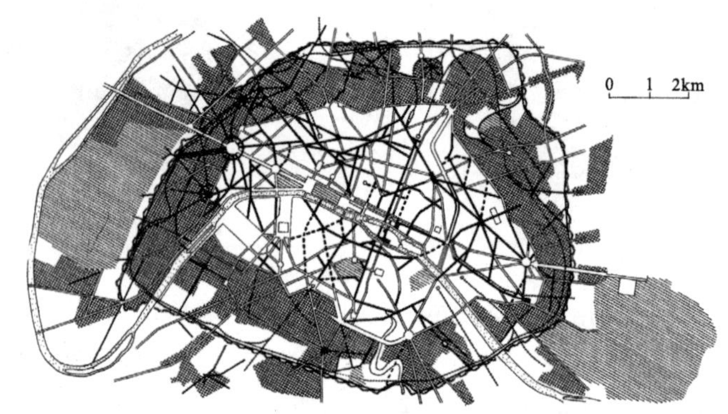

图 1–15　巴黎改建规划

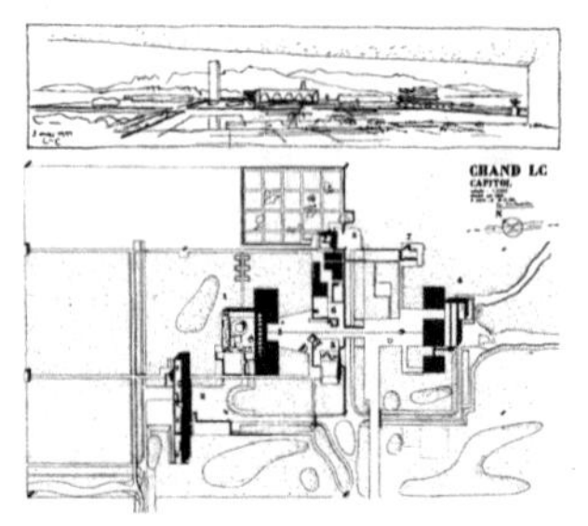

图 1–16　印度昌迪加尔城市平面

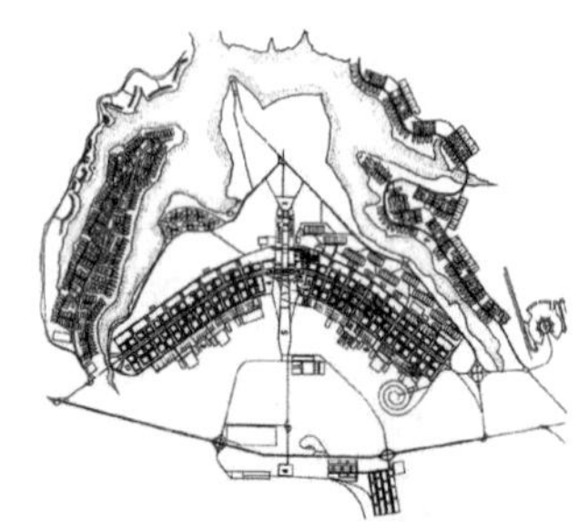

图 1–17　巴西利亚城市平面

1.2.4 当代城市设计

第二次世界大战后，各国许多城市面临重建问题。工业化导致了城市病的产生，城市规划先驱者们提出各式各样的治疗方案，城市设计已从单纯城市美化走向追求城市功能与市民生活的统一，“以人为本”思想逐渐成为主导。步入后工业化与信息时代后，人类开始认识到“只有一个地球”，“可持续发展”理念已被各国所认同。这一时期，新城市主义、紧凑城市等相关理念的提出，使得城市设计更加注重科学性，倡导全新的具有城镇生活氛围、紧凑的社区，以取代过度郊区化的发展模式。

城市设计的历史发展总结 表1-1

年代	时期	主要思想	设计案例
公元前5000~公元前800	史前	城市产生	新巴比伦城、阿拉贝城
公元前800~公元前146	古希腊	城市喜好选择南向斜坡，建筑则坐南朝北修建；正交的街道系统产生，这是西方城市规划设计理论的起点	雅典卫城、米利都城
公元前145~475	古罗马	已有正式的城市布局规划，具有4四个要素：选址、分区规划布局、街道与建筑的方位定向和神学思想；广场建设繁盛	罗马城、庞贝城
476~1453	中世纪	规模较小，布局形态以环状与放射环状为多，个性丰富，景观怡人	佛罗伦萨、威尼斯、锡耶纳城
1454~1639	文艺复兴	出现了正方形、八边形、多边形、圆形结构及格网式街道系统和同心圆式的城市形态设计方案；强调城市空间的运动感和序列景观；多采用环形加放射的城市道路格局	帕马诺瓦城、巴黎、德国卡斯鲁尔城
1640~1950	近现代	城市军事防御功能弱化，同时新型交通和通信工具的发明应用，使得城市形体环境的时空尺度有了很大的改变；城市社会具有更大的开放程度	巴黎改造、纽约曼哈顿、印度昌迪加尔、巴西利亚
1950至今	当代	倡导“以人为本”和“可持续发展”，提出新城市主义、紧凑城市等城市设计理念，创造具有生活氛围的紧凑社区	TOD模式

概括来说，古今中外的城市设计，虽然途径迥异，其城市规模大小不同，但都隐含着按某种设计价值取向产生的视觉特征和物质印记。今天的城市建设实践一再表明，传统的优秀城市设计范例仍然可以为我们提供重要的设计借鉴和启示。

1.3 城市设计的基础理论

城市设计虽有着悠久的发展历程，但其理论发展的黄金时期在近现代（19 世纪中叶以来）。除了田园城市、理性主义、有机分散、城市意象等经典城市设计理论外，还出现了现代最新的设计理论，包括联系理论、土地理论、场所理论等（表 1-2）。这些理论是城市设计的基础，有助于我们进行相关思维的搭建（图 1-18）。

近百年城市设计主要相关理论 表1-2

理论名称	主要内容	设计图示
19世纪中叶~20世纪初		
空想社会主义	托马斯·莫尔的空想社会主义乌托邦，主要针对资本主义与乡村的脱离和对立，私有制和土地投机等造成的种种矛盾，提出他的城市构思。类似的康帕内拉的“太阳城”方案、罗伯特·欧文的“新协和村”、傅立叶的法郎吉生产者联合会等都提出了一套相关主张，试图解决资本主义暴露的矛盾。 在这些空想社会主义的理论或设想中，将城市当作一个社会经济范畴，并随着新的生活变化而变化，这显然比那些把城市和建筑停留在造型艺术的观点要全面和深刻一些	维特鲁威的“理想城市”

续表

理论名称	主要内容	设计图示
田园城市	霍华德《明日：一条引向真正改革的和平道路》一书中提出“田园城市”。理想的城市应该兼有城市和乡村两者的优点，把城市和乡村作为一个统一的问题来考虑；城市达到一定规模后应该加以控制，采用卫星城的方式解决；居民点应该是绿色环境下的多中心的复杂聚居体系。霍华德还是一个实践家，在莱奇沃恩（Letchworth）和威尔温（Welwyn）实践了他的理论	 田园城市总平面图
系统理论	盖迪斯著《城市发展》和《进化中的城市》，指出城市在空间和时间发展中所体现的生物和社会方面的复杂性，需要综合系统地考虑其环境发展。他突破常规的城市范围，从区域的视角看待城市发展，把城市密集区域、城乡发展都纳入他的研究视野之中	
	20世纪初~20世纪中叶	
城市社会学	在20世纪20年代，Ernst W. Burgess开创的研究在城市学界产生了深远的影响，并在后来产生了城市发展不同的空间模型，如Homer Hoyt的扇形模型和Channcy Harris与Edward Ultman的多核模型等等。《城市》一书是介绍芝加哥学派的最好的城市社会学专集	
理性主义	勒·柯布西耶在1925年发表了他的名著*Urbanisme*（《城市规划设计》）。他将工业化的思想大胆地带入了城市规划，1922年，他曾发表了一个称为“300万人口的当代城市”的规划方案，城市的路网方格对称地构成，形成标准的行列式城市空间。以高层建筑、快速路、立交桥、大片绿化为标志，并通过一系列的高智商管理人才来实现未来城市的建设和改造。他的主张对后代影响极大，特别是第二次世界大战后西方城市建设中出现的高楼大厦、高架桥、大片绿地等都能看出他的理论的作用	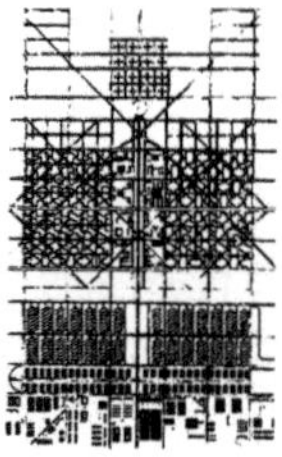 柯布西耶的“光明城”设想
广亩城市	赖特在1935年发表于《建筑实录》上的论文《广亩城市：一个新的社区规划》强调城市中人的个性，反对集体主义。这与勒·柯布西耶的集中规划思想是对立的	
雅典宪章	1933年雅典宪章提出城市居住、工作、游憩、交通四大功能，强调功能城市	
城市发展史	芒福德是美国著名城市理论家。他最突出的理论贡献在于揭示了城市发展与文明进步、文化更新换代的联系规律。他的理论强调以人为中心，从区域观、自然观来看待城市发展的复杂性。芒福德在1937年发表了《城市是什么》。66岁著《城市发展史》一书，堪称其暮年收获季节的代表作。他指出城市从无到有，从简单到复杂，从低级到高级的发展历史，就是反映着人类社会、人类自身同样的发展过程。“最初城市是神灵的家园，而最后城市变成改造人类的主要场所，人性在这里充分发挥……城市的主要功能是化力为形、化权能为文化、化朽物为活灵活现的艺术形象，化生物繁衍为社会创新。” 显然芒福德采用的是一种多重视角看待城市的发展问题，将城市的宗教、政治、经济、社会等各种活动与城市的规模、结构、形式等因素的变化结合起来	
有机分散	1934年，针对美国大城市的过分膨胀，伊利尔·沙里宁著《城市：它的发展、衰败与未来》强调城市应该是有机的，如同自然生长，提出针对大城市膨胀的有机分散思想。他的“有机分散”理论是从宇宙和生物界的有机秩序观点出发，他认为城市也是一个有机体，过度集中不好，需要进行有机分散，使城市功能和生态达到平衡，城市布局应体现这一特点。他发展了C·西特的理论，强调环境设计的整体感和协调性	 沙里宁的有机分散模式

续表

理论名称	主要内容	设计图示
邻里单位	20世纪30年代，佩里针对城市交通迅速增长，交通量和速度增大，影响居住区内正常生活的状况提出邻里单位的概念。通过增加邻里单位的设施，使得城市交通有一定区分，防止邻里单位外部的交通穿越	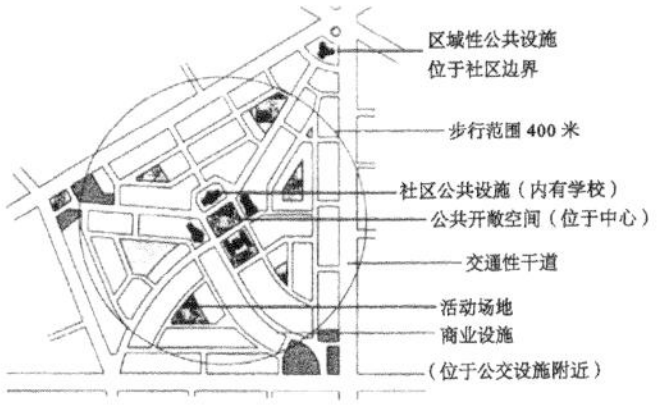 区域性公共设施 位于社区边界 步行范围400米 社区公共设施（内有学校） 公共开敞空间（位于中心） 交通性干道 活动场地 商业设施 （位于公交设施附近） 佩里的“邻里单位”
第二次世界大战战后~20世纪60年代		
城乡规划原则与实践	1952年，刘易斯·凯博的《城乡规划的原则与实践》相对全面地阐述了当时普遍接受的规划思想，成为战后物质性规划的标准版本	
针对城乡规划原则与实践的反思	1959年，Charles Lindblom发表的《紊乱的科学》一文，针对战后各国编制的几乎是清一色的越来越烦琐的城市综合规划提出尖锐批评。指出这类城市总体规划要素要求太多的数据和过高的综合分析水平，这些都远远超出了一名规划师的领悟能力，而这些忙于细部处理的综合型总体规划却往往都放弃了最重要的城市发展战略	
城市意象	1962年凯文·林奇著《城市意象》。他在书中首次提出了通过视觉感知城市物质形态的理论，这是大尺度城市设计领域的一个重大贡献。他在研究中指出构成人们的城市心理印象的基本成分有5种：即道路、区域、边缘、标志、中心点。并通过研究城市市民的城市意象，进一步分析美国城市的视觉品质。他主要着眼于城市景观表面的清晰或是“可读性”（即容易认知城市各部分并形成一个凝聚态的特性），并认定“可读性”在城市布局中的重要性，进而通过具体分析，说明这一概念在当今城市重建中的作用。书中主要列举了美国的3个城市：波士顿、泽西城和洛杉矶，提出了城市尺度处理视觉形态的方法以及一些城市设计中的首要原则	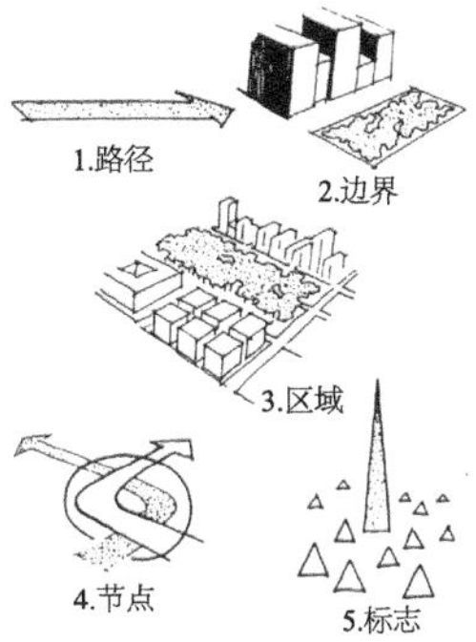 1.路径 2.边界 3.区域 4.节点 5.标志 K.林奇提出的城市意象五要素
联系理论	培根是美国著名城市设计大师，曾担任过费城总建筑师。他在《城市设计》一书中，将空间和运动结合起来，提出一套“同时运动系统”理论，把城市交通体系和不同功能城市空间结合起来，形成“城市设计结构”，并通过三维空间处理手法，使各种活动空间和不同速度城市运动系统有机结合起来。后人把这套理论概括为“联系理论”，即城市空间是通过运动、功能和视觉景观的联系展开的	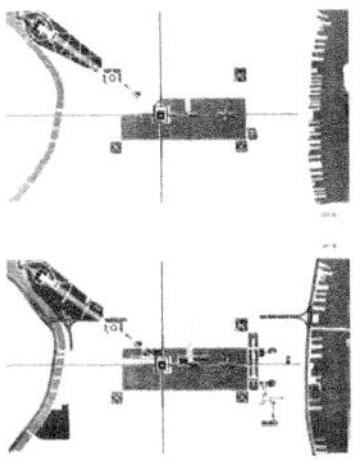
图底理论和新理性主义	鉴于对现代城市空间松散、破碎的不满，以罗西和克里尔兄弟为代表的“图底理论”应运而生，他们继承了C·西特总结中世纪城市空间形态的理论，在城市设计中创造一种“新理性主义理论”，即“通过重建空间秩序来整顿现代城市面貌”。 A Rossi从格式塔心理学形象和背景关系出发研究并提出古罗马时代城市空间形态，即著名的Nolli地图。R Krier总结了欧洲古城中各种广场、街道的类型，将其视为构成城市空间的基本要素，称之为“城市空间的形态系列”。这种理论学派后人称之为“图底理论”	

续表

理论名称	主要内容	设计图示
整体生长理论	克里斯托弗·亚历山大著有《城市设计新理论》、《城市并非树型》等书。他通过对旧金山高密度区进行模拟城市再设计，强调无论在宏观上还是在每一个细部环节上，都要经过设计来体现城市的整体性，并进一步指出，最重要的是过程创造整体性，而不仅仅在于形式	
城市建筑学与类型学	1966年，罗西提出"集体意识"概念，即人类心理深处的一种共同的"结构"；这种共同的"结构"在城市中加以体现，所以城市形态表现为市民的"集体记忆"。这种"集体记忆"可以通过一个"类型"的概念与城市形态加以沟通。并在《城市建筑学》中提出建筑是城市的缩影，城市是放大的建筑，所以建筑需要放到城市的整体中来研究	
20世纪70~80年代		
系统理性控制论	刘易斯·凯博1952年出版的《城乡规划的原则与实践》在1961年再版。突出规划编制程序步步相扣，现状调查、数据统计收集、方案提出与比较评价、方案选定、各工程系统规划的编制等都具有相当严密的逻辑性	
社会学批判	对城市规划理论的批判。简·雅各布斯针对美国20世纪50~60年代城市中心区的衰败现象，著有《美国大城市的死与生》一书，对传统规划理论加以大胆地批判。总的来看，整个1960~1970年代的城市规划理论界对规划的社会学问题的关注超越了过去任何一个时期。1970年代后期，城市学中新马克思主义的另一位掌门人Manuel Castells于1977年发表了《城市问题的马克思主义探索》，正面打出了马克思主义的旗号。 1978年克林·罗的《拼贴城市》出版。这是关于现代建筑意识形态的理论，追求现代建筑的哲学根源，强调城市的多元化（即秩序与非秩序、简单与复杂、永恒与偶发、革命与传统、回顾与展望相结合）和城市的文脉	
场所理论	若伯格·舒尔茨，代表著作：《存在、空间、建筑》和《场所精神——迈向建筑现象学》，其在20世纪80年代明确提出了"场所精神"这一重要论点，受到了世界建筑界的重视。场所理论强调不仅要有传统的形态还要有场所精神（genius loci or spirit of place），即聚集的本质及建筑行为与环境之间应有涵构关系。人需要围合感，场所就是这样一个具有空间特性和风格、使人们感到有认同感和归属感的地方。场所精神可以从区位、空间形态和具有特性的自明性（legibility）等体现出来	
马丘比丘宪章	1978年在秘鲁的利马提出，在雅典宪章的基础上，强调城市不要过分追求独立的功能分区，提出现代城市的有机性，强调城市是一个综合的多功能环境	
20世纪80年代后		
关于城市及其空间发展理论	1985年M. Gottdiener的《城市空间的社会生产》，D. Gregory与J. Urry合编的《社会关系与空间结构》等	

续表

理论名称	主要内容	设计图示
重新出现的关于城市物质形态设计的研究文献	1987年，Allan Jacobs与Donald Appleyard的《走向城市设计的宣言》，以积极的态度确定城市设计的新目标：良好的都市生活、创造和保持城市肌理、再现城市的生命力	
环境保护与可持续发展	1987年，联合国环境与发展委员会在《我们共同的未来》一书中正式提出可持续发展——“既满足当代人的需求，又不对后代人满足其自身需求的能力构成危害的发展”——的命题后，其迅速成为地理、环境、经济、规划等学科研究的焦点和前沿课题。1994年我国政府率先制定了中国的可持续发展战略《中国21世纪议程：中国21世纪人口、环境与发展白皮书》，并强调要提高全民可持续发展意识，建立和完善相关制度。要实现城市的可持续发展，要求在城市规划中除了包括常规的规划内容外，还必须综合考虑城市发展的资源与环境问题，在环境容量与环境承载力两个关键指标的约束下，制定城市的发展方案及相应的发展对策建议	
全球城市与全球化理论	20世纪90年代，经济、技术的发展，使得世界的合作越来越紧密，全球化成为20世纪90年代的热点话题。全球化是一个集合的概念，概括地说，全球化就是政治、经济、文化乃至思想，打破国家、民族、地域的限制，在高科技的支持下，更加深入、快速地传播、交流和融合。“全球化”和“地域化”总是一对永恒的话题，“地域、民族性文化在一定条件下可以转化为国际性文化，国际性文化也可以被吸收，融合为新的地域与民族文化”	
新城市主义	新城市主义是20世纪90年代初提出的一个新的城市设计运动。基于市郊不断蔓延、社区日趋瓦解的情况，新城市主义主张借鉴第二次世界大战前美国小城镇和城镇规划优秀传统，塑造具有城镇生活氛围、紧凑的社区，取代郊区蔓延的发展模式。具体模式有区域发展模式、TOD模式等	居住 公开空间 开放空间 500m 换乘 办公 中心商业区 办公
紧凑城市	提倡一种高密集而多样变化的城市。通过城市功能的相互叠加来提高能源的适用效率，减少消耗和污染，追求可持续发展，反对功能分区，避免城市向郊区与乡村蔓延。反对小城市的统治地位，主张建立步行系统与邻里关系	Green Belt Outer London Powder Keg Central Wealth Powder Keg Powder Keg Outer London Green Belt

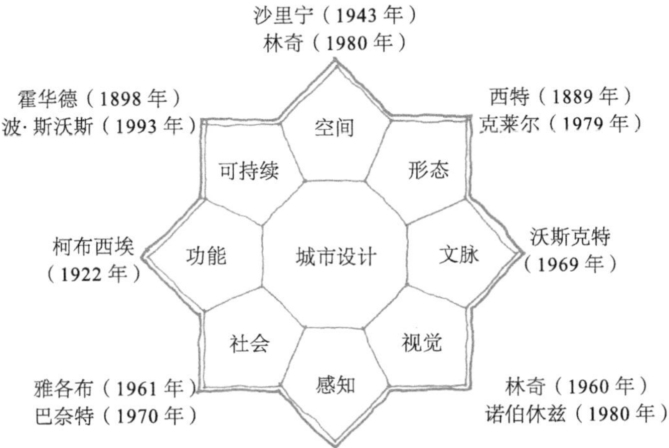

图 1–18 城市设计的理论脉络

第 2 章　城市设计思维方法

本章讲述城市设计任务的解读、场地分析、方案构思以及方案的具体表达。阅读目标为：初步了解城市设计的任务是什么，了解城市设计场地分析中所包括的各元素，以此为基础，掌握城市设计方案构思的初步方法与具体的表达方式，实现从简单的城市形体环境设计到更为宽泛领域的拓展。

2.1 任务解读

2.1.1 城市设计任务概述

城市设计的概念早在20世纪50年代初即已引入国内。随着现代城市设计理论与实践的不断发展，对于城市设计的内涵，不同的时期、国家、文化、学科都有着不同的理解。

2.1.1.1 城市设计定义梳理

城市设计又称都市设计（urban design），很多设计师及理论家对这一名词的定义都有自己独特的看法。我们总结了以下几类关于城市设计具有代表性的定义，以对城市设计的内涵进行阐述（表2-1）。

各类城市设计定义一览表　　表2-1

定义出处	具体定义
《大英百科全书》（第18卷）	城市设计的主要目的是改进人的空间环境质量，从而改进人的生活质量
英国建筑与建成环境委员会	城市设计是为人们创造场所的艺术。它包括场所作用的方式和社区安全、形象的问题。它关注人与场所之间、运动与城市形态之间、自然与建成肌理之间的关系，以及保证乡村、城镇和城市成功发展的途径
日本建筑师丹下健三	城市设计是当代建筑进一步城市化以及城市空间更加多样化时，对人类新空间秩序的一种创造
《城市规划基本术语标准》（GB/T 50280—98）	城市设计是对城市体型和空间环境所作的整体构思和安排，贯穿于城市规划的全过程
金广君《图解城市设计》	城市设计所涵盖的范围非常广，它不仅是一门社会科学，也是一门艺术。它是工学的，也是人文学和美学的；它是知性的，也是感性的。因此，对这一学科的研究应是"融贯的综合研究"，只有这样全局性、长远性的研究，城市设计才具有指导城市建设的可操作性
阮仪三《城市建设与规划基础理论》	城市设计是整体城市规划中的一部分；城市设计主要涉及物质环境设计问题，而物质环境不但建立在经济基础上，受到经济、政策的影响，也建立在人的心理、生理行为规律的基础上，并影响人的心理、生理行为；建筑群体及其周围的边角空间的处理是城市设计的核心问题
芬兰建筑师沙里宁	城市设计针对的是三维空间，而城市规划针对的是二维空间，两者的目的都是为居民创造一个良好的有秩序的生活环境
英国"城市设计小组"	城市设计是一种对那些因工作、生活、游憩而受到大家关心和爱护的场所的三维空间设计
十人组（Team 10）	城市设计绝不仅仅是一个学术领域内空想的规划师和建筑师的自娱自乐，它也并不只是冷漠地定位于物质环境的建设而对人以及人的体验漠不关心。城市设计必须首先处理人与环境之间的视觉联系以及其他感知关系，重视人们对于时间和场所的感受，创造舒适与安宁的感觉

续表

定义出处	具体定义
《中国大百科全书》	城市设计是对城市形体环境所进行的设计，也称为综合环境设计。城市设计的任务是为人们各种活动创造出具有一定空间形式的物质环境。内容包括各种建筑、市政公共设施、园林绿化等方面，必须综合体现社会、经济、城市功能、审美等各方面的要求
《大不列颠百科全书》	城市设计是对城市环境形态所做的各种合理处理和艺术安排。为达到人类社会、经济、审美、技术等目标在形体方面所做出的构思，它涉及城市环境不同的空间形式
英国城市设计家弗·吉伯特	城市是由街道、交通和公共工程等设施，以及劳动、居住、游憩和集会等活动系统所组成，把这些内容按功能和美学原则组织在一起就是城市设计的本质

通过对城市设计内涵的梳理，可以得到以下特点：

①城市设计是一个创造过程，它贯穿于城市规划的各个环节。

②城市设计描绘了一个蓝图，它体现出未来城市空间的理想状态。

③城市设计关注城市空间形态，它的重点是城市物质空间的安排。

综上所述，城市设计是一个创造城市空间环境的思维过程，通过一系列图示、文字等客观严谨的分析，来表达和体现城市设计师对城市空间形态的设计思想和理念，帮助决策者描绘城市的未来蓝图。

2.1.1.2 与其他规划类型的任务与成果比较

城乡规划体系是由全国城镇体系规划、省域城镇体系规划、城市规划、镇规划、乡和村庄规划等不同区域层次规划组成的一个相对独立、完整的规划体系。其中，城市规划和镇规划包括总体规划和详细规划，详细规划又包括控制性详细规划和修建性详细规划。城市设计与各类城市规划的任务与成果比较见表 2-2。

城市设计与其他规划类型的任务与成果比较一览表 **表2-2**

规划类型	规划任务	规划成果
战略规划	结合现状，对区域经济、社会、环境等各个方面所作的重大的、全局性的、长期性的、相对稳定的、决定性的谋划，确定区域整体发展战略和宏观层面的城市系统格局	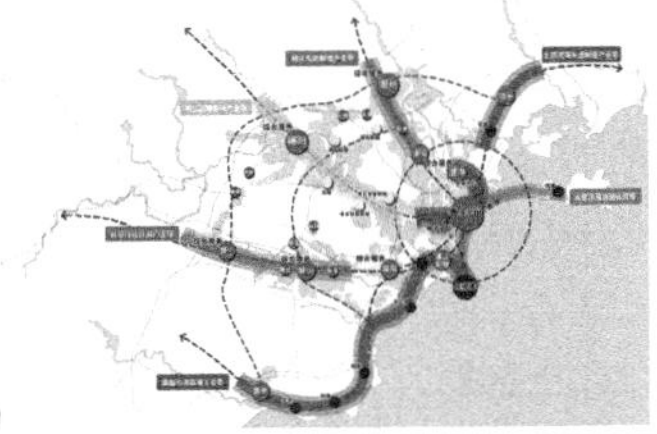
城市总体规划	依据国民经济和社会发展规划以及当地的自然环境、资源条件、历史情况、现状特点，统筹兼顾、综合部署，为确定城市的规模和发展方向，实现城市的经济和社会发展目标，合理利用城市土地，协调城市空间布局等所作的一定期限内的综合部署和具体安排。城市总体规划是城市规划编制工作的第一阶段，也是城市建设和管理的依据	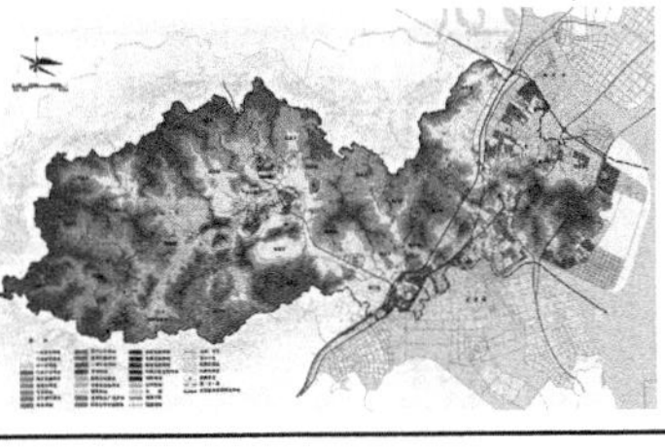

续表

规划类型	规划任务	规划成果
控制性详细规划	以城市总体规划或分区规划为依据，确定建设地区的土地使用性质、使用强度等控制指标，道路和工程管线等控制性位置以及空间环境控制，以控制建设用地性质、使用强度和空间环境。控制性详细规划是城市规划管理的依据，并指导修建性详细规划的编制	
修建性详细规划	以城市总体规划、分区规划、控制性详细规划为依据，制订用以指导各项建筑和工程设施的设计和施工。在满足上一层规划要求的前提下，直接对建设项目做出具体的安排和设计，并为下一层建筑、园林和市政工程设计提供依据	
城市设计	介于城市规划与建筑设计之间的非法定规划设计，在城市整体发展中起联系上下的作用。城市设计旨在通过具体图形化的设计，创造城市物质空间，处理建筑景观空间个体之间、群体之间的关系，以满足人类生活、社会经济及美观上的需要	

从整体关系而言，城市设计与其他 4 个类型的规划层次分明、相互渗透。在战略规划、总规、控规和详规中均要考虑到城市设计，但同时城市设计又不拘泥于上位规划所限定的任务，亦要从宏观战略、城市整体空间布局、控规控制条件制约以及空间实践建设等各个层面对城市空间政策与形态进行设计。

2.1.1.3 城市设计的成果演变

纵观我国城市设计工作的演变历程，其内涵经历了从单一到多元、从简单到丰富、从追求图式到有机整合、从纯粹学科到跨学科整合的演变过程（表 2-3）。

中国城市设计成果演变一览表 表2-3

时间节点	主要概况	设计案例	编制内容	设计成果
1949~1950年代末	以苏联城市规划设计体系为主体，具有极强的计划经济色彩。“一五”期间，全国共有150多个城市编制了规划。到1957年，国家先后批准了15个城市的总体规划和详细规划。这一时期强调以工业建设为中心，为工业建设服务，与经济发展计划配套，并在一定程度上改善城市环境	北京总体规划（包括“梁陈方案”）、龙须沟整治规划、长安街街道建设、天安门广场改建、革命历史博物馆和人民大会堂设计，上海肇家浜改造、第一个工人新村——曹杨新村规划、“闵行一条街”规划，天津墙子河规划等	主要是依照五年规划及计划经济时期的城市建设要求，制定城市建设方案。这一时期，由于城市亟待发展恢复，主要的编制内容以城市空间形态的蓝图为主，并没有涉及更加细致的内容	北京“梁陈方案” 沈阳“一五”时期形态

续表

时间节点	主要概况	设计案例	编制内容	设计成果
1960~1970年代末	中国城市规划设计的“冰封期”。由于1960年全国计划工作会议宣布“三年不搞城市规划”，同时伴随着政治环境的动荡和经济发展的停滞，规划设计乏善可陈	四川攀枝花工业城市设计、新疆垦区新城市石子河规划、上海金山卫星城设计、唐山大地震重建规划等	城市设计编制内容并没有很大进展，还是以简单的形态蓝图设计为主	 四川攀枝花城市形态  上海地区规划示意
1980年代	城市设计的发展期。城市设计终于在1980年开始以一个独立的概念存在。随着社会经济的改革和发展，城市设计在中国快速的城市化进程中得到巨大的实践空间，内容也相应丰富	上海虹桥新区城市设计，深圳经济特区总体规划，北京什刹海历史文化保护区保护规划、菊儿胡同试验工程，合肥环城公园规划、黄山屯溪街保护整治规划等	从原本单一的城市总体设计、工业区建设等内容，发展为多类型的城市设计，包括综合新区设计、历史街区保护、公园设计等。在编制内容上有较大丰富和提升	 上海虹桥新区城市设计  北京菊儿胡同改造设计
1990年代	1992年邓小平南行讲话后，中国经济发展迅猛，以上海浦东陆家嘴中心区规划国际咨询为标志性事件，城市设计得到前所未有的重视，城市设计案例层出不穷。这一时期，城市设计成果编制的内容也更为丰富，主要体现在与其他各类规划的衔接上，从对空间的设计延伸到规划控制上	上海浦东陆家嘴中心区设计、静安寺广场规划、北外滩城市设计，深圳福田中心城市设计、天河火车站至体育中心地区城市设计，北京王府井商业街环境整治、西单文化广场设计，西安钟鼓楼广场设计，哈尔滨圣索菲亚教堂广场整治等	将建筑设计与环境设计融入城市设计，创造优美的整体环境，加强城市设计的观念，配合城市规划，探索有中国特色的城市设计体系。编制内容逐渐将建筑及景观考虑在内	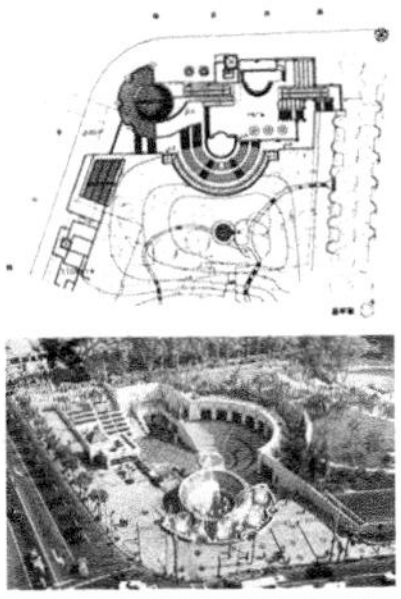 上海静安寺广场设计 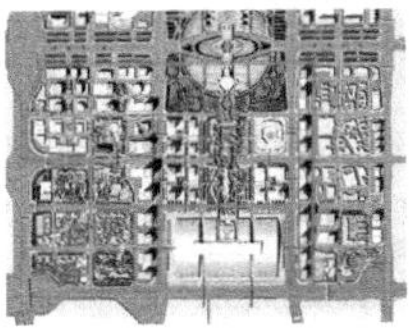 深圳福田中心区设计

续表

时间节点	主要概况	设计案例	编制内容	设计成果
2000年以来	2000年以后，由于中国城市设计市场更为开放，大量国外设计公司及人员带来更多世界性的城市设计思维和理念，促使城市设计在内容和广度上更为丰富。由于城市设计属于“非法定”规划，具备更多体现设计自我意愿的空间，其发挥程度更大，发展势头强劲	上海浦东中央大道和南京路步行街环境设计、黄浦江沿岸总体城市设计、上海世博会场地概念规划，深圳特区整体城市设计，“珠江口”城市设计、广州南沙地区城市设计，北京中关村科技园西区设计、奥林匹克公园总体规划设计，宁波核心滨水区城市设计及“三江六岸”概念设计，郑州郑东新区总体发展概念规划等	在2006年新修订的《城市规划编制办法》中，关于城市设计条款被取消，但在控制性详细规划的条款中要求“提出各地块的建筑体量、体型、色彩等城市设计指导原则”。城市设计编制内容在空间整体设计的基础上，需要考虑建筑、景观需求，同时也需要对其细节如建筑体量、色彩等加以控制，编制内容进一步得到补充	上海世博会概念设计 珠江口城市设计 宁波核心滨水区城市设计

可见，城市设计不再拘泥于发展初期的理想城市之终极蓝图，而是强化对未来城市空间拓展的预判，注重对城市空间控制要素的审视。通过对城市宏观、微观综合要素的考量，对于城市发展结构框架的控制要素将成为未来城市设计的重点以及对接控制性详细规划的衔接点。

2.1.1.4 城市设计的任务

1. 理想城市之蓝图

城市设计的任务是对城市空间形态的设计。其目的是创造理想城市的蓝图，既要彰显城市的特色，又能够为城市空间形态提供未来预判。城市设计作为介于城市规划与建筑设计之间的特殊非法定层面的规划设计，在物质空间设计方面具有更大的自由度，能够更清晰地表达设计师的思维意图，创造出多彩的超前的城市空间。

2. 编制控制性规划的依据

城市设计的任务也包括控制导则的编制，为编制控制性详细规划提供依据。城市设计中规定的控制指标要素，如容积率、建筑密度等，与控制性详细规划的内容有所重合，但其关注点不同。城市设计更加关注各项要素在设计区域的空间环境中的和谐度，从美学角度更加感性地考虑物质空间形态的美感。控制性规划则更加关注要素的科学性，但也需要从城市设计的角度进行空间考虑，使规划设计同时满足规范与审美的要求。

2.1.2　城市设计任务解析

2.1.2.1　背景——从宏观政策确定规划设计的目标

作为一种非正式规划类型，城市设计在中国的城市规划建设中发挥了巨大的作用：在城市规划实践中进行城市整体的空间发展研究、城市局部的空间形象创造和城市节点的空间环境设计；在思想观念上推动城市设计观念的普及，使社会各界更加关注城市生活；在制度改革中进行设计竞赛、国际咨询和公众参与的实践，这在一些地区被列入地方城市规划条例。

当前城市设计的发展不仅需要转变设计理念，重视生态建设和文化传承，在社会实践过程中体现公共价值，强化可操作性，更重要的是应放弃对于城市设计的狭隘认识，"不仅就空间论城市设计，不仅就城市设计论城市设计"，将城市设计作为制度范畴内的一项创新元素，放在中国城市规划变革乃至社会发展的大背景下去考察。社会变迁是一切学科，包括规划科学进步的动力。应当将城市规划与城市设计置于一个更为广阔的社会、政治、经济宏观背景中来思考，探讨关于规划设计的理论，并最终确定设计的目标。

2.1.2.2　限制——从规划确定设计的限制条件

1. 区域规划

区域规划是为实现一定地区范围的开发和建设目标而进行的总体部署，对整个规划地区国民经济与社会发展中的建设布局问题做出战略决策，把同区域开发与整治有关的各项重大建设落实到具体地域，进行各部门综合协调的总体布局，为编制中长期部门规划和城市规划提供重要依据。

国家发改委在编制"国民经济和社会发展第十二个五年规划"工作中，把区域规划放在突出重要的位置，明确区域经济发展的战略、空间布局以及结构调整的重点和方向。区域调控是宏观调控的重要内容，区域规划是区域调控的重要依据。市场经济体制下国家很少干预产业发展类型，但对区域发展如何协调则会进行必要干预。因此，为了促进地区协调发展，必须强化区域规划，使之成为城市设计的指导前提之一。

2. 上位规划

即上一个层次的规划，是在做低一层次的规划时必须遵守的。上位规划体现了上级政府的发展战略和发展要求。按照一级政府、一级事权的政府层级管理体制，上位规划代表了上一级政府对空间资源配置和管理的要求。随着我国城镇化和城市发展呈现出网络化、区域化的发展态势，单个城市将在更大范围内受相关城市和区域发展的影响和制约。上位规划从区域整体出发，编制内容体现了整体利益和长远利益。

上位规划包括战略规划、总体规划、控制性详细规划等。

战略规划是结合城市社会经济现状及其区域地位对城市的未来发展所做的重大的、全局性的、长期性的、相对稳定的谋划。

总体规划是指政府依据国民经济和社会发展规划以及当地的自然环境、资源条件、历史情况、现状特点，统筹兼顾、综合部署，为确定城市的规模和发展方向，实现城市的经济和社会发展目标，合理利用城市土地，协调城市空间布局等所作的一定期限内的综合部署和具体安排。城市总体规划是城市规划编制工作的第一阶段，也是城市建设和管理的依据。

控制性详细规划是城乡规划主管部门根据城市、镇总体规划的要求，用以控制建设用地性质、使用强度和空间环境的规划。在城市总体规划的基础上，对局部地区的土地利用、人口分布、公共设施、城市基础设施的配置等方面所作的进一步安排。

3. 专项规划

专项规划是以国民经济和社会发展特定领域为对象编制的规划，是总体规划在特定领域的细化，也是政府指导该领域发展以及审批、核准重大项目、安排政府投资和财政支出预算、制定特定领域相关政策的依据。

专项规划是针对国民经济和社会发展的重点领域和薄弱环节以及关系全局的重大问题编制的规划，其是总体规划的若干主要方面、重点领域的展开、深化和具体化，必须符合总体规划的总体要求，并与总体规划相衔接。具体包括工业、农业、畜牧业、林业、能源、水利、交通、城市建设、旅游、自然资源开发等。

4. 相关规划

设计还应考虑其他相关规划，包括周边区域规划、近期批建规划等。

2.1.2.3 历史——从历史沿革寻找城市传承格局

设计是一种创造性的活动。城市设计，实际上是一个文化的创造问题。一方面，一个时代的设计文化，是对当时的整个社会文化背景，包括政治环境、经济状况、工业化水平、文化政策、审美修养、国际交流等方面发展的直接反映；另一方面，一个国家的设计文化，也是与其民族的设计历史、民族特色、设计观念与审美思维方式等密不可分的。

城市既是世界各地历史文化的象征，又是文化过程的产物，带有明显的地域文化特征。每个时代都在城市的发展史上留下了自己的印记，这些连续的痕迹，形成了一个文化脉络，记载着城市的兴衰荣辱。保护好城市的文化，就是要保护城市历史痕迹的延续，保存城市的记忆和遗存。利用自然环境条件建设城市，尊重历史文脉改造旧城，应该是现代城市规划与设计的基本原则。

现代城市设计应以提高城市的生活环境品质为目标，在城市发展总体政策框架指导下，综合考虑城市各种功能，关注城市的历史文脉及有意义的场所精神的重塑，以城市形体空间为研究对象，对城市进行的阶段性的空间设计。

2.1.2.4 特色——从特色探索城市个性

城市特色是一个城市的内容和形式明显区别于其他城市的个性特征，是城市社会所创造的物质和精神成果的外在表现。城市特色是一个积极的概念，是城市物质形态特征、社会文化和经济特征的积极反映与集中体现，具体可以包括城市所特有的自然风貌、形态结构、文化格调、历史底蕴、景观形象、产业结构和功能特征等。一个城市的特色是由其物质环境特色和非物质环境特色所组成的有机体，其是城市本质和内在的属性，代表城市的个性特征，是城市的核心竞争力。

城市特色有利于城市资源的集聚和合理配置，有利于对城市无形资产的开发和利用，使城市具有强大的集聚力和辐射功能，形成“场”的效应。在城市设计中注重城市特色的探索有利于减少城市规划设计的盲目性。城市特色可以增强城市的吸引力和凝聚力，使城市在竞争中占据优势，城市特色既是竞争的资本，又是竞争的目标。特色越强，集聚、辐射功能就会越大，城市现代化的进程也由此加快。

2.1.2.5 关键——城市设计核心问题

1. 城市的自然条件分析与用地适用性评价

自然环境条件与城市的形成和发展关系十分密切。它不仅为城市提供了必需的用地条件，同时也对城市布局结构形成和城市职能的充分发挥有很大影响。城市的自然条件主要包括工程地质、水文及水文地质、气候和地形等。其中，工程地质条件包括建筑地质与地基承载力、地形条件、冲沟、滑坡与崩塌、岩溶、地震等；气候条件包括太阳辐射、风象、气温、降水与湿度等。

城市用地适用性评价是以城市建设用地为基础，综合各项用地的自然条件以及整备用地工程措施的可能性与经济性，对用地质量进行的评价。从自然条件出发对城市建设用地的适用性进行评价，主要是在调查研究各项自然环境条件的基础上，按城市规划与建设的需要，对用地在工程技术与经济性方面进行综合质量评价，以确定用地的适用性程度，为正确选择与合理组织城市建设和发展用地提供依据。

2. 城市用地功能布局组织

城市总体布局是城市的社会、经济、环境以及工程技术和建筑空间组合的综合反映。城市的历史演变和现状存在，自然和技术经济条件的分析，城市中各种生产、生活活动的研究，各项用地的功能组织以及城市建筑艺术的探求等，无不涉及城市的总体布局，而对于这些问题研究的结果，最后也都要体现在城市的总体布局中。城市总体布局要按照城市建设发展的客观规律，对城市发展做出足够的预见。它既要经济合理地安排近期各项建设，又要相应地为城市远期发展作出全盘考虑。

在具体进行城市用地规划布局的过程中，要注意到城市各组成部分应力求完整，避免穿插。将不同功能的用地混淆在一起容易互相干扰，可以利用各种有利的自然地形、交通干道、河流和绿地等，合理划分片区，使其功能明确、面积适当，要注意避免划分得过于散、零、乱，否则不便于各区的内部组织。

3. 城市交通

城市交通系统是城市规划设计中一项极为重要的专项规划，它体现了城市生产、生活的动态的功能关系。城市交通系统包括城市运输系统、城市道路系统和城市交通管理系统。我们在城市设计中主要研究的是城市道路系统。

城市道路系统的规划是指按照与道路交通需求基本适应、与城市空间形态和土地使用布局相互协调、有利于公共交通发展、内外交通系统有机衔接的要求，合理规划道路功能、等级与布局。主要内容包括：

①优化配置城市干路网结构，规划城市干路网布局方案，提出支路网规划控制密度和建设标准。

②提出城市各级道路红线宽度指标和典型道路断面形式。

③确定主要交叉口、广场的用地控制要求。

④确定城市防灾减灾、应急救援、大型装备运输的道路网络方案。

4. 城市绿地

在进行城市绿地的空间布局时，不能把绿地放在建筑布局之后用于填空，而应以绿色生物系统所要达到的生态功能为出发点，以自然过程的整体性和连续性为原则，重视城市生态格局薄弱和缺失环节的弥补与重构，重视绿地的镶嵌性和绿地廊道的贯通性。应综合地把街道绿地、公共绿地、单位环境绿地及大小公园、郊区林带和区域大范围的自然山水等相互渗透、相互结合，使整个城市生态健全、环境良好且有美的风貌，使人心旷神怡，置身于一个比自然更集中更优美的环境之中。

5. 城市景观

城市景观的总体设计要以较好利用本区域的自然景观为基础，在景观规划设计中，应把景观作为一个整体来考虑，追求景观整体风格的统一。同时，景观总体设计应力求自然和谐，强调可以自由活动的连续空间和动态视觉美感，避免盲目抄袭、照搬；公共设施的尺度应与空间相协调，地面铺装应尽量统一；协调人与环境之间的关系，在保护环境的前提下，改善人居环境，使景观、生态、文化和美学功能整体和谐。在景观设计中要对自然景观资源和传统景观资源进行合理的保护与利用，创造出既有自然特征和历史延续性，又具有现代性的公共环境景观。

城市景观不仅是向人们展示的，而且是供人使用、让人参与其中的。在城市景观设计中，应强调“以人为本”的原则，充分满足人自身的需要。“以人为本”就是要充分考虑人的情感、心理及生理的需要。只有综合考虑，才有可能规划布局出功能合理、富有特色的城市空间景观。

2.2 场地分析

场地分析是场地设计中的一个重要环节，泛指对影响场地建设的各种因素的分析。场地分析是场地设计的基础，是场地设计成功与否的关键所在。在场地分析中，我们必须亲临场地，实地考察，认真感受特定区域的独特品质，并尽可能地在设计中保留其原有优势，改善其弱势。

2.2.1　气候环境

2.2.1.1　当地气候

气候指的是一个地方随着时间的推移平均的天气状况。如果规划的中心目的是为人创造一个满足其需要的环境，那就必须首先考虑气候。广义地说，地球可分五个气候带：热带、北温带、南温带、北寒带、南寒带。虽然不能准确定义这些气候带的界限，且每一气候带内部都有相当大的变化，但每一带都有自己显著的特征，并强烈地影响所规划场地的发展和建筑。无论是在为特定的活动选择合适区域时，还是在具体区域内选择最合适的场地时，气候都是基础。一旦场地被选定，就自然提出两个新的考虑因素：如何根据特定的气候条件进行最佳场地和构筑物设计？又用何种手段修正气候的影响以改善场地内的环境？

气候最显著的特征是年度、季节与日间温度的变化。这些特征随纬度、经度、海拔、日照强度以及海湾气流、水体、积冰和沙漠等气候影响因素的变化而变化（图 2-1）。总体而言，气候环境反映在规划设计上的因素主要有日照、温度、风向、降水、湿度等方面。

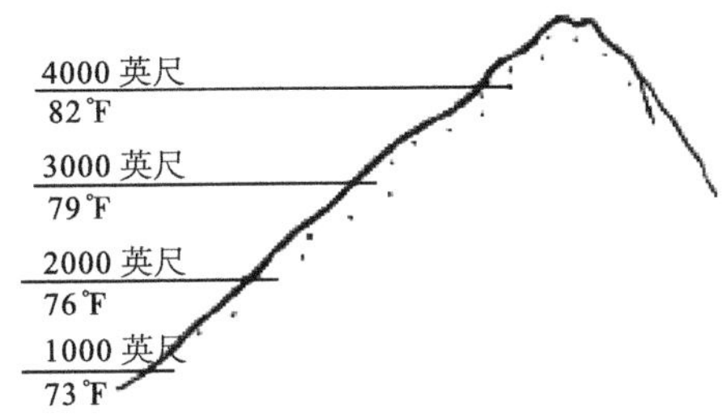

温度随海拔变化，白天每 1000 英尺下降 3℉，
夜间变化更大（注：1 英尺 =0.3048 米）

图 2-1　温度随海拔的变化而变化

1. 日照

丰富的日照是大自然给予人们最大的恩赐，万物皆因太阳而富有活力。在城市设计中，应当尽可能地让更多的使用者能够享受到适宜强度的阳光。在场地分析中，应当了解场地四季的日照方向，根据太阳的运动轨迹调整场地和建筑的布局以及构筑物、建筑物的间隔距离，保障生活在场地内的人们能够接受合适的光照。此外，还可以充分利用太阳的辐射，通过太阳能集热板为整个场地提供能量。

2. 温度

一个地区的平均温度随着纬度以及海拔的变化而变化，适宜的温度是人们生活舒适的重要保障。在场地处理中可以通过建筑的围合形式以及场地景观布局来改善一个区域的温度。通过引入能够吸收热量的植被，同样对调节气候有着一定的作用。

3. 风向

在场地分析中，应该对区域主导风向和盛行风向有一个清楚的认知。风向玫瑰图可直观地表示年、季、月等的风向，为城市规划、建筑设计和气候研究所常用。在城市设计中，在选址和审核厂区的布局时，对于生产易燃易爆物品、散发可燃气体和液体蒸气的工厂应当布置在主导风向的下风向，而居住区及市民活动较为频繁的区域应当布置在主导风向的上风向。同时，还应当通过建筑的排布以及植物的配置，为场地内部营造出平稳的气流环境（图 2-2）。

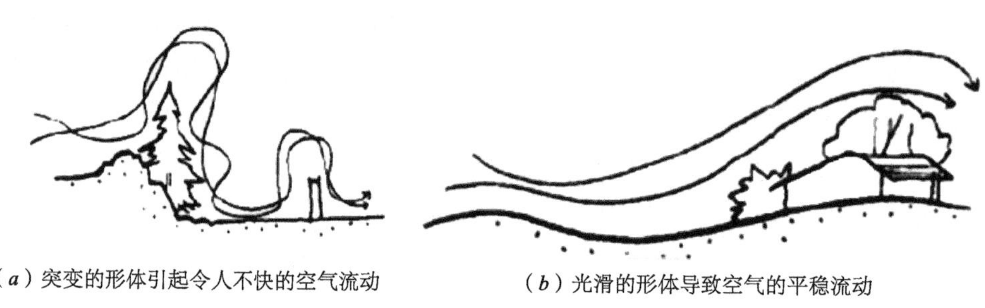

（*a*）突变的形体引起令人不快的空气流动　　（*b*）光滑的形体导致空气的平稳流动

图 2–2　形体影响气流

4. 降水

一个区域的降水随着各个地区气候类型的不同而变化，例如，中国以秦岭—淮河为界，以北为温带季风气候，夏季高温多雨，冬季寒冷干燥；以南为亚热带季风气候，夏季高温多雨，冬季低温少雨。因此，在建筑屋顶的形式和场地处理上有着很大的区别。

5. 湿度

一般来说，人体的舒适感觉与湿度的大小成负相关，干冷不如湿冷更令人感觉寒冷，湿热比干热更让人觉得难受。引入空气循环和利用太阳干燥可以降低湿度。在场地湿度较大的时候，需要将降低湿度也纳入考虑之中。

2.2.1.2　自然环境

一个区域的自然环境主要包括水资源、植被以及土壤现状。

1. 水资源

了解场地及场地周围的水环境，包括场地内部或场地周围的水资源情况、河流水位的影响、洪水淹没界线以及地下水位情况，以便确定场地的标高要求、研究防护和疏导措施等。在考虑任何一个场地开发时，首先应该关注地表水和地下水的水质和水量保护。水质要避免任何形式的污染。在此前提下，可以在保护水体完整性的同时，充分发挥陆地的最大功效，即将与水相关的土地边界和视域边界尽量扩大到合理的极限，为这个区域带来持续的、具有活力的水景观。反之，在没有水资源的场地，有条件的地区可以创造人造的水景观，为场地塑造提供活力，但是，要考虑场地内部水循环的问题，不能破坏原有的生态系统。

2. 植被现状

调查场地内的植被绿化情况，包括有无古树、大树或成片树林、草地，有无独特的树种，这些均应视情况加以充分利用。同时，要对这个区域内的乡土树种的品类有一定的了解，在城市设计中，尽可能地采用当地的乡土树种，搭配出层次丰富的植被景观。

3. 土壤现状

了解场地内的地质土壤情况，应进行必要的勘探，了解有无古井、溶洞、断层、流砂、淤泥、滑坡以及地震断裂带等情况，分析其中对建筑不利的因素，从而作出正确的判断，以利设计的进行。依靠山坡边进行建设要特别注意边坡是否稳定，如产生山体滑坡塌方，将会造成极大的灾害。注意湿陷性土壤和膨胀性土壤，这种土壤会给建设基础带来很多麻烦且难以处理。还要注意地基土壤的承载能力，特别是城区中由垃圾堆成的地基基础处理起来十分困难。

不论一个地区的气候与环境如何，在城市设计时，场地和景观的改良将会对场地气候控制起到一定的作用，不仅仅能使场地变得更加舒适宜居，而且这样的场地环境还节约了用来冷却或加热需要耗费的能量，为整个城市的环境保护做出贡献，这足以说明在设计之前做好场地分析的益处所在。

2.2.2　地形地貌

我国幅员辽阔，地形地貌也十分复杂多变，据统计，在我国山地约占国土面积的33%，高原约占26%，盆地约占19%，平原约占12%，丘陵约占10%。习惯所说的山区，包括山地、丘陵和比较崎岖的高原，约占全国面积的2/3。我国山地城镇约占全国城镇总数的一半。地形复杂导致地形分析是城市规划中必不可少的分析之一。

地形条件判断的主要依据是地形图（或现状图）。地形指地表面起伏的状态和位于地表面所有固定性物体（地物）的总体。地表的形状或地势的起伏往往通过等高线加以描述。等高线是一种高程相同的曲线，一个地面的等高线的形成，就犹如切面包片一样。从认定的一个水平面开始，以相同的间隔切开起伏的地面而形成一个个片，把每一个片的边缘线取出来，叠落在水平面上，就形成了表达三维空间的等高线图（图2-3）。城市设计者必须要掌握等高线的判读技能，以了解场地的地貌特征。地形地貌是场地设计的基础，小山丘、土堆、溪沟、水塘、湖面、孤石等虽对布置建筑物有些妨碍，但若能利用好，与之结合布置建筑物，可化不利为有利，往往还能创造极富特色的环境，因此必须在城市设计之前充分考察场地的地形地貌。

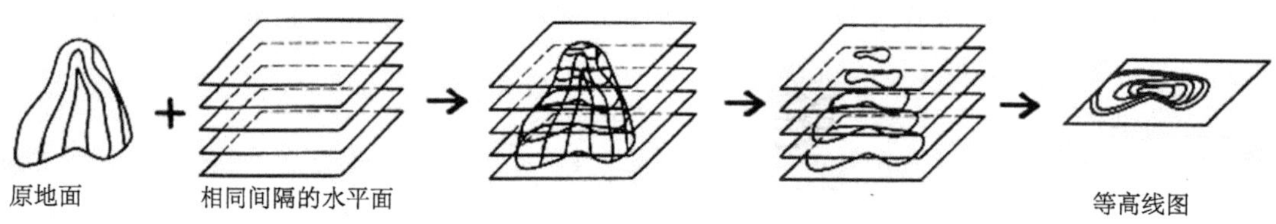

图 2-3　等高线生成过程

2.2.2.1　基础地形分析

1. 坡度分析

坡度是地表单元陡缓的程度，通常用坡面的垂直高度和水平距离的比值来表示。坡度对城市设计的影响主要表现在对建筑的排布限制上，根据坡度的大小，可以将地形分为以下 6 类（表 2-4）。

地形坡度分级标准及与建筑的关系　　表2-4

类型	坡度值	坡度度数	建筑区布置及设计基本特征
平坡地	3%以下	0°~1° 43′	基本上是平地，道路及房屋可自由布置，但须注意排水
缓坡地	3%~10%	1° 43′~5° 43′	建筑区内车道可以纵横自由布置，不需要梯级，建筑群布置不受地形的约束
中坡地	10%~25%	5° 43′~14° 2′	建筑区内须设梯级，车道不宜垂直于等高线布置，建筑群布置受到一定限制
陡坡地	5%~50%	14° 2′~26° 34′	建筑区内车道须与等高线成较小锐角布置，建筑群布置与设计受到较大的限制
急坡地	50%~100%	26° 34′~45°	车道须曲折盘旋而上，梯道须与等高线成斜角布置，建筑设计需作特殊处理
悬崖坡地	100%以上	>45°	车道及梯道布置极困难，修建房屋工程费用大，一般不适于作建筑用地

2. 坡向分析

坡向定义为坡面法线在水平面上的投影方向（也可以通俗地理解为由高及低的方向）。坡向是决定地表局部地面接收阳光和重新分配太阳辐射量的重要地形因子之一，直接造成局部地区气候特征的差异，同时，也直接影响到诸如土壤水分、地面无霜期以及作物生长适宜性程度等多项重要的农业生产指标。因为有些植物喜阳，有些喜阴，所以结合坡向分布可以更加合理地确定植物栽种的区域。同时，坡向还影响到建筑的通风、采光，如在炎热地区，住宅适合建在面对主导风向、背对日照的地方，而寒冷地区则希望背对主导风向，面对日照。

3. 高程分析

高程是指某一点相对于基准面的高度，包含绝对高程与相对高程。等高线上的高程注记数值字头朝上坡方向，字体颜色同等高线颜色。在城市设计之前，需要通过观察用地现状地形图，对用地整体形态和高差关系进行判读。高程分析能够直观地反映规划区地势的高低，能大致确定区内的排水方向及排水分区，初步判断适宜建设区、道路的选线及可实施性。

2.2.2.2　地形地貌分析方法

地形地貌分析方法主要有传统方法和借助分析工具的方法两种。传统方法效率低、工作量大、精度低。比如坡度分析以前常用方格网法、同心圆法，一个县城的坡度分析图大约要消耗 2 周时间。借助工具的方法效率高、工作量低、精度高，一个坡度分析在满足条件的情况下只需要几分钟，常用的工具有湘源控规、ARCGIS（ARCVIEW）、MAPGIS、civil3d 等 GIS 工具。

ARCGIS 是目前最常使用的地形分析工具，容易上手，且分析速度较快，主要的分析流程包括以下几步：

①整理现状图，提取出设计场地的等高线数据；

②利用等高线数据构建不规则三角网络（TIN），形成高程分析图，作为地形分析的基础数据；

③利用 ARCGIS 中的 3D Analyst 中的坡度（Slope）和坡向（Aspect）工具对之前的 TIN 模型进行坡度和坡向分析，并生成坡度、坡向分析图（图 2-4~图 2-6）。

图 2-4　高程分析　　图 2-5　坡度分析　　图 2-6　坡向分析

地形地貌分析是城市设计中的重要内容，与建筑现状、交通现状、基础设施分析相并列，是城市设计的基础分析之一。地形地貌分析在城市设计中有非常广泛的应用，从用地、布局、功能区组织到道路设计、管网布置、景观组织等无一不受地形地貌的影响。

2.2.3　建筑现状

对建筑现状的调研，首先要从总平面所在的行政区划范围内了解周围邻近地段的土地利用规划情况和已有的建筑物，特别是重要的永久性建筑物或构筑物，了解它们的性质和使用要求，以及是否有共用的道路、围墙、通道和出入口，或者其他的公用设施。在了解邻近建筑物和环境形成的空间氛围的前提下，考虑新设计的建筑应该如何融进这个空间，达到既协调统一、又有鲜明个性的目的。

建筑现状的分析主要包括对现有建筑分布情况、用地面积、建筑面积、建筑高度、建筑质量、建筑层数、建筑保护等方面进行调查分析。

2.2.3.1 建筑概况

在场地分析时，首先要对场地区域内部的建筑性质和功能进行调研，整理出目前场地内部建筑的现有功能，以及思考需要对规划区域内部的建筑功能作何调整。其次，需要对场地内建筑高度、质量、层数进行调研，为城市设计中的建筑高度控制以及建筑是否保留提供依据。

2.2.3.2 建筑风貌

建筑风貌分析是对场地内及场地周边建筑的屋顶形式、建筑材料以及建筑色彩等方面的调查分析。

1. 屋顶形式

屋顶往往是建筑最具特色及表现力的部位。现代建筑的屋顶形式通常分为坡屋顶、平屋顶和异形屋顶三种形式。

2. 建筑材料

由于材料的不同表现特性，提倡通过相互组合达到对比的效果。如花岗岩的稳重、富丽可对比于玻璃的轻巧；金属材料的细腻、华美可对比于混凝土的朴实、雄壮等。对场地建筑的材料构成考察，可以为后面的城市设计提供参考。

3. 建筑色彩

建筑色彩是城市景观中的主体部分，因而建筑色彩相应地是城市色彩的主角，它的处理得当与否直接影响了城市色彩的美。每个城市都有属于自己的色彩，每一座城市都应通过规划和设计，根据城市自身的历史属性，以切合实际状况的不同色调、形体与特色，给人们带去不同的感受和永久的印象，如巴黎的米黄色、伦敦的土黄色、雅典城的蓝白色，都是以色彩装饰城市的成功典范。因此，在城市设计之前，需要对城市特有色彩进行分析，并判断规划区域建筑色彩是否符合城市色彩关系，以确定在城市设计中所需的各类建筑颜色。

2.2.3.3 保护建筑

在场地设计中，应对场地内的历史建筑进行考察，包括场地内地上和地下有无古墓、古迹遗址、古建筑物或其他人文景观遗址等，要依据文物保护法报请有关管理部门批准，对其进行妥善保护，才能考虑拆或搬迁，或利用，或保留原址。这也是城市设计中的人文关怀的体现。

建筑是城市设计中的重要元素，也是城市设计的基本单元。城市设计前期对场地内部及场地周围建筑形式及功能的分析，能够为城市设计后续工作提供基础资料。

2.2.4　道路交通

2.2.4.1　外部交通

对场地外部交通的分析主要包括：场地外围的道路等级，场地外围是否有面临铁路、公路、河港码头的情况，场地对外交通联系，出入口数量、位置是否方便以及是否满足消防规范的要求。对外交通一般以公路运输为主，只有大型工矿企业才备有铁路专线，那么对公路状况的了解就很有必要，如公路等级、路面结构、路幅宽度、接近场地出入口地段的标高、坡度以及与出入口的连接能否满足技术条件要求。

2.2.4.2　内部交通

1. 车行交通

在车行交通的调查分析中，需要对规划区域内部的主要车行线路功能等级进行调查分析，根据其重要性程度可以将车行线路分为主干道、次干路、支路等几个等级，也可将其按照使用功能分为生活型、交通型两种类型。此外，还需要对区域内主要车行道路的道路横断面进行调查，以在规划设计中对其进行完善。同时为了保证交通的安全、高效和经济，交通线路与其他道路和线路的交叉应尽量避免（图 2-7）。

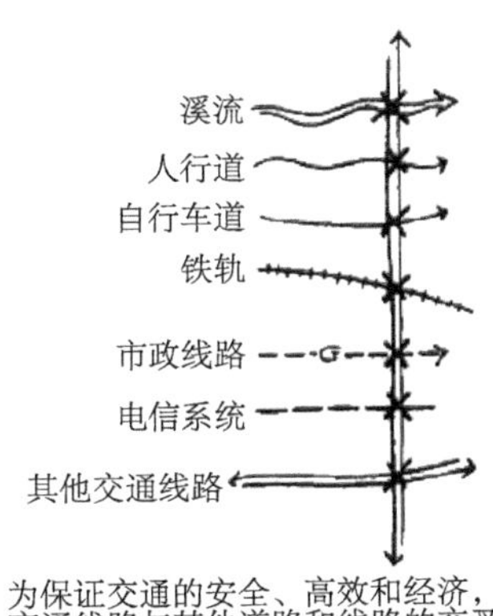

图 2–7　交通线路应与其他线路避免

2. 人行交通

对场地内人行交通的分析主要是指场地内部人流的分析。对人流的主要走向进行预判，为人行系统规划提供参考依据。

3. 静态交通

最后，需要对场地内部已有的停车位、停车场、客运站等静态交通设施进行调查，为城市设计中静态交通设施规划提供依据。

道路交通是城市设计中规划区域的骨架，道路交通的走向直接决定了地块划分的形状，同时关乎一块区域的功能能否高效、快速地运转。因此，对道路交通的前期分析可以充分了解现状道路交通环境，为城市设计中的道路交通规划提供依据。

2.2.5 市政设施

市政设施的分析包括场地内部及周围的给水、排水、电力、电信、燃气、供暖等设施的等级、容量及走向，场地接线方式、位置、高程、距离等情况。市政设施的前期调研对城市设计也有至关重要的作用，例如：场地内有无高压走廊穿过（即高压输电线路穿过），地下有无城市主要管线、沟渠穿过，这都会对场地布置产生重大影响。

2.2.5.1 给水

生产生活都需要水，首先要调查清楚水的来源，而后考虑供水系统的管网布置。

1. 城市供水系统

了解城市水源地点、水质等级、水源保护现状；用水量现状、供水普及率、供水压力；现状水厂布点、用地面积、地址；现状配水管网的分布、管径等。

2. 自备水源

若规划区域自备水源，则需调查取水源是水井、泉水、河流取水还是湖泊、港湾取水，先要了解水量大小，水质的物理性能、化学成分和细菌含量是否符合国家所规定的饮用水标准，还要考虑枯水季节水量的供应问题，以及供水季节防洪和净化的问题。

2.2.5.2 排水

场地排水主要包括以下两种方式：

暗管排水。多用于建筑物、构筑物较集中的场地。运输线路及地下管线较多，面积较大、地势平坦的地段；大部分屋面为内落水；道路低于建筑物标高，并利用路面雨水口排水的情况。

明沟排水。多用于建筑物、构筑物比较分散的场地。断面尺寸按汇水面积大小而定，如汇水面积不大，明沟排水坡度为 0.3% ~ 0.5%，特殊困难地段可为 0.1%。

为了方便排水，对场地坡度也有一定的要求，场地最小坡度为 0.3%，最大坡度不大于 8%。

2.2.5.3 电力、电信

1. 电力

获取电力、煤气等能源供应情况资料，内容包括：现状日、年用电量（农业、工业、生活），平均用电负荷，最高用电负荷；变电站布点、用地面积、等级；电网走向、等级；高压走廊的走向等等。

2. 电信

了解场地附近的邮政电信线路网络情况，内容包括：电信设施及电信电缆（或电信导管）的布置、走向；电信网点的布点、容量、用地面积；移动通信、无线寻呼业务、公用电话服务；邮政网点布点、用地面积。充分利用城市公用系统设施可节省资金投入，自备设备则要考虑线路布置和敷设方式，架空现已少用，埋设电缆则费用多些。因此，需要提前调查场地内部的电信设备。

2.2.5.4 供热、供气

对区域内部的供热、供气设施的位置、面积、管网线路进行调查，并对其基础数据进行分析，以满足区域内部的热力和煤气的供应需求。

市政设施是为区域提供运输能量的管道，其规模直接决定了城市或规划区域市民的基础生活能否得到保障，因此，在城市设计前期做好市政设施的调研，事先预判市政设施目前能否满足市民生活的需要，能够为城市设计后期的市政规划提供依据。

2.3 方案构思

2.3.1 环境渗透

城市设计本质上为统筹自然环境空间与城市人工空间。以城市空间感知为首要体验的城市居民对生活环境有着较高的景观环境质量诉求，尤其是受华夏五千年人文传统影响，国人早已形成了“自然天成，巧于因借”的审美认知。因此，在城市设计与实践中，应把景观和城市对环境的影响作为设计项目的核心支撑。

环境的利用是体现城市特色的重要手段，我国有许多城市都与其所在的地域密切结合，形成了有识别性的城市空间布局。景观规划格局控制的经典案例有：赫尔辛基指状绿地、斯德哥尔摩城市公园体系、莫斯科规划环状绿地以及纽约以中央公园为核心的“珍珠项链”绿地系统。

而我国拥有诸如桂林的“山，水，城一体”的城市格局；重庆三面临水、一面靠山，依山建城的城市形态；三亚的“山—海—河—城”巧妙组合、浑然一体的城市形态。故江、河、湖、海等都可成为城市形态的构成要素，设计者应该仔细分析城市所在地的环境特征，并精心组织，使环境渗透在城市中。

自然景观是城市固有的自然环境形态，是山水、地形、地貌和气候条件等影响下的城市环境表征，是城市设计总体布局和空间策略的依据和基础。同时，在当前所有城市规划与设计中，无一不是从环境入手来分析解析规划任务。对于环境分析的深度决定了规划的原生性、特色性以及持续性。

2.3.1.1 景观格局控制

景观格局一般指景观的空间格局（spatial pattern），是大小、形状、属性不一的景观空间单元（斑块）在空间上的分布与组合规律。根据景观生态学安全格局的理论，景观格局由斑块、廊道、基质等形成。而在城市设计中，考虑到城市空间中生态系统维系、绿化景观塑造与休闲公园绿地的结合，有4种较为明显的景观格局构型，分别为指状放射、环状围合、平行网格、单一线形。而组成景观格局的主要元素为点、线、面构成的景观绿地与水景。

在城市设计中，我们应根据城市现状地形地貌、山水、绿地资源，因地制宜、从实际出发，综合城市用地布局和点、线、面结合的方法根据城市固有景观格局控制要求，最终形成系统的、均匀布置的绿地景观，满足居民生产生活防护功能的需求，创造具有城市特色的景观格局。

同时，依托现有景观系统往城市纵深渗透，从而在城市中创造一种“呼吸空间”，让景观和人充分地融合。常见的“绿楔”模式，就是从城市外围由宽逐渐变窄楔入城市的大型绿地，它可以比较集中地将城郊生态导入城市。景观廊道的设计也有助于环境的渗透，在城市中将不同的线状、带状的景观要素有序地组织起来，不仅可形成景观通廊，更可形成多样性生物栖息地。

本节将探讨景观环境两大核心：景观环境要素（点、线、面）和景观格局构成。

1. 景观环境要素

（1）点要素：景观节点

在城市设计中点要素反映为城市的公共开场空间，按照节点层级可分为核心节点、次级节点。

①核心节点：主要围绕在城市中的核心蓝绿资源周边，为城市中的主要公共部分，在设计中以大型公共建筑形成城市核心公共空间，在图纸表达中核心节点亦塑造为平面表达的中心部分。其设计的主要原则为：

A. 围绕公共景观资源塑造核心节点时，周边须预留缓冲区域，形成密集活动区域与自然预留区域等不同层级的景观区域（图2-8）。

B. 重点控制核心景观节点边界，围绕自然边界形成良好图示界面（图2-9）。

C. 重要景观节点周边的建筑需要结合绿地或水系形状处理建筑边界，尽可能强化中心图式语言（图2-10）。

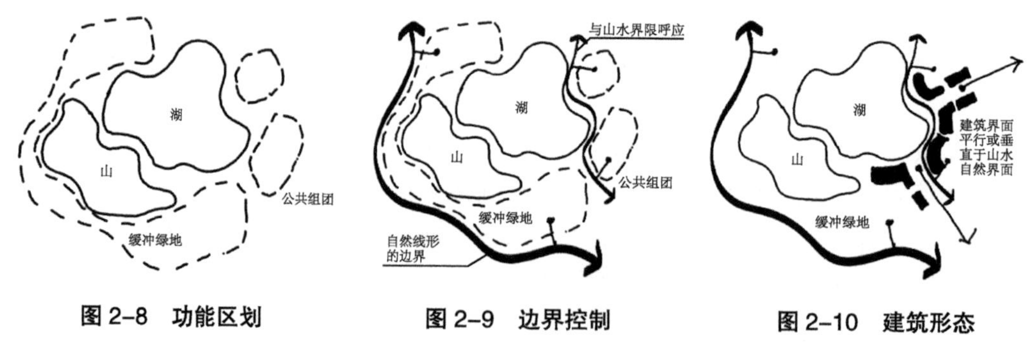

图2-8　功能区划　　图2-9　边界控制　　图2-10　建筑形态

②次级节点：主要结合轴线或者线性景观要素布置，多为小型活动空间，可以用

来强化城市轴线空间。

A. 作为辅助节点，应控制其在大小、功能等方面与核心节点的层次差别；同时注意与其他方向的轴向进行衔接（图 2-11）。

B. 节点图式之间应存在呼应关系，在线形上与轴线形成联系。规则节点与自由节点应互补、和谐，注重形体本体动态的向心结构（图 2-12）。

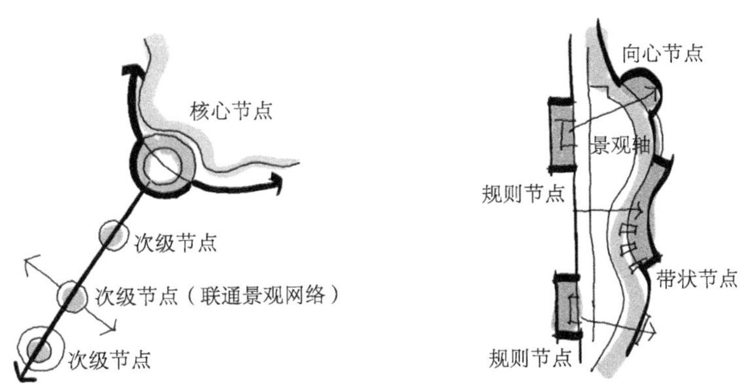

图 2-11　多层次节点　　图 2-12　节点有机分布

C. 注重节点本身的向心结构，节点的紧凑特征决定了节点的聚合模式与所表达的空间语言特征（图 2-13）。对于形式语言将在后续边界线形控制中详述。

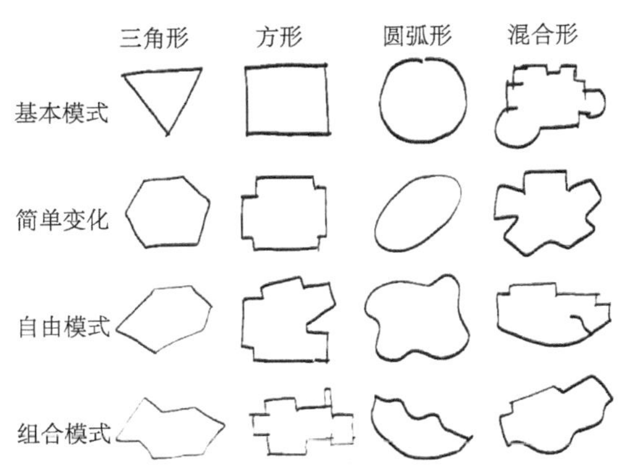

图 2-13　节点模式

（2）线要素：景观轴线

景观轴线在大型设计层面主要表现为线形要素，但对于小型区域设计而言，则或为区域地块的景观面域要素。轴线主要有直线、折线与自由曲线等 3 个类型：

①直线轴线：常出现于纪念性场地或地貌平坦区域，如北京故宫片区、广州珠江新城片区，体现宏伟和壮大的城市风貌。在轴线的末端，常设竖向节点或景观水平节点。

对于直线轴线的处理往往体现在轴线上节点与边界的设计：

A. 直线边界：强调人为的景观与都市氛围，尤其出现于城市中心区。直线边界为开敞空间较少的区域常采用的设计手法，多出现在早期的城市设计中（图 2-14 左）。

B. 半直线边界：多出现于线形水系景观两侧，或强调图式语言控制，突出都市氛围与城市自然界面的融合（图 2-14）。

C. 自由边界：强调自然要素对于城市空间的主导作用，形成依形就势的自然边界（图 2-14 中）。

D. 建筑混合边界：混合建筑界面与中心绿化，形成软性自然边界与街区界面结合模式，为当前采用较多的手法，比如广州珠江新城的中轴线（图 2-14 右）。

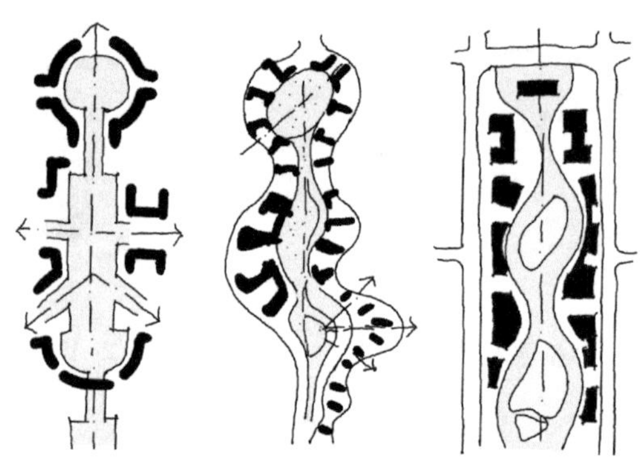

图 2–14　直线轴线边界模式

②折线轴线：为直线轴线的异化表现，尤其适用于被地形地貌、重要历史元素所限制的区域，边界处理与直线轴线分类类似。此类轴线需要强化景观节点处理，在轴线方向强调主动呼应的空间布局，景观节点主要分为单向节点、转折节点与多向节点（图 2-15（*a*））。

A. 单向节点：多为末端节点，亦可分为核心节点与次级节点，参考“点要素”内容。

B. 转折节点：为单向线形转折区域，节点需要对两个方向做出回应，弧线要素与分散组合为采用较多的模式（图 2-15（*b*））。

C. 多向节点：为多方向轴线汇集之处，全封闭或全开敞为较佳的处理模式，多为对称空间图式（图 2-15（*c*））。

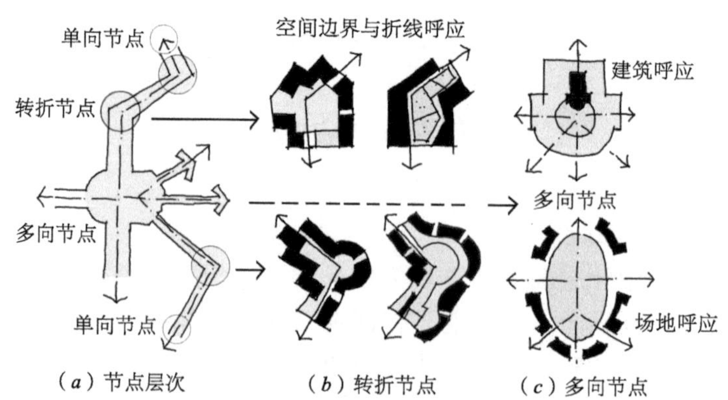

图 2–15　折线轴线模式

③自由曲线：就轴线定义而言，狭义的曲线形景观轴线必须拥有由构筑物或地面景观要素所形成的直线或折线轴线关系（参考上述两点介绍）；而广义的曲线景观轴线则多为围绕自然要素组织的带状绿地或水域，功能上实属于大型节点或面要素景观元素（参考“核心节点”与“面要素”内容）。

（3）面要素：城市边界山水资源要素

主要位于城市边缘，多为山、海、湖、农田、林地等特色景观资源。设计中重点需要处理面域景观要素与轴线的联系、渗透关系以及面域景观界面线形。

①边界模式：边界处理关系着城市公共活动界面与自然的交融模式，理论上而言，让单一地块产生更丰富的景观界面模式、更长的公共景观路线、更符合周边复合功能需求的边界被公认为成功的边界处理手法。下面所列为主要的处理手法：

A. 内弧拓展：在与自然边界相邻时，多采用内向弧形界面，让自然与城市有更多的接触并产生纵深势态，同时弧形的边界让城市图式更具有自然与人工交互的融合感，因此较为多见（图 2-16）。

B. 参差交错：多出现于水域边界，尤其在大湖大海区域，此种处理方式可增加码头与人行的多样通道，使公共岸线变得更长（图 2-17），而有时在山林边界亦会有借鉴，形成趣味性的城市公园到达通道。

C. 自由弧线：在自然要素强制控制边界（蓝线或绿线）外围形成退让缓冲绿地时，多会保留自然要素的自然边界模式，形成自由弧线（图 2-18）。

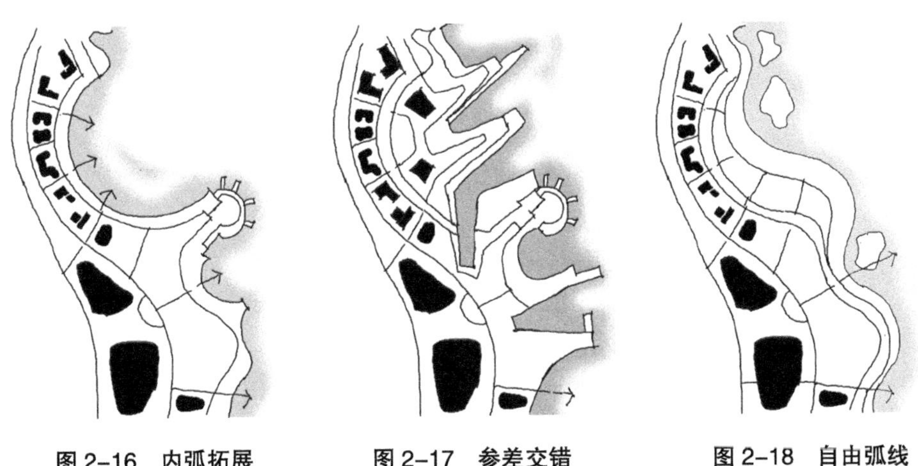

图 2-16　内弧拓展　　图 2-17　参差交错　　图 2-18　自由弧线

②渗透模式：自然要素的渗透理念来自于景观格局的思维，后因其能更大程度地形成富于变化的城市开场空间以及风道、绿道等功能性通道，而在城市设计中得到普遍的采用。成功的景观渗透处理能形成兼顾生态、景观、功能与空间语言的多样统一。

A. 指状渗透：由面域要素均匀分布的区域在垂直方向向城市纵深渗透，形成若干条城市公共绿带，绿地多为固定宽度（根据绿道设计，不少于 20m 宽，而重要自然通廊则可在 100~150m 宽），亦可为楔形或自由边界模式（图 2-19）。

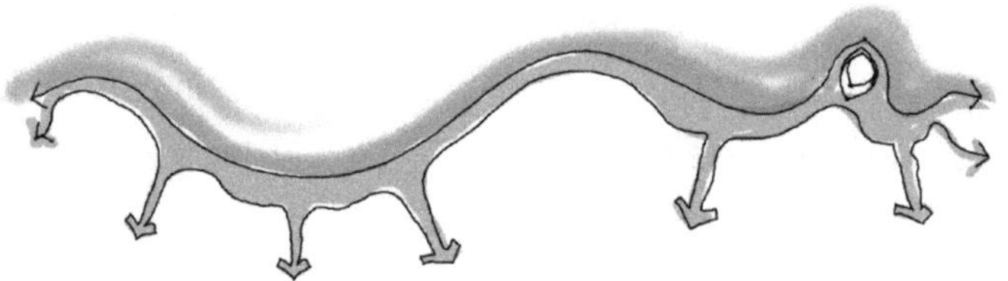

图 2-19　指状渗透

B. 环状衔接：由面域引入一条带状景观进入到城市用地内侧，环绕形成连续闭合的景观系统。此类模式多见于横向用地模式，有利于形成多重开敞空间（图 2-20）。

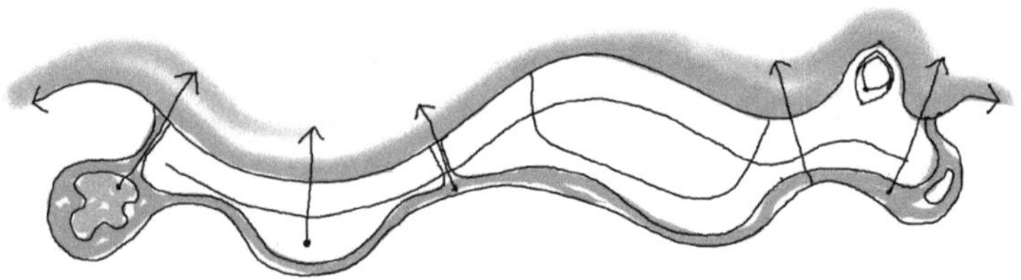

图 2-20　环状衔接

C. 岛状分布：曲线网络化的带状渗透模式，将用地切割成岛状。此类模式能让用地边界最大化地共享景观要素（图 2-21）。

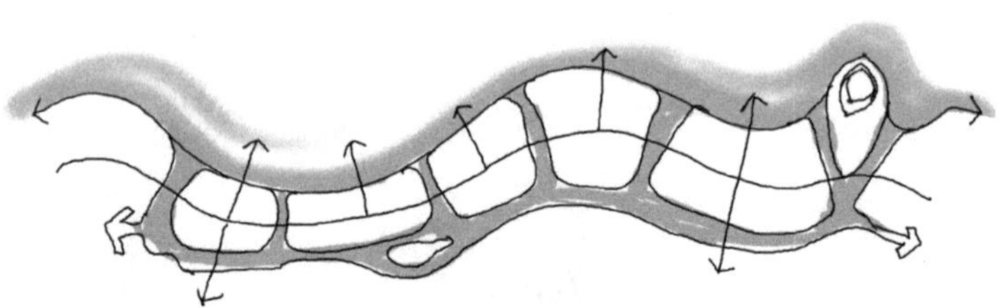

图 2-21　岛状分布

2. 环境格局

环境格局主要指环境系统在城市空间上的分布模式。在 2.3.1.1 节“1. 景观环境要素”的面域景观渗透模式的介绍中，实则已经有所涉及，只是尺度较小，本节则更注重大尺度上的控制。宏观景观格局关系着城市总体布局与道路格局，在设计初期对环境格局的尊重，奠定了城市未来发展的趋势。环境格局对城市设计的影响从花园城市理论、堪培拉规划（图 2-22）、哥本哈根指状绿地（图 2-23）中可见一斑。

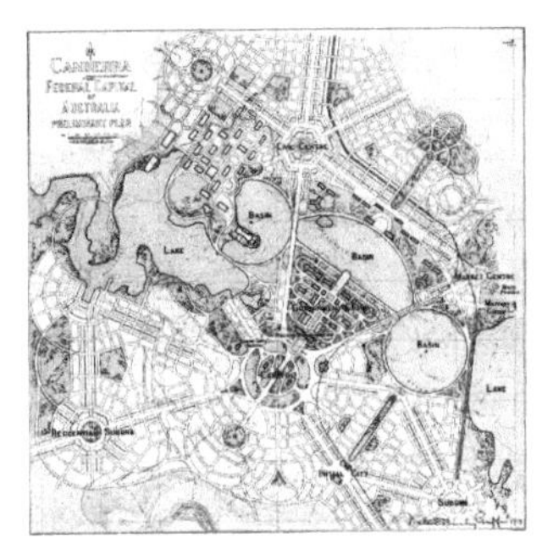

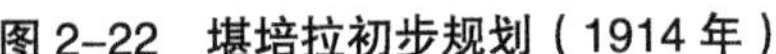
图 2-22　堪培拉初步规划（1914 年）

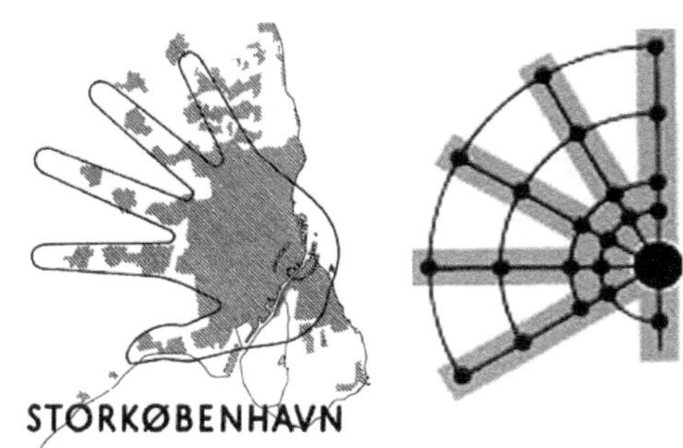

图 2-23　哥本哈根指状格局（1948 年）

总体而言，景观格局一般可分为以下 4 类（图 2-24）：

指状放射：依托重要生态廊道、轨道交通廊道、基础设施廊道，结合景观廊道形成依托城市中心向外发散的若干条指状景观带（参考哥本哈根规划）。

环状围合：在城市边界形成景观缓冲区域，控制城市边界，有助于形成层次分明的城镇系统，结合环状景观区域，可形成城市环状交通与基础设施通道。同时，环状景观格局亦可以结合指状放射形成多层次的景观格局。

单一线形：在城市中一般存在着延续城市脉络性发展的景观要素，比如山—城—河或湖—城—江等典型模式，因此在城市中首先要保留这一核心景观格局。在现代市镇新城规划中，受轨道 TOD 影响，亦可能会形成单一走向的景观要素。此类景观要素需注意设计尺度以及渗透处理。

平行网络：平行网络与环状放射并称城市规划两大理想图式模式，强调网络化的景观格局，同时也在城市内部形成各个片区的清晰的自然边界。利用平行网络的景观格局可快速组织城市绿道、轨道交通以及基础设施，一般出现于新城规划中。

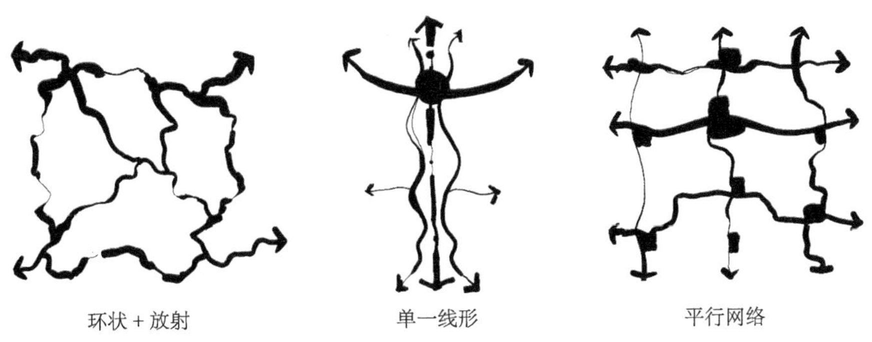

图 2-24　典型景观格局

2.3.1.2　自然景观处理

在城市设计中，首先着眼于总体的自然景观环境格局塑造，辨析总体格局下山水自然要素的功能，审慎地处理好具体的自然要素，把大自然的魅力与生态合理地融入城市人工环境，尽可能使城市变得生动、有活力。在自然要素的处理上，主要考虑地形地貌、水文、植被的利用。当然其他的一些自然要素，比如气候、风向、生物栖息地等，有时亦能影响总体方案的构思，如有进一步的思考，读者可参读《总体设计》（Kevin Lynch）。

1. 地形结合

在以往的设计与实践中，因为考虑建设成本的需求，对地形基本都是在保证土方平衡的基础上形成易于建设的平地或台地，同时尽量避免大幅度地改变原有地形（图2-25）。

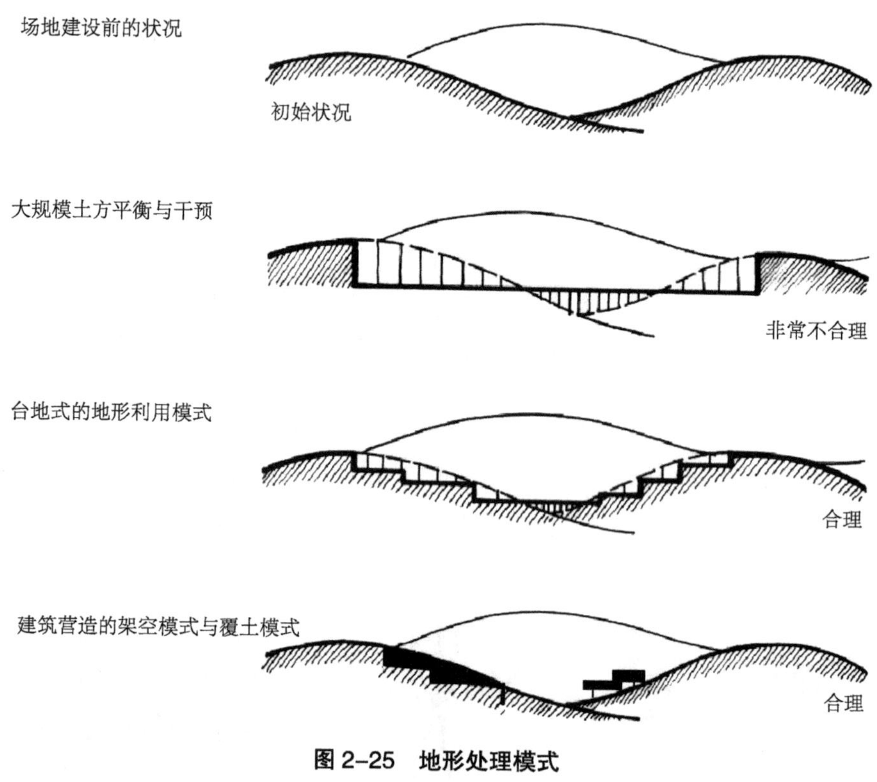

图 2–25　地形处理模式

但随着对自然地形要素的进一步认知与尊重，以及景观设计与建筑技术的进一步提升，对场地中形成视觉特征的地形要素基本是以保留为主。在对地形进行建筑处理时，采用架空建筑模式，来保留自然本身的完整性。偶尔也有在坡地上以斜面仿山体自然面，形成与生态景观融合的建筑立面效果。

有时在城市平坦区域处理景观建筑，也会采用斜坡屋顶覆土建筑，形成仿山体的生态界面，塑造成兼有城市休闲和本体功能的混合利用模式。

2. 水体利用

水有流动性，具有灵动美，容易营造出亲和的都市氛围，也容易融入千姿百态的城市空间当中，所以城市设计中水体的设计与利用至关重要。从近些年来的城市设计方案与实践中可以看到，大部分的城市中心都有形态优美的滨水环境。

水与城和谐共生、协调布局的理念已得到共识。对于水体的设计利用一般遵循以下 4 个步骤（4r）：现有优化保留（reservation）、重构再生（regenerate）、有机聚合（recombination）、联通渗透（reconnection）（图 2-26）。

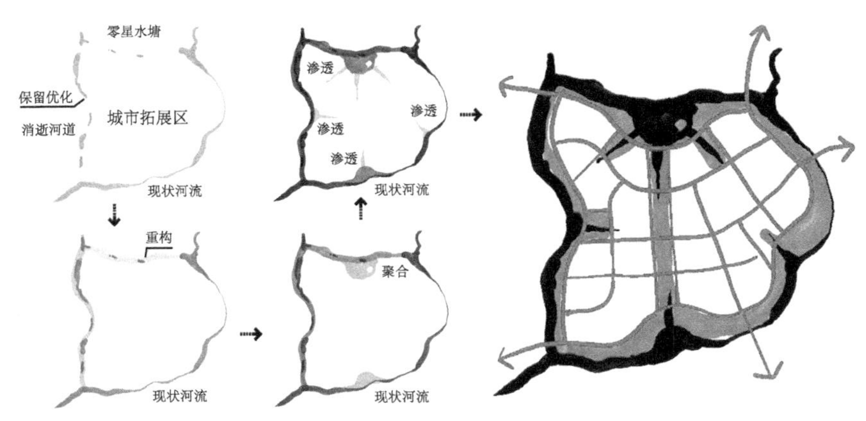

图 2-26　滨水新区水系利用示意

（1）优化保留

保留现状中的核心水道，以及具有排洪、蓄水功能或者具有良好景观的水道，并尽可能地整理出历史遗存的水道和现状分布的水塘，理清水道历史脉络；结合总体景观脉络形成具有明显地方特征的水系骨架。

（2）重构再生

在营造城市景观时，有时亦需要联通水系或者将现状分布的水塘连接成片，形成新的水系通道。比如武汉市连通沙湖与东湖的“楚河汉街”城市设计项目即基于新的连接水系进行城市更新，以综合的文化休闲产业丰富了城市中心区的功能，激发了城市活力，使得滨水资源价值景观化，在项目构思上取得成功。

（3）有机聚合

无论是点线面景观要素还是节点与轴线景观结构，都要求在线上必须有局部节点的存在，以此打破单一线形景观的乏味感。因此，对水系需要局部进行放大聚合处理，形成稍大一点的面状水系并对周边景观进行塑造，进而形成容纳城市活动的场所。

（4）多样渗透

渗透意味着景观资源的最大化与均质化，是城市设计中处理水系最重要的方法。指状渗透在面域景观要素的渗透模式中已经提到。

3. 植被塑造

植被与水体是生态与景观要素在城市中展示的最重要的两种方式。水系彰显着城市的灵动，植被塑造着城市的魅力，而自然景观的塑造更是决定了城市设计的成功与否。对于城市景观设计任务，景观设计学中有着更详细、细致的分类与设计语言，在此处，着重介绍城市设计重点关注的植被的形态与质感。

（1）植被形态

植被主要由乔木、灌木、藤本、草本等多层次植物群落构成，植被的形态原则上分为两种：自然与人工。在城市设计中根据城市功能需要，有时需要强调生态的渗透，体现自然延伸，比如公园、湿地群落等；有时则需要体现都市营造的氛围，使用人工塑形模式，比如城市中心区、商业区等。

自然延伸：包括密林群落、疏林草地、滨水湿地等模式。密林群落多用于自然生态保护区或生态公园组团，强调原生的景观保留或群落修复；疏林草地则多用于密林群落与城市生活区交汇处，体现生态与人工的过渡；滨水湿地一般由灌木、草本与水生植被形成丰富的驳岸边界（图 2-27）。

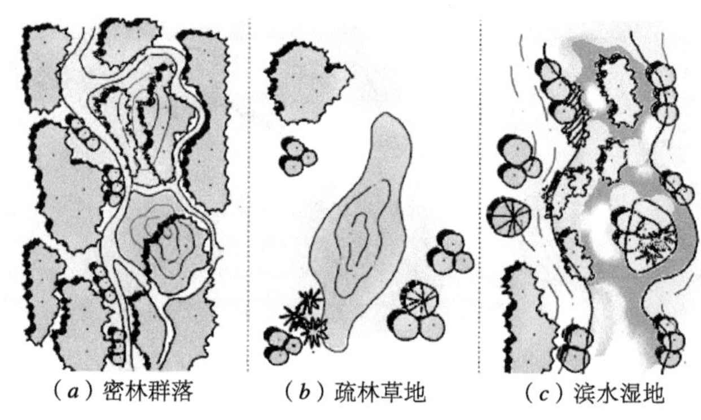

（*a*）密林群落　（*b*）疏林草地　（*c*）滨水湿地

图 2–27　自然形态

人工塑形：包括规则草地、树阵广场等模式。规则草地，适于体现纪念性、趣味性和商业性的城市中心区域；树阵广场多出现于人流活动、兼顾休息的中心区的场地（图 2-28）。

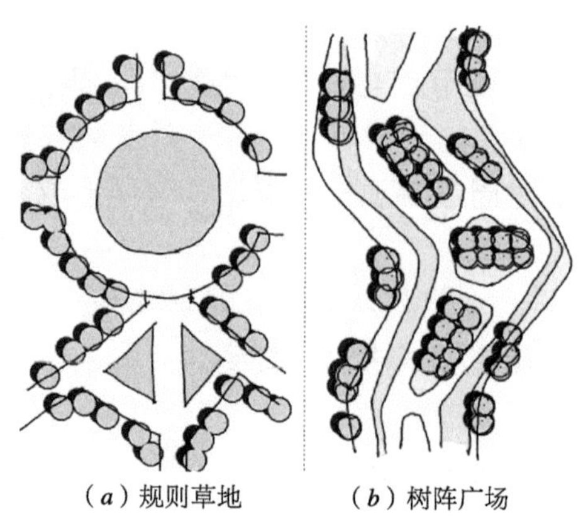

（*a*）规则草地　（*b*）树阵广场

图 2–28　图案化形态

（2）植被质感

城市质感可以理解为感官对于城市空间氛围的反馈，包含了五官所感知的城市景观氛围。而在城市设计中，植被的质感主要由树形、色彩（季向）构成，在特殊的时候，气味、听觉有时亦是重要的元素，这里强调城市设计时重点体现的植物配置形式与色彩（图 2-29）。

图 2–29　居住社区植被处理示意

植物配置形式：城市设计总图中，局部地段的城市设计可以表现出常绿和落叶乔木、灌木的分布及其组合层次等。

色彩：一般而言，城市由常绿树种构成底图，以落叶树种在区域内组团分布，而特色树种则点缀其中，这是城市设计总图设计的重要方法。故而，在城市设计中可见多层次绿色的分布和黄色组团的分布，而其他特殊颜色则散落其间。

2.3.2　城市功能塑造

2.3.2.1　城市功能定位

理论上而言，城市功能在设计中应先行，必须在设计前对城市的功能定位进行全面分析，对城市将要发生的经济和社会作用做出前瞻性把握。但基于大部分城市在设计之初已经有了概念规划、总体规划等宏观或细节的制约与规定，对功能定位有清晰的指导，因此，城市设计更加注重的是对于功能的细化与补充，同时注重细节与系统的功能定位又能为城市总体规划提供重要的思考补充与规划指引。

城市的功能包括经济功能、政治功能、社会功能、文化功能和生态功能等，现代城市的功能通常是这些功能的综合，但是应该强化其主导功能，更好地发挥它在社会生活中的重心地位和作用，然后与其他功能产生协同效应。

当前基于社会学方法的规划分析方法包含“定性分析”和“定量分析”相结合，传统方法一般通过调查分析周围地区所能提供的资源（包括所在地的建设条件，自然条件，政治、经济、文化条件等），农业生产特点，工业发展水平以及和周围城市的分工协作关系，充分了解各部门对城市发展建设的意图和依据，认真分析，综合平衡，最终确定城市的功能定位。

这里将功能定位(positioning)分为3个阶段(3c)：背景(context)、理念(concept)、现状(contemporary)，包含了9个分析入手点（图2-30）：

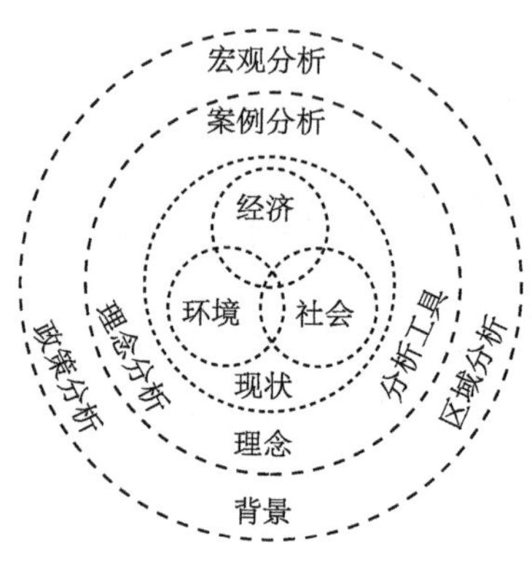

图2-30　功能分析策略

1. 背景

宏观分析：根据当前国际全球化背景、信息化背景以及社会人文思潮，反思城市发展的模式与终极目标，有助于使城市设计功能定位更具有前瞻性。同时，关注人文的规划更容易获得公众的支持，产生城市认同感。

政策分析：我国城市规划是宏观调控在空间中体现的重要手段，因此当前时段的政策分析也对城市功能有着众多限定。比如，以前通过新行政中心推动新城发展，以土地效益促进城市基础设施发展的模式，因楼堂场馆禁令的出台得到一定程度的遏制和发生转变。

周边分析：任何区域都受到周边的影响。利用竞合分析的方法分析区域周边功能与特点，寻找自我价值与发展模式，这是规划功能定位中最重要的步骤。尤其是在当前中国快速城市化过程中出现了强烈的区域一体化聚合模式，所有规划设计都需要找出自身在系统作用中的明确定位。

2. 理念

案例分析：在设计实际操作层面，案例分析是我们思考任何设计的最易、最必要的切入点。通过比较同类型案例的历史沿革、功能分布、规模容量、周边协作以及其核心发展诉求，可为本身设计提供可思考和借鉴的模式。

理论解读：无论何时，设计师都必须关注规划理论界的传统理论以及当前研究，结合最新的发展与思考研究，对自身规划进行反思，适当地接入相关理论，能使规划立足高远，赢于先机。

分析工具：规划本身是一种空间战略的思考，因而与其他分析与管理的学科有诸多交融与相似之处，比如常见的SWOT分析、PARTS竞合分析、引力分析等。特别是当前在GIS支持下地理科学在空间分析上有了长足的发展，而管理学科依托计算机的便利和复杂科学亦取得很多实践性的进步，这些都值得设计师借鉴。

3. 现状

经济分析：良性的城市发展策略应该具有长远的产业发展策略，这也是避免景观性城市化重要的实体产业部分。在居住与商业中促进第三产业的合理分布，形成具有区域吸引力的商业综合区，同时提高其可达性；在工业中分析当前区域产业链的完整度以及依托当前区位优势可形成的产业发展愿景；在办公区兼顾与城市生活区融合，形成部分总部基地与产业孵化中心；在滨水与临山的区域形成城市休闲与相关旅游服务项目，以上这些经济上的策略都将影响城市功能空间的分布。

环境分析：通过分析现状城市内部绿色网络与外部承担城市休闲的区域环境，有助于设计师制定正确的环境设计方案，划定合理的生态绿化网络系统。当前结合城市绿道与道路绿化的环境分析，逐渐成为规划师的共识。

社会分析：社会分析本质上是要提高城市中公共服务质量与生活品质。最有效的手段是通过社会调查以及网络展示等公共参与策略，在规划中与公众进行有效的沟通互动，充分吸纳公众的建议。

2.3.2.2　确定城市主要功能区

城市中同种活动在城市空间内高度聚集，形成了功能区，各功能区以某种功能为主，没有明确的界限，一般有住宅区、商业区、工业区和公共服务区。

1. 公共服务区

公共服务区一般是公共服务设施所在的区域范围，是为市民提供各种公共服务、产生社会交往的区域，包括教育、医疗卫生、文化娱乐、体育、社会福利与保障、行政管理、社区服务等方面，配件设施的规模应该与居住人口规模相对应，并且与住宅同步规划建设。公共服务设施应该均匀地分布在城市用地当中，并且保证合理的服务半径需求。

（1）旧城模式

在涉及旧城区城市设计时，应按照公共设施以及服务半径的模式对旧城区进行完善。将现有公共服务区形成组团核心，构成邻里中心模式（图 2-31）。

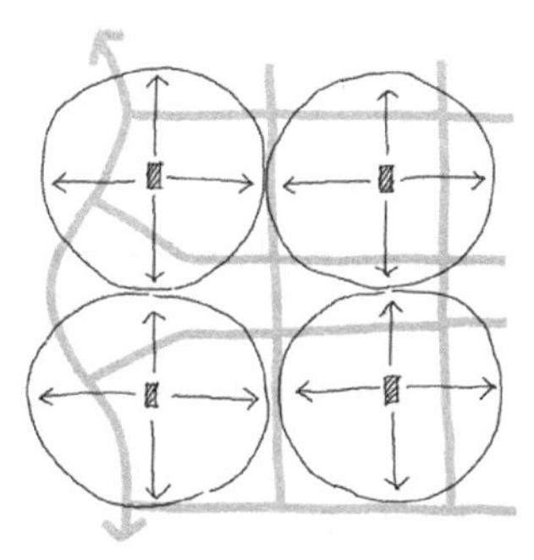

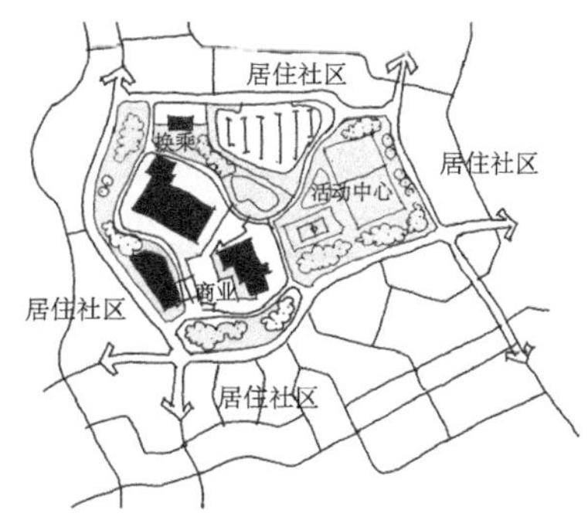

图 2–31　邻里中心模式

（2）新城模式

在当前的新城规划实践中，政策驱动力仍属于核心因素之一，因而，新城规划时公共服务区的选址以及城市设计成为规划的要素。先行的、具有催化作用的公共服务设施设计与实施，能对老城溢流的或周边区域涌入的居民形成吸引。

模式一：城市休闲健康组团。结合重要景观、休闲公园、体育与健身中心、医疗设施以及部分养老服务中心，形成城市中心区市民健康休闲组团（图 2-32（*a*））。

模式二：行政服务孵化组团。结合行政办公、企业办公、创意产业、商业休闲以及景观体系形成整合的办公区域，进而形成城市驱动力核心组合（图 2-32（*b*））。

模式三：城市文化教育组团。结合城市文化、历史要素以及图书馆、博物馆、文化馆、文化图书 Mall，同时融合部分城市教育设施，形成公共文化教育组合（图 2-32（*c*））。

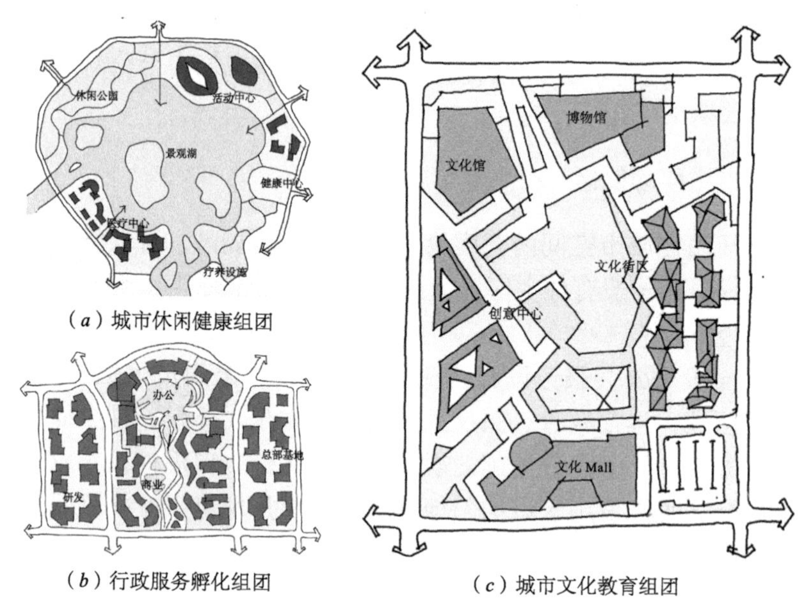

（*a*）城市休闲健康组团

（*b*）行政服务孵化组团

（*c*）城市文化教育组团

图 2-32　新城公共服务中心模式

2. 商业区

商业区占城市用地面积的 15%~30%，大多数呈点状、条状或组团状。城市中的商业区可分为多种类型，社区型商业区一般位于城市中心地带、生活型干道两侧、街角路口等处。组团型商业区集中于对外交通站点周边，是对整个对外交通站点周边用地的提升。城市商业综合体的模式可以把商业与居住、工业结合，满足工业区用地的复合型使用，提高土地使用效率，满足居民的日常生活需求。商业是联系城市的重要活力因素，具有多层次、多模式的形式，而当前商业地产的发展为城市设计提出了更多的要求。

（1）带状模式

传统带状模式多是依托住宅底层商业和生活型干道组织，而不受约束的临街商业亦会阻碍交通通行。在新的城市设计中，带状模式多结合绿道、水道形成城市主力商业与休闲的结合体，而传统社区商业得以保留，但服务范围则大大减小（图 2-33）。

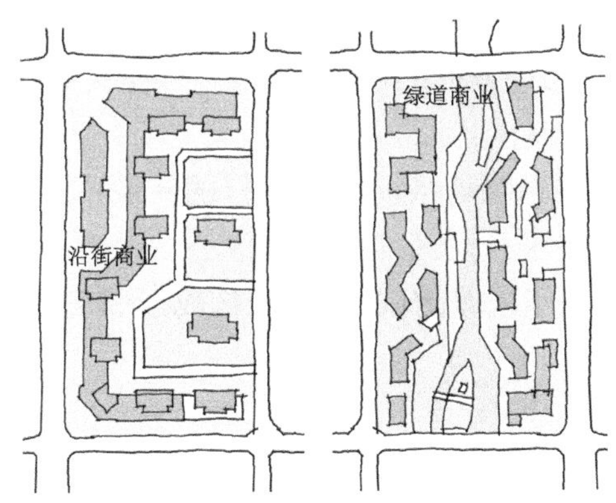

图 2-33　带状商业模式

（2）组团模式

组团模式是城市商业发展转向聚集化、旗舰化、体验化和假日化的主要表现模式。当前商业地产的发展更是推动了组团商业产生更丰富的组合方式。

模式一：综合性商业地产，以主力商业、精品商业、办公、星级旅馆、停车泊位、居住社区组成的大体量项目（图 2-34（*a*））。在一段时间内，城市综合体（HOPSCA）的概念曾在业内盛行。通过整合城市中的旅馆（Hotel）、办公（Office）、游憩（Park）、购物（Shoppingmall）、商务（Convention）、居住（Apartment）等各类功能，使其复合、相互作用、互为价值链，从而形成高度集约的街区建筑群体。

而其他有关于第六代商业的研究也因市场的推动逐渐发展起来，一般来说商业性各有不同的建设比例。

模式二：专业性商业地产，包含了图书、建材、汽车、农机、服装、家具等市场（图 2-34（*b*））。此 类市场亦逐渐从单一功能走向多元复合的功能模式，整合了假日休闲和娱乐活动，吸引周末购物人流。

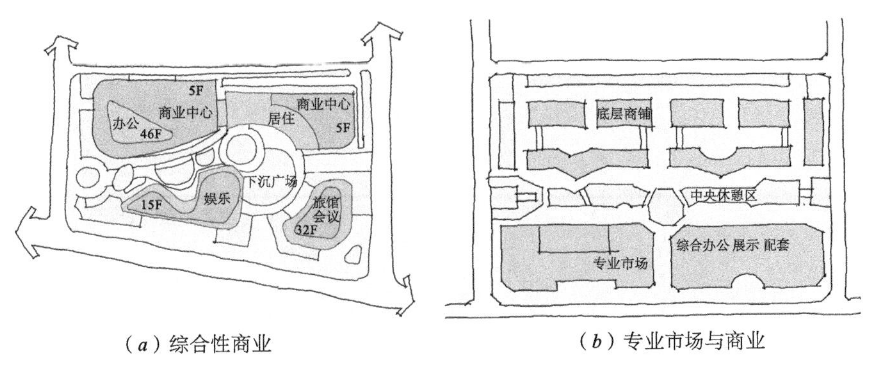

（*a*）综合性商业　　（*b*）专业市场与商业

图 2-34　组团模式商业

3. 居住区

居住区具有容纳市民这一城市最基本的功能，其规划与设计永远是城市化进程的重要议题，城市用地中比例最大的亦是居住区用地。当前居住区多依托重要公共服务设施、山水环境进行布局，其布局模式根据层级与邻接关系可分为两种模式：

（1）邻里中心模式

邻里中心模式始于邻里思想与当前西方盛行的新城市主义的主要思想，在城市中形成可达等距离的城市公共服务设施体系。社区公共服务、绿化休闲组团、便利的交通换乘点以及串联商业与工作区域的城市绿道，构成了邻里中心的重要核心（图 2-35）。

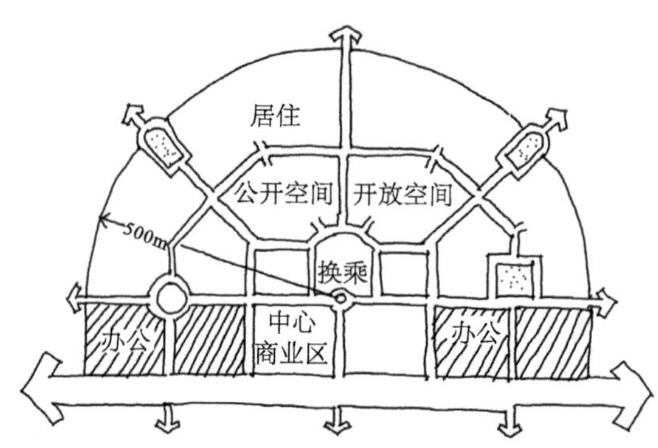

图 2–35　邻里中心模式

（2）区域分异模式

根据区位价值理论，由城市商业商务中心、重要景观资源以及部分新城所依托的交通综合体形成了从中心向外扩散、建筑容量从高到低的居住区分布模式，区域分异模式又可分为 3 种类型（图 2-36）：

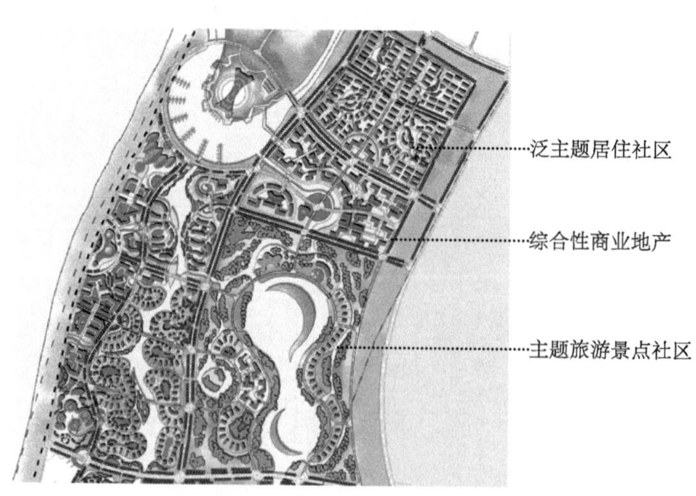

图 2–36　区域分异居住模式

模式一：综合性商业地产。在城市中心，结合商业地产形成以商务、办公区为主的居住形式。同时为了形成都市中心氛围以及核心区特征明显的天际线，加之用地基础地价较高，此类建筑多为高层，形态多简洁、明快。

模式二：泛主题居住社区。城市中最常见的居住形式，建筑高度多样组合，建筑在形体、语汇上均可形成主题化的空间形态模式。

模式三：主题旅游景点社区。一般位于城市重要山水旅游资源区域，借鉴与旅游相关的主题内容，形成主题景点化的旅游居住模式。

4. 工业区

工业区一般分布在城市外缘、交通干道两侧，集聚成片，专业化程度比较高，集聚性比较强。工业分为一类工业、二类工业、三类工业，他们对城市的污染程度依次减弱，布置工业区时应注意不要将其布置在城市的上风向和城市水源的上游。工业园当前主要有两种模式。

（1）综合性科技城模式

随着传统产业的全行业产业链形成以及科研技术的发展，高新技术园区应运而生，它是依托高新技术的市场机制来发展的，在形态上与单一产业功能不同，其与城市的结合更加紧密，形成产城一体发展（图 2-37）。

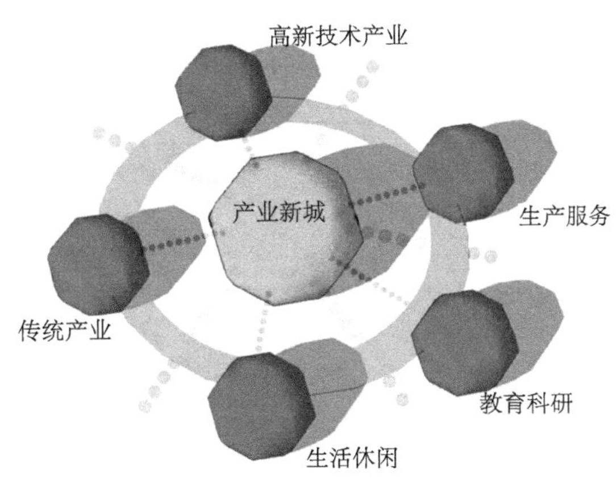

图 2-37　产城一体

（2）单一产业园区模式

一般是随着城市的跨越发展，依托城市某项独特优势发展而来。这种优势可能是政策的、区位的或者资源的。下面介绍几种常见的模式：

模式一：总部基地与孵化中心。与前面所介绍的行政办公中心混合模式接近，以企业办公、文化展示、研发集群等形成环境良好的办公区域（图 2-38）。

模式二：生物医药园、汽车产业园以及物流园等专业园区。一般结合产业自身特点，同时兼顾部分办公与展示功能，形成复合的功能区域（图 2-39）。

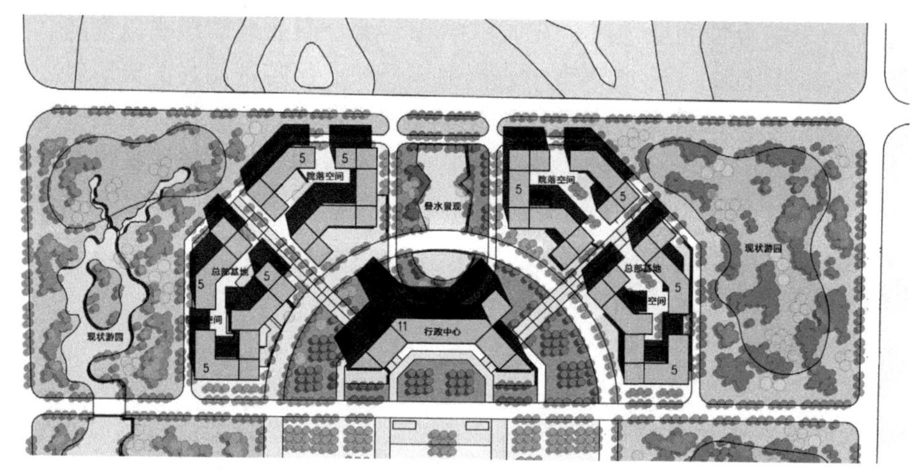

图 2-38 总部基地与孵化中心

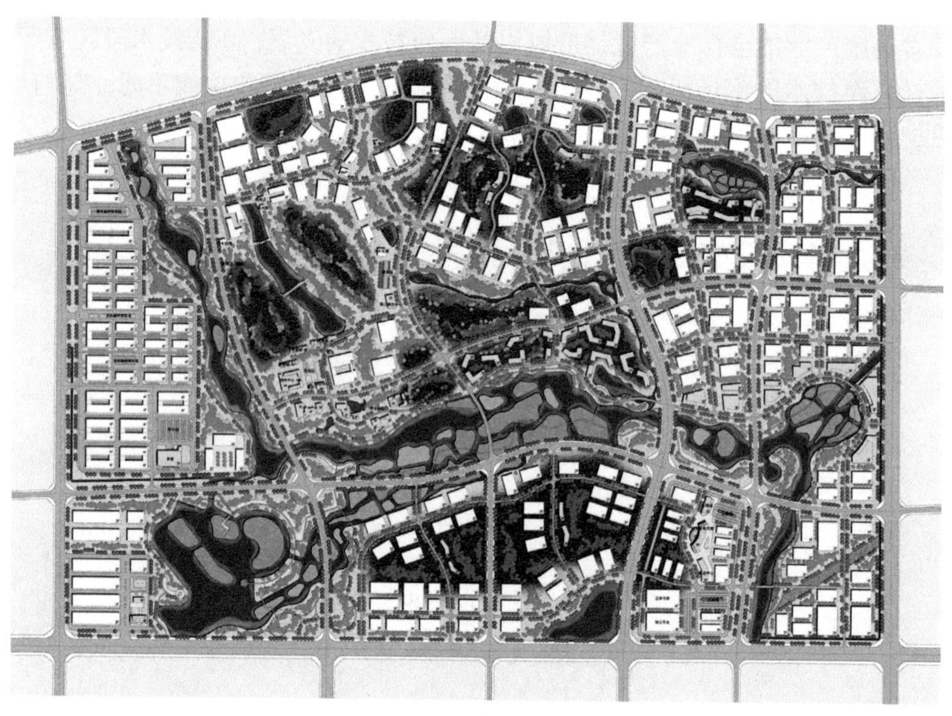

图 2-39 医药园规划案例

2.3.2.3 土地多功能集约利用

土地多功能集约利用是通过融合居住、商业、交通、文化休闲等功能来实现，可以节约资源、节省交通成本等。其主要是指复合化利用土地，在同一块土地上将多种用地功能进行组合，尽可能赋予小地块更多的功能，加大服务于单一土地的空间利用强度。充分发挥混合用地的优势，在同一个时期尽可能为多个目标服务，以统一经济、社会、环境价值。新城市主义中强调城市混合使用的功能，功能分区的概念在这里被弱化，不同土地、不同建筑形式、不同住宅类型等的混合使用对于不同的人群也体现了公平的法则，防止了社会阶层的进一步分离，比如一定比例的旅馆可以改善中心办公区的单调生活。

2.3.3　交通梳理

城市交通与城市功能、土地利用、人口分布等影响城市发展的要素紧密结合，直接影响城市的社会经济发展。城市对外交通设施和城市内部客运、货运设施的布局直接影响城市的发展方向、城市干道走向和城市结构，而道路的通畅会使城市整个结构简单化。道路承担了城市单元边界的角色，道路立面凸显出城市街道空间特点和景观结构。道路的可识别性和指向性提高了空间识别，便于灾害逃生和救援，构建了清晰的目的地和空间走廊。

2.3.3.1　设计要点

功能需求：按照城市不同的功能需求设置城市对外交通、公共交通、轨道交通和城市停车设施。包括需求量分析、道路负荷分析等，确定各种交通类别的规模和路线。

用地布局需求：各级道路分别为各级城市功能区的分界线，也为联系城市各用地的通道，应按照不同等级、类别的需求，形成完整的道路系统。

交通运输需求：道路系统的结构、功能要明确，并且与相邻用地的性质相协调，应保持交通通畅，形成独立的机动车系统、非机动车系统和人行系统。

城市环境需求：道路的规划应符合城市的自然地理条件，包括地形条件和气候条件，使城市与环境很好地结合并有利于城市通风。

城市市政公用设施的需求：道路布局要满足各种管线的铺设需求，为其预留足够的空间，并且满足各种覆土和坡度的需求。

城市防灾减灾的需求：应保证道路与对外交通设施、广场、公园、空地等紧急避难场所的通畅，满足城市道路网密度的需求和救灾通道标准。

2.3.3.2　道路网密度与等级

1. 道路网密度

城市道路网密度要兼顾城市各种生活的不同要求，过小则交通不便，密度过大则造成用地和投资的浪费，同时也影响城市的通行能力。中国从古代匠人营国开始，主要为“井田式”道路网，强调整个街区的完整性；现今则主要是单位分割下的城市路网形态，城市的道路网密度均比较低。美国形成以小汽车为主导的交通模式，城市形态比较分散，开发密度较低，但是这种模式增加了车量在道路上行驶的时间。TOD（Transit-Oriented-Development）模式是美国为解决以低密度开发和小汽车交通为主体的城市扩展给城市带来交通拥堵、空气污染、土地浪费、内城衰退和邻里观念淡薄等问题而产生的。其“将公共交通作为导向”，形成一种以公共交通为中枢、综合发展的步行化城区，以实现各个城市组团紧凑型开发的有机协调模式。这种模式是现阶段比较推行的模式。我国城市道路中各类道路的密度如下（表 2-5）：

中国城市道路网密度（km/km²） **表2–5**

城市规模与人口规模（万人）		干路		支路
		主干道	次干道	支路
大城市	＞200	0.8 ~ 1.2	1.2 ~ 1.4	3 ~ 4
	≤200	0.8 ~ 1.2	1.2 ~ 1.4	3 ~ 4
中等城市		1.0 ~ 1.2	1.2 ~ 1.4	3 ~ 4
小城市	＞5	3 ~ 4		3 ~ 5
	1-5	4 ~ 5		4 ~ 6
	＜1	5 ~ 6		6 ~ 8

数据来源：《城市道路交通规划设计规范》GB 50220—1995。

2. 道路网等级

（1）主干道（全市性干道）

主干道为联系城市中的主要工矿企业、交通枢纽和全市性公共场所等的道路，是城市主要客货运输路线，一般红线宽度为 30~45m。当前逐渐出现了新的模式，如将主干道剥离出快速通道、BRT 公共交通整合以及林荫大道等。

（2）次干道（区干道）

次干道为联系主要道路之间的辅助交通路线，一般红线宽度为 25~40m，车行道 13~20m。次干道需要处理的是人行道与车行道的关系，尤其是兼容绿道系统的次干道。

（3）支路（街坊道路）

是各街坊之间的联系道路，一般红线宽度为 12~15m 左右，车行道 7~9m。重点处理路口步行节点区域。

2.3.3.3　道路网络与城市形态

1. 传统道路网络理论

城市道路不仅是城市交通的通道，而且是城市居民活动的重要空间，是组织城市景观的骨干与决定城市形态的重要因素。在现有规划里城市有 3 种经典模式（图 2-40）：

“带形城市”的规划原则是以交通干线作为城市布局的主体骨骼；城市的生活用地和生产用地平行地沿着交通干线布置，最终使得城市平面布局呈狭长带状。

“花园城市”的道路网形态是一个由核心、几条放射线和几个圈层组合的放射状同心圆结构，城市的每个圈层由中心向外分别是：绿地、市政设施、商业服务区、居住区和外围绿化带，然后在一定的距离内配置工业区。

“网格城市”是指打造一个巨大的地下网络，由运输、通信和能源供应系统构成，所有这些都位于地下，远离拥挤的城市街道。网格城市由两种不同规模的地下结构构成，即网格点和网格站。

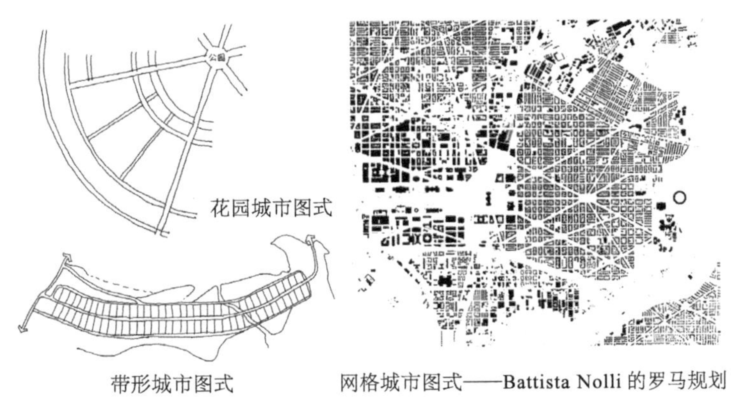

图 2-40　三种经典道路网络

2. 主干路网结构

在考虑城市道路网结构时，应注意用地分区形成的交通运输对城市交通的影响、城市地形条件和原有路网（表 2-6）。

典型路网结构　　　　**表2-6**

类型	特色	图式	典型模式
方格	道路向城市各个方向扩展，便于分散交通，划分街坊规整，在功能布局上的灵活性较强，但是位于对角线上的 街区间连通性较差，		
环形	城市道路由同心圆和放射性结构组成，常见于城市快速增长阶段——圈层扩张。放射形道路从城市中心呈放射状延伸，增强了城市中心与郊区的联系，环形干道有利于市中心与各区的相互联系，但容易产生许多不规则的街坊，不利于建筑布局		

续表

类型	特色	图式	典型模式
自由	根据不同地域的地形地貌来组织道路结构，不用规则的几何形式，多依山就势，不仅能取得良好的经济效益和人车分流效果，而且可以形成丰富的景观		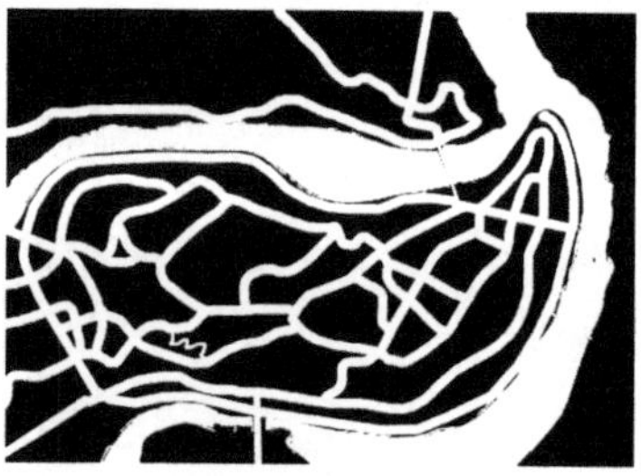
混合	将两种或者两种以上的道路网形式混合起来从而优化道路网结构，弥补各个道路网结构的不足，提高城市主干道的通过效率	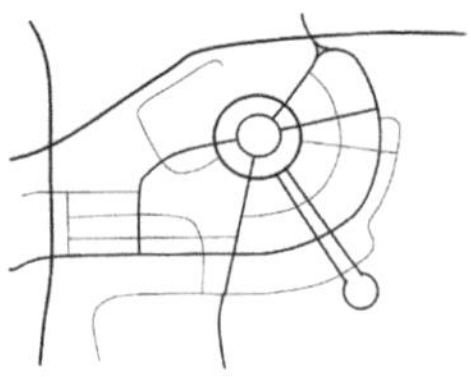	

3. 交通节点处理

道路交通节点是城市道路网络的重要组成部分，它是城市交通中的瓶颈部位，其设计影响到整个道路网交通功能的发挥。在设计时要充分考虑周围道路的交通量、车辆的速度变化、转向的需求以及容易产生的交通冲突等来选择交通节点的形式和规模（表 2-7）。

交通节点处理模式 **表2-7**

类型	特色	图示
十字形	道路交叉口呈“十”字形，是最基本的交叉口形式，简单且交通组织方便，街角建筑容易处理，适用范围广，可用于相同等级或不同等级道路的交叉。X字形交叉口是十字形的两条道路以锐角或钝角斜交	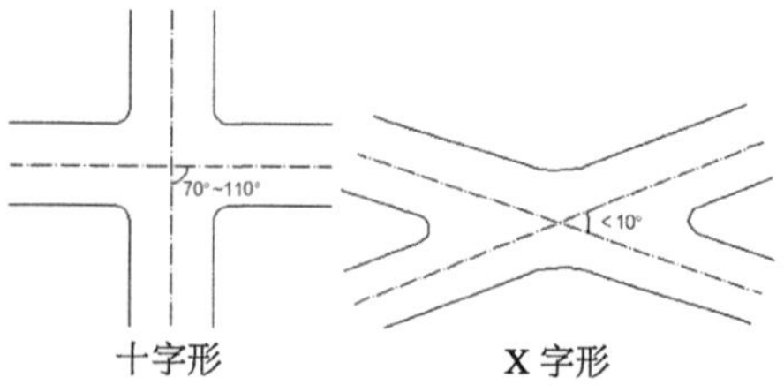 70°~110° <10° 十字形 X 字形
丁字形	也称T字形、Y字形交叉口，一般用于主道路和次道路的交叉，主要道路应设在交叉口的直顺方向。一般而言，尽量采用正T字形	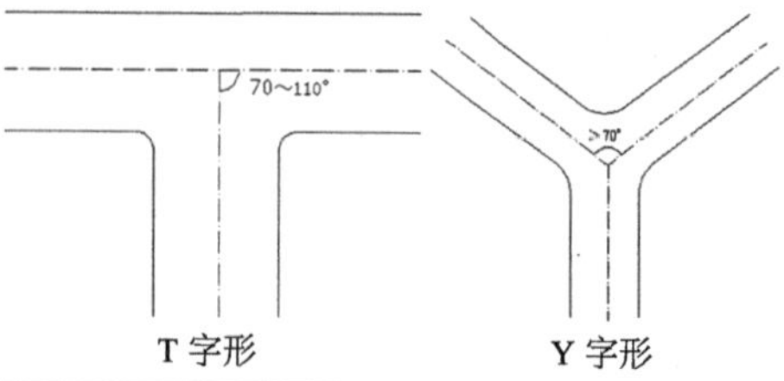 70～110° >70° T 字形 Y 字形

续表

类型	特色	图示
环形	驶入交叉口的各种车辆，可同时连续不断地同向通行，有利于渠化交通，避免了交叉口冲突，减少交通事故。但占地面积较大，增加了车辆通过交叉口的行驶距离，而且在旧城改建中较难实现，当车流量过大时，环道上交通能力受到限制	环形交叉
立体	不同的道路在不同的平面上相互交叉，减少交叉口的冲突点，提高了道路的通行能力，在交叉口交通量较大。立体交通节点一般在地形适宜且道路等级高的交叉口设置，或者特殊情况如铁路与公路相交的情况下设置	立体交通
其他	道路交通节点也可错位相交或设置复合型交叉口，错位交叉不宜用于主干道与主干道相交，一般多见于主要道路和次要道路相交，主要道路设置在交叉口的顺直方向；复合型交叉口用于多条道路交汇处，用地大、交通组织困难，运用时要慎重考虑	错位交叉　复合型交叉

2.3.3.4　路网设计技巧

在前述环境渗透的设计环节之后，通过深入的功能定位分析，下一步着手路网的设计。路网决定着城市发展的骨架、结构以及城市未来发展的雏形，因此，实用、经济并且兼具空间景观特色的路网结构决定着设计的成败。纵观城市设计中的优秀案例，剥离开设计中现实条件的制约，我们尝试找出路网形态塑造的技巧。城市路网设计大致可分为 3 个步骤：塑造主形，平行扩张，均匀网络。

1. 结合特点塑造主形

任何一个城市或者区域，都需要强调一个中心，或者一种结构，这和平面构成法则极其相似，如同一副艺术作品的重心。塑造路网主形时，比较常见的是围绕着山水地形的边界形成主导性的图案，构成城市空间中的视觉焦点。在地形相对平坦的区域，则是围绕绿地或水系，形成明晰的城市空间结构。如同我们评价一个成功的建筑或绘画作品，具有明确中心的构图能让人过目不忘，这亦是好作品的前提（图 2-41）。

2. 围绕中心平行扩张

制定出中心结构策略之后，一切的工作就显得简单很多，接下来就是围绕着路网主要形式进行平行的辐射和扩张，CAD 中的偏移复制（offset）命令与其有异曲同工之妙。围绕主形的平行或垂直构架，有助于强调主体的空间结构，进一步凸显空间特点（图 2-42）。

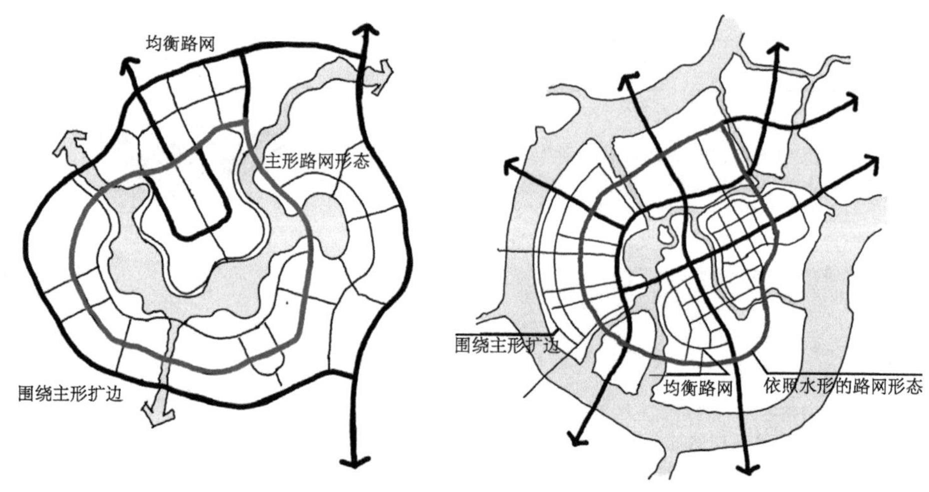

图 2-41　主形路网塑造

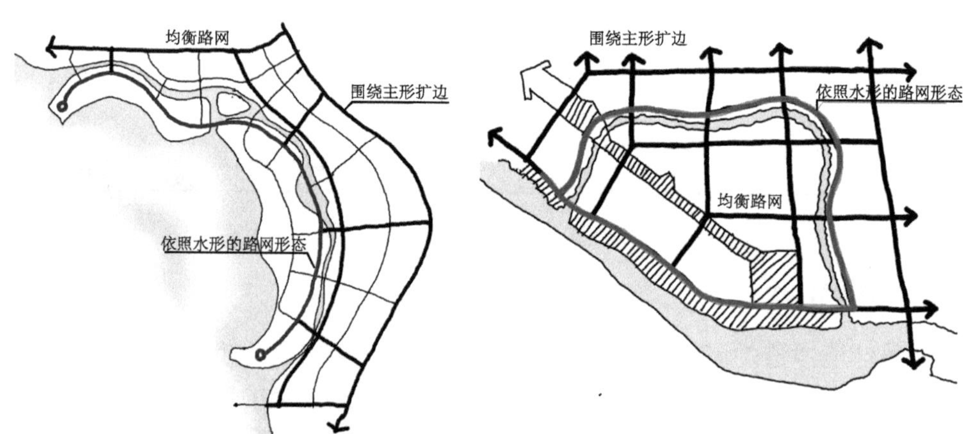

图 2-42　平行扩张强化主题形状

3. 均匀网格拓扑围合

经过上面两步，大部分路网设计主体结构完成，但是最后这一步——完善路网细节的工作其实亦是很重要的。成熟的规划师所设计的路网草图往往显得均匀、平衡，而缺少训练的设计师则习惯用垂直正交网络，显得生硬、呆板，尤其是在十字网格结束于异形空间时的收尾。

我们可以通过分析和总结，尝试总结网格划分的技巧。一般而言，异形网格主要由三角异形和弧形异形组成，均衡的图形大多具有三个特点：角点均衡、异形垂直、离心趋向。角点均衡，意味着角点围绕虚拟的圆形区域构图分布；异形垂直，意味着线条通过局部曲线化在交汇处形成 90° 夹角；离心趋向，意味着弧形线条围绕中心离心围合。下面是典型图案处理案例（图 2-43）：

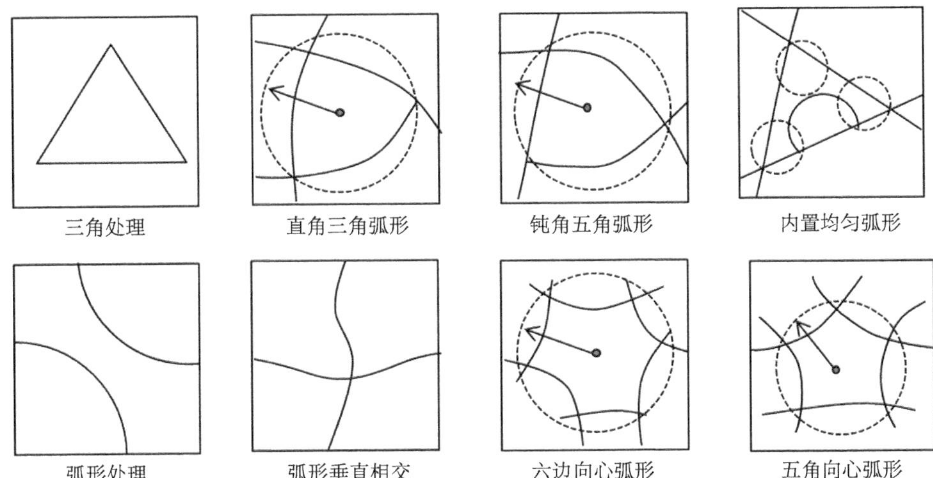

图 2–43　路网细节处理

4. 典型城市路网设计案例分析

在图 2-44 的案例中，围绕月牙状核心用地，塑造路网主形，围绕用地形成弧形围合路网，原有垂直路网不适用于现有路网格局，因此，采用了弧形垂直相交的模式，保证每块用地近似于方形，且拥有近似平行的边（图 2-44）。

在图 2-45 的案例中，路网局部呈组团状，整体形成围和区域。在各个区域又形成均衡网格分布，其中异形的组合变化较多，形成流动的路网变化（图 2-45）。

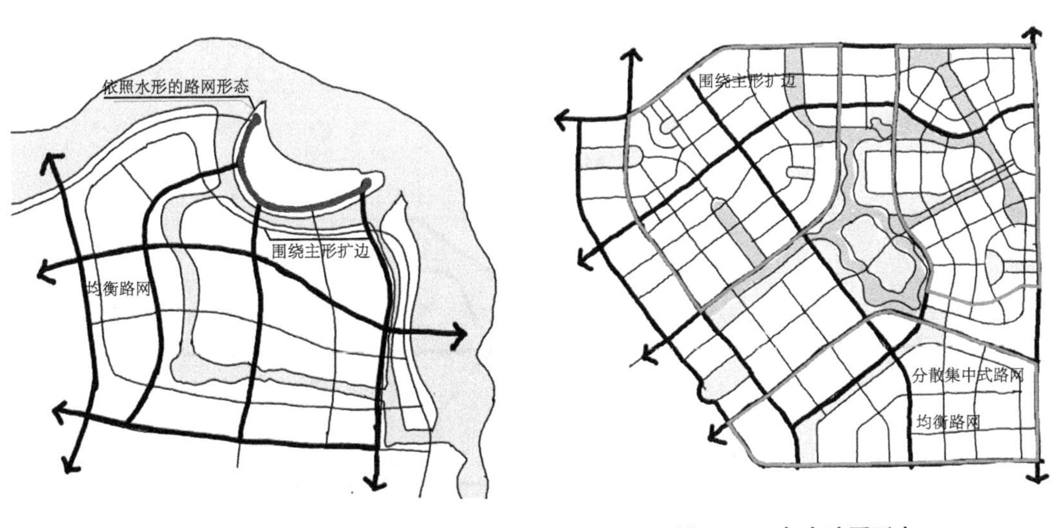

图 2–44　曲线路网形态　　**图 2–45　复合路网形态**

2.3.3.5 静态交通

静态交通是指非行驶状态下的交通形式，静态交通设计主要包括停车场等的设计，要对停车量进行预测，选择合适的停车形式和出入口位置，设置合理的回转半径。我国《城市道路交通规划设计规范》(GB 50220—1995)规定，城市公共停车场的用地总面积按照规划城市人口每1人0.8~1.0m²进行计算，其中：机动车停车场的用地为80%~90%，自行车停车场的用地为10%~20%。建议停车场的服务半径为：机动车公共停车场的服务半径，在市中心地区不应大于200m，一般地区不应大于300m；自行车公共停车场的服务半径宜为50~100m，并不得大于200m。停车场的布置一般选择在对外交通设施附近和大量人流汇集的文化生活设施附近，一般的中小型停车场可在其所服务的地区内选择，自行车停车场一般在沿道路的空余地段或者其服务的地区内。

2.3.4 开放空间

开放空间又称开敞空间或旷地，指在城市中向公众开放的开敞性共享空间，亦指非建筑实体所占用的公共外部空间以及室内化的城市公共空间。

城市开放空间是城市形体环境中最易识别、最易记忆、最具活力的组成部分。①

在城市设计中，开放空间是主要的设计对象之一，是可以留住人并进行社会活动，促进人与人之间交流的场所。城市开敞空间包括公园、广场、街道、室内公共空间等，这些空间在城市中应有便利的交通，可以有机地组织城市空间和人的行为；有易于识别的特征，各类元素与城市协调有序，延续城市自然和文化景观，构成功能与形式丰富多彩的场所情境。开放空间是城市形象建设的重点，也是树立城市形象的关键，设计中要把握住开放空间所具有的边界、场所、节点、连续性等特征（图2-46）。

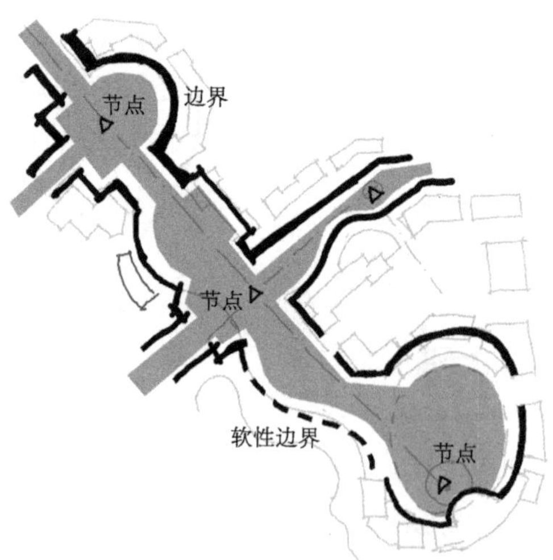

图2-46　开放空间的特征要素

① 中国城市规划设计研究院，上海市城市规划设计研究院．城市规划资料集．北京：中国建筑工业出版社，2005.

2.3.4.1　限定元素

1. 边界

开放空间的界线通常是开放空间设计最敏感的部分，是形成不同空间感觉的关键；设计中要把握开敞空间的边缘，对边界进行界定，可虚可实，可利用天然屏障界限，还可利用人工构筑物，要营造出空间的整体感和连续感。开放空间的边界在一定程度上和城市景观环境的边界相吻合（图 2-47）。

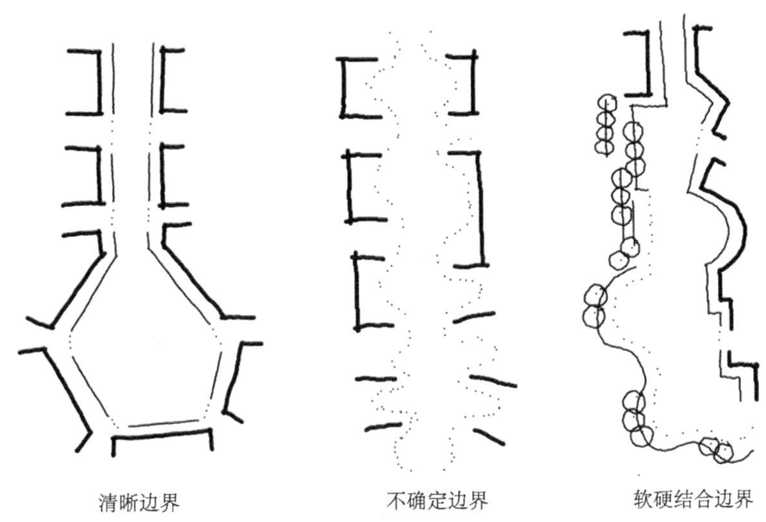

图 2-47　开放空间界限

边界限定的主要方法：清晰明确、软硬结合：

①清晰明确是指在限定边界时，建筑与环境处理的限定元素必须明确，减少视觉空间出现的不连续感，对于建筑的限定而言，就是使用压边的做法。

②软硬结合是指在限定处理时，建筑的围合与景观软性的围合相互结合，避免过于生硬。尤其是在大型的开放空间中，建筑边界使得轴线更加明晰，景观空间限定则使其更加灵动。

2. 场所

场所的设计则必须根据每一个具体空间的特性、功能需求来决定其规模、尺度、空间结构、空间意象、环境设施等要素的布局。场地分为广场空间、街道空间、滨水空间等等，不同的类型都要满足它的开放性、社会性、功能性、宜人性。

开放性：对城市居民无条件开放；社会性：满足居民的社会生活需要；功能性：满足人的各种功能需求；宜人性：满足人的各种人性尺度的需求。

在开放空间系统中，场所的塑造主要决定着系统的形态与语言。因此要求场所必须具有相对的完整性和功能性，在空间语汇中则要求形式明确，大多由基本形组合而成，边界清晰（图 2-48）。

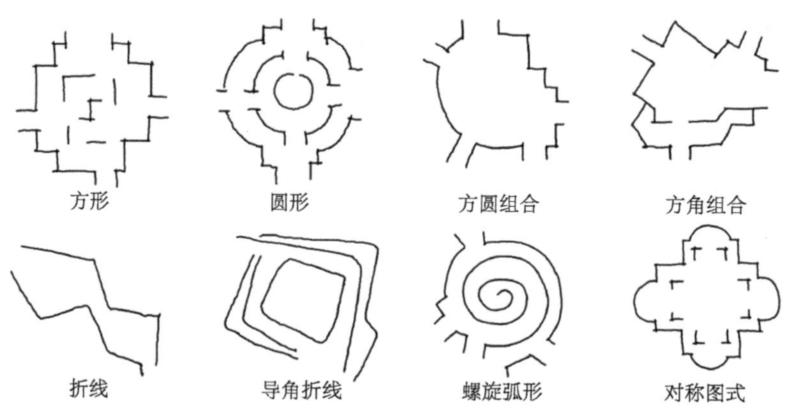

图 2-48　常见场所图式

3. 节点

节点是城市功能组织的重心，居住、工作、娱乐、交通等城市基本功能均与城市节点有直接的联系，其是景观的重要控制点，还是可以帮助人识别方向和距离的场所，起到城市标志的作用。

城市节点须与周围建筑群体呼应，与周围空间形成对比，并创造良好景观条件，周围的景观在节点处达到高峰，同时要合理布置环境设施。

节点可由场地或者建筑组成，形成软性或硬质的节点模式，并且必须在图式空间上有足够的表达与强调（图 2-49）。

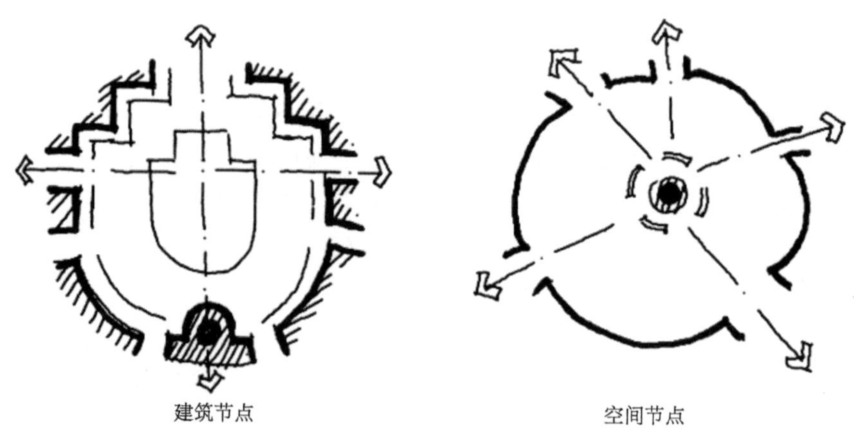

图 2-49　节点示意

4. 连续性

城市开放空间要形成体系，自然要有一定的连续性，并且结构合理，做到点、线、面的相结合和轴线的塑造。最能体现城市开放空间连续性的是城市轴线，它是由城市开放空间体系和城市建筑的关系表现出来的，一般在城市中营造连续的绿道形成景观轴线，绿道周边建筑的建设要有序整体，形成建筑空间通廊并且符合人的视觉轴线，最后要与周边的环境相协调。

此种连续性的示意亦可以参考本章前面景观格局控制中的线形景观要素处理的相关内容。

2.3.4.2　线形控制

在城市空间的组成上，边界线形的不同限定会给人以不同的空间感。边界空间的限定能够在复杂的空间中给人一种秩序感。比如长条形的街道、方形的街区、圆形的广场等等，这些空间的边界，都是由其中的建筑边界或景观围合出“场所”，进而形成不同的空间感。城市环境的边界可以是自然的界线，如山、河流、森林等，也可以是人工的公路、铁路等，此外行道树有韵律的排列也可形成城市环境的边界。城市环境边界的连续感、韵律感会使城市环境更整体，同时显示出城市景观的格局特点。

本质上而言，所抽象的景观线形必须符合形式美法则和基本构成原理，唯此才可形成和谐的总体设计。任何一种形式都蕴含着众所周知的心理感知力量。本节将重点讲述自然构成要素的 3 种基础线形——直线（方形）、弧线（圆形）、折线（三角形）。关于其混合形式也将略作介绍，但更多组合与构成方法可参阅《平面构成》等相关书籍。

1. 直线（方形）

方形，方正稳定，代表秩序。横平竖直的直线构成可体现庄重、严肃、内敛的内涵，呈现城市威严之势，喻示权力、控制，多出现于传统新城规划中的轴线及总体格局，在景观中则多用于城市中心广场和绿地形态（图 2-50）。

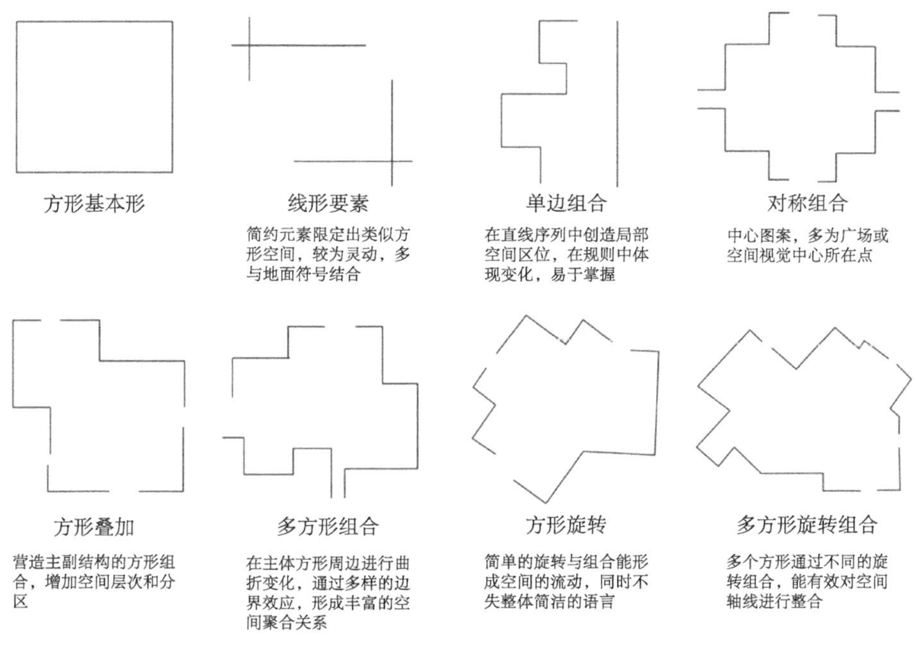

图 2–50　方形组合线形

（1）基本方形

由等距和等角组成，为结构感最强的图形。这种形式可以为城市显示的积极内涵包括：组织、条理、耐心、秩序、细节、逻辑、一致、完美，其消极内涵则是严谨、保守、控制等。随着社会思维变迁与城市规划思维的开放，基本方形这种完美图式在城市设计边界控制中越来越少，不过在景观设计的节点中仍然常见，同时单元矩阵的组合也是常用手法。

（2）方形组合及变异

方形的组合与变异，象征着有序的改变及转型，具有传统、包容、积极和勇气等内涵特征。当然这种组合也会给人迷惑和难以琢磨之意。由于易于掌握，此种组合模式比较常见，尤其在新中式语境下城市设计中使用更多。

2. 折线（三角形）

三角形，彰显力量，代表稳定、崇高、超越。由折线凸显强烈的情感刺激和反差。倾斜的角度也会带给人以速度感，体现超越平凡的、刺激的、运动的、时尚的、尖锐的感觉。可呈现城市时尚态势，预示突破、超然，多出现于城市商业街区或滨水区域。尤其在哈迪德（Zaha Hadid）的设计语汇中较为突出（图 2-51）。

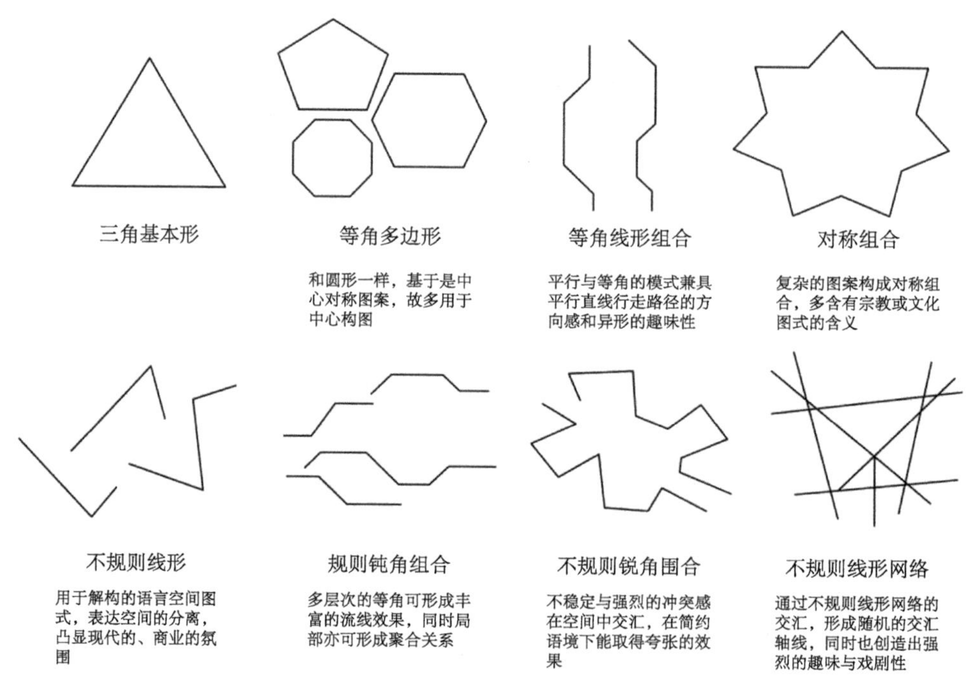

图 2–51　三角组合线形

（1）基本三角形

纯粹的三角形在规划中并不多见，遥远的古埃及金字塔保留了强烈的三角形格局，表现超然的宗教形象；法国巴黎凡尔赛宫的规划，通过放射交汇的直线传达了经典的王权控制语境。此类形式具有聚焦、自我、驾驭和超然的表达内涵。

（2）三角组合及变异

三角组合及其变异实则为非 90° 交叉直线形成的集合。因为具有强烈的直线特征，同时非正交的构成形成了强大的力量。一般分为钝角模式和锐角模式。

3. 弧线（圆形）

圆形，由弧线组成，外形光滑、圆润、饱满，体现灵动、亲和、美好和圆满，具有向心围和的特征。不同于直线构成的方形、三角形，属于左脑思考，体现逻辑、结构。弧线和圆形，偏向右脑思考，具有非线性的特点，倾向创造和直觉，注重整体性而非个别的细部（图 2-52）。

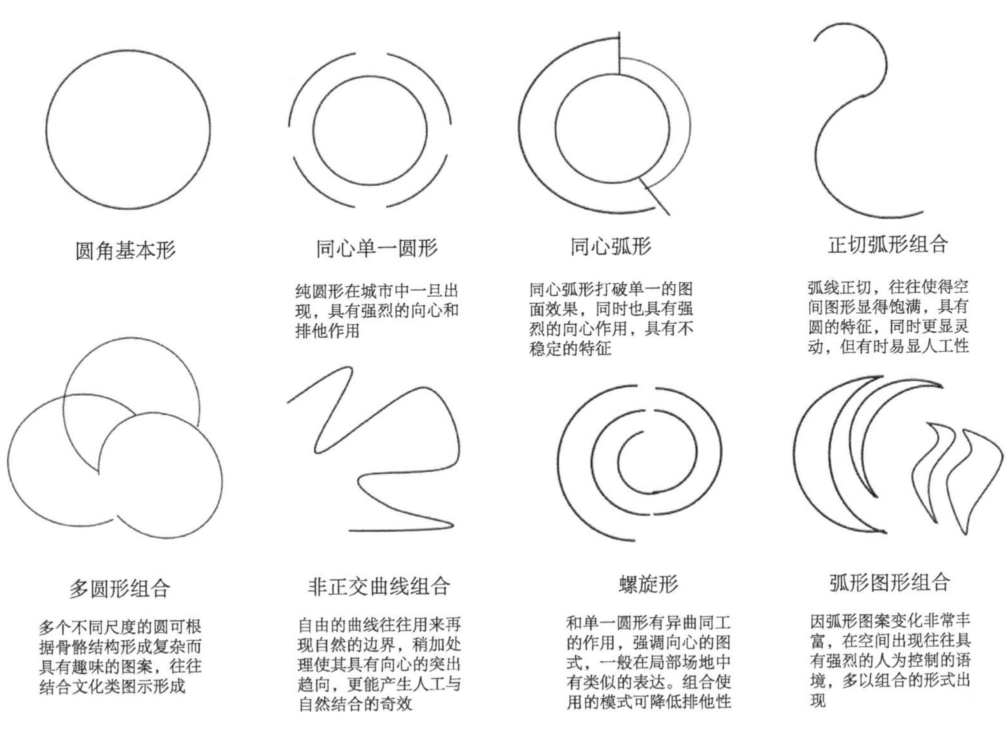

图 2–52　圆形组合线型

（1）基本圆形

往往在节点处或在凸显形体结构时会出现圆形，强调中心结构时亦会采用。纯粹圆形具有向心力，但同时绝对的向心形成了强烈的排他性。在城市设计中圆形往往能取得先声夺人的效果，构图感强烈，因此其他要素必须以偏移协调的模式或者多层次圆形的模式进行组合。

（2）圆形组合及变异

曲线图案为圆形的主要变化模式，象征创造力，具有圆形优美的形式感，同时也是唯一开放式且最独特的图形，代表天马行空、无拘束、跳跃性思考、挑战现状等，极具吸引力。但同时曲线也具有无组织、无逻辑的弊端。

4. 混合形

与其说是混合形式，更恰当的内涵是基本图形间构成的语言要素组合。而空间上的愉悦感与形式上的和谐感具有协同的要素，因而构成的美感为混合形组合的基本要求。一般而言，混合形在实际设计中使用较多，其组合方式的美感解读可参阅相关构成设计的内容（图 2-53）。

图 2-53 设计中开放空间的构思

2.3.5 建筑形态

建筑实体为广义概念，包括单体建筑物、群体建筑物及桥梁、堤坝、高架快速路、电视塔等，是城市形体环境重要的影响因素之一。[①]

建筑对城市影响的关键不是单个实体的优劣，而是群体建筑的组合，整体反映城市的历史发展和文化特征。在城市设计中，并不强调单体建筑的设计，而是对整体的布局、功能、形态、体量、色彩、风格和天际线等提出合理的控制和引导要求。

2.3.5.1 天际线

天际线（又称城市轮廓或全景，港译天空线），是由城市中建筑群的顶部轮廓构成的整体结构。天际线体现着每个城市独有的一面，没有一个城市的天际线是一模一样的，比如上海、香港的天际线各自凸显其城市特色（图 2-54）。

城市天际线并非局部的从某一点或某一时间所得到的城市面貌，而是城市在动态发展中的静态展现，结合了城市基地、建筑物、构筑物以及自然风貌。应在保护原有特色建筑基础上，建设布局新的建筑，不能局限于单纯的平面构图，需要符合建筑与

① 中国城市规划设计研究院，上海市城市规划设计研究院 . 城市资料集 . 北京：中国建筑工业出版社，2005.

自然的关系和城市的空间格局。

图 2-54 上海（左）、香港（右）城市天际线

2.3.5.2 建筑组合形态

建筑的组合主要有 4 种形式：围合式、排列式、点状式、混合式。

1. 围合式

围合式的建筑组合可以创造比较连续的沿街建筑界面，同时可以创造相对比较私密、集中的内部活动空间。但围合式会使地块内外环境被建筑隔离，所以应避免采用大体量、高层式的建筑围合，以免阻隔外部景观与地块内部空间的互动。建筑在围合布置时应根据地块大小、形状灵活布置，一般沿道路线性进行布置，注意留出开口空间（图 2-55）。

图 2-55 围合式建筑组合

2. 排列式

排列式的建筑组合可以创造比较统一的空间风貌，与外部环境的互动也较多，但也容易形成比较呆板的建筑空间。这类的建筑组合在布置时注意建筑的南北朝向，并适当地错开，以创造更加丰富的排列形式，丰富空间的趣味性（图 2-56）。

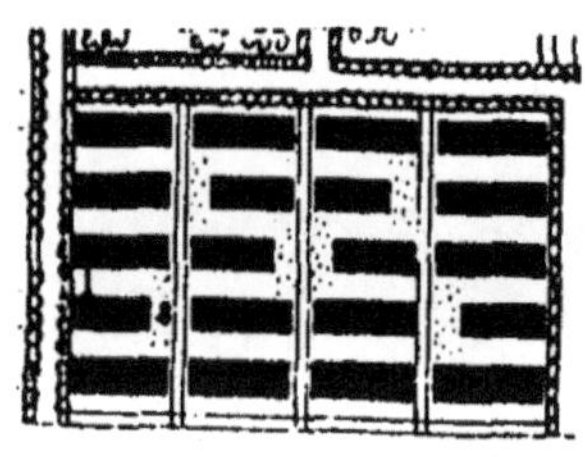
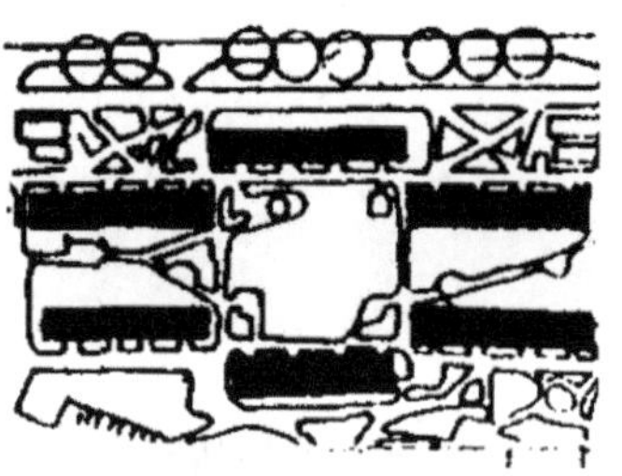

图 2–56　排列式建筑组合

3. 点状式

点状式的建筑组合特点是建筑密度小，布置自由灵活，可以留出更多的绿地空间，有较好的透风性。采用这类组合的建筑一般是小高层及高层建筑。因此，在布置的时应结合周边环境，注意必要景观视线通廊的留出，同时避免布置高层点状建筑在滨水、山脚等公共景观资源的周围，以免阻挡其他建筑的观景视线（图 2-57）。

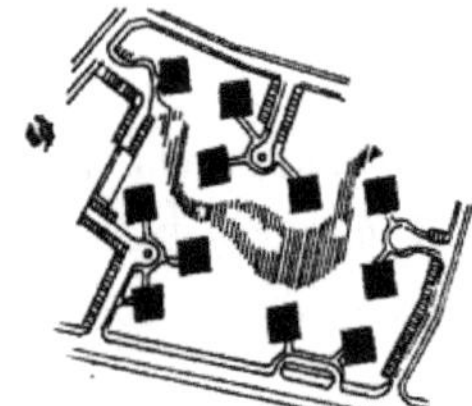
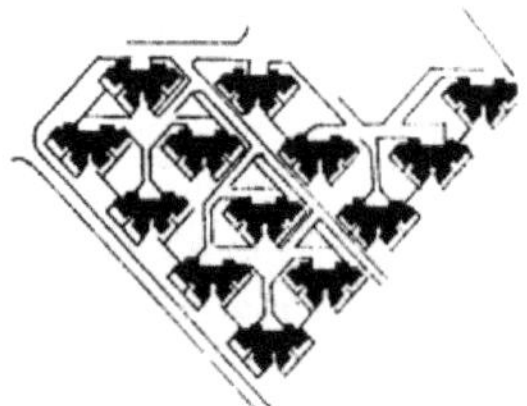
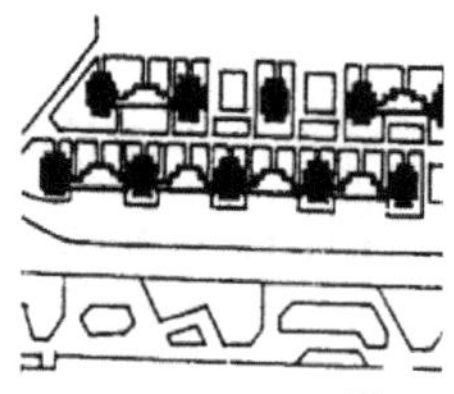

图 2–57　点状式建筑组合

4. 混合式

混合式的建筑组合是结合了围合式、排列式、点状式中两种及两种以上的组合形式。既可以利用围合式建筑连续的建筑界面，又能利用排列式统一的肌理，还能利用点状建筑的自由灵活、高开发强度、低密度的特点（图 2-58）。

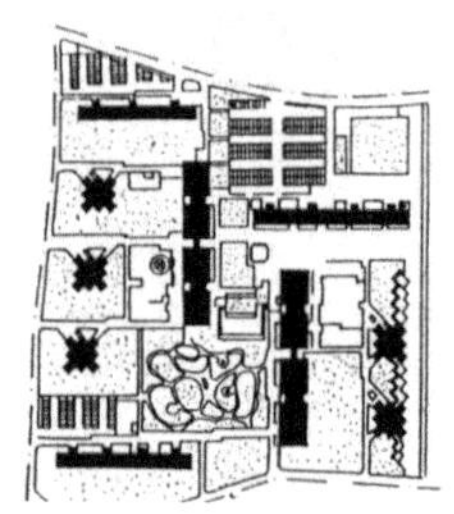
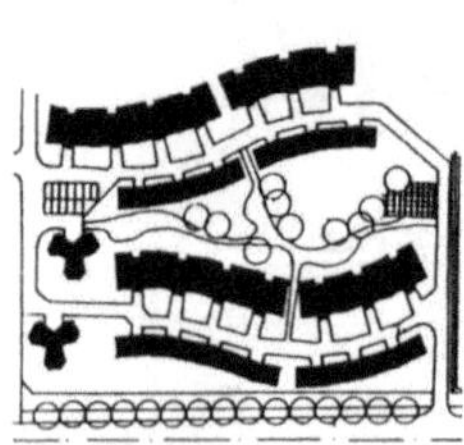
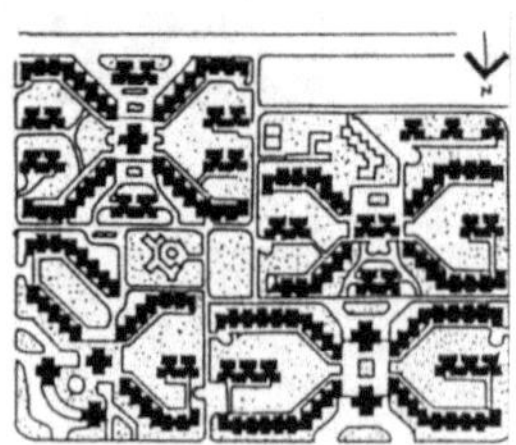

图 2–58　混合式建筑组合

2.3.5.3　建筑体量

建筑体量的设计要与城市空间环境相协调，设计中要注意建筑的形式及用途，保证不同建筑之间的和谐关系；注意建筑的比例、尺度等，避免过大体量的建筑对整体建筑群空间和谐的破坏；还要保证建筑间距、间距后退红线的距离、建筑密度，保证建筑群体在用地范围内的协调。此外，应注意一般类型的建筑体量规格，保证每类建筑的基本尺度要求（表 2-8）。

各类建筑体量综合表　　表2-8

建筑类型	建筑尺度	建筑造型
居住建筑	一个户型：10m × 12m~15m × 12m	根据户型确定，比如一梯四户
商业建筑	商业建筑种类繁多，规模不一，一般为大体量建筑	形式多样
工业厂房	一间厂房：24m × 18m	一般为规则长方形
公共建筑	根据不同功能尺寸不一：如办公建筑长60~80m，宽20~60m；会展中心：80m × 50m~150m × 90m；教学楼：60m × 20m~80m × 40m	根据不同功能确定，建筑形式相对多样化

2.3.5.4　建筑风貌与色彩

设计中要在建筑的风貌和色彩中注重城市文化的体现和新旧建筑的和谐；同时要保护历史建筑，且与历史建筑相协调，营造特色城市风貌。

一般的城市风貌和色彩要符合自然美的原则，不要与大自然竞争，而要尽量保护自然色。比如徽派建筑的颜色和风格既体现了对自然山水的尊重，又使建筑融入山水之中，在城市与自然的差异中寻求统一和谐（图 2-59）。比如青岛等滨海城市营造了“红瓦绿树碧海蓝天”的城市特色，红色是人工构筑屋顶的颜色，其鲜亮的色彩正好与碧水蓝天相统一，还能对远航轮船起到标志性作用，巧妙借用自然色，做到与大自然的统一和谐（图 2-60）。一般的历史性街区最能体现城市的历史文脉，所以新建的建筑一定要与原有的建筑风貌相统一，色调一致，比如西安市城墙内的建筑改造采用的唐代长安城青砖红柱，延续了历史名城的文脉（图 2-61）。城市中的建筑功能各不相同，一些建筑有它鲜明的特征，而这些特征也会从建筑的色彩与形式中体现出来，比如幼儿园通常采用轻快明亮的色调，建筑形式也比较活泼（图 2-62）。

图 2–59　徽州建筑

图 2–60　青岛建筑

图 2–61　西安建筑

图 2–62　幼儿园建筑

2.4　方案表达

图形和文本是城市设计工作者最主要的操作媒界、交流媒界和成果表达形式。

城市设计师一般通过设计草图、图表及其他图形表达方式形成其表现思想、理念和方案。图形表达的方式主要有：分析性表达、概念性表达、二维表达、三维表达和文本。

2.4.1　分析性图和概念性图

分析性图对于辨别和理解影响设计的限制因素十分重要。它们通常作为基地调查与分析的一部分，在项目的初始阶段进行，由基地的展现和帮助理解其面临机遇与潜在问题的环境信息构成。

概念性图以抽象的形式表达初始或孕育阶段的设计思想，它们通常被用于解释重要的设计原则及项目的运作方式。

分析性图与概念性图往往是高度抽象的，它们通过符号、注记、意象与文字来传达设计思想与原则，有助于快速勾勒出某个设计意念，以作为环境观察与分析的辅助（图 2-63）。在项目的各个设计阶段与决策过程中，它们常常可帮助人们加强对文脉或设计方案的理解，是一种重要的思想传递手段，并使设计师得以随时回顾他们的初始设想。

一些城市设计师为表现城市设计品质或特征构建了符号注记体系。如 Lynch 的城市意象元素，就常被用于表达有关城市物质形态与空间的设计思想，而不必受制于建筑细节。符号注记是分析图和概念图表达的一个重要而且有效的手段。一个较早的例子是 Gordon Cullen 表现城镇景观的“符号注记法”（Cullen，1967 年），包括表示环境与感知的各种类型和符号。“指示符号”是该体系中最常被仿效（及最有用）的部分，它标示出场地的各项独立特征，例如标高、高度、边界、空间类型、联系、景观及视线走廊（图 2-64）。

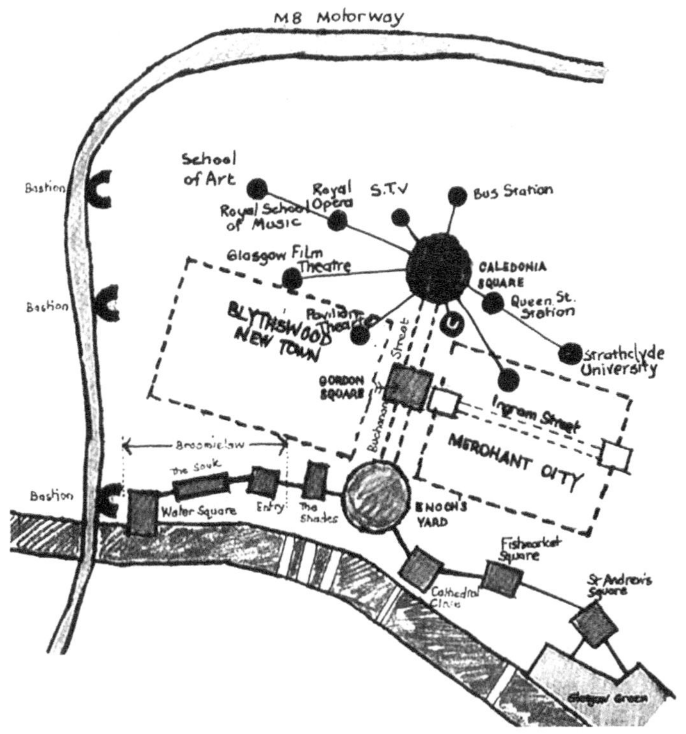

图 2–63　格拉斯哥中心区概念图

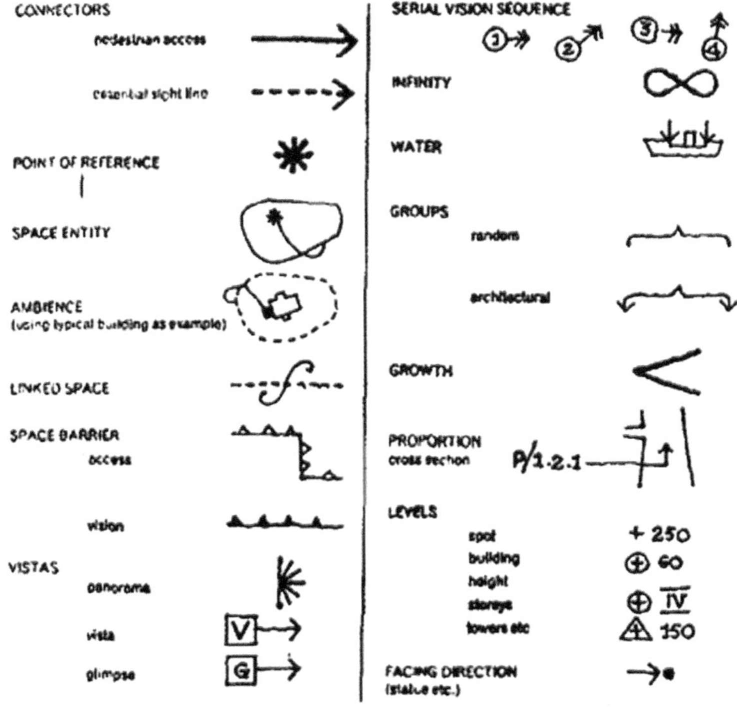

图 2–64　Cullen 的符号注记体系

分析图和概念图的表达是随着设计项目的不同而变化的，其总的原则是易于解读、适应和添加。例如，在俄勒冈州的波特兰，为了说明 1988 年城市中心区规划中构建的设计框架（图 2-65），城市规划师建立了一种富有逻辑关系的符号体系以表达其城市设计思想。

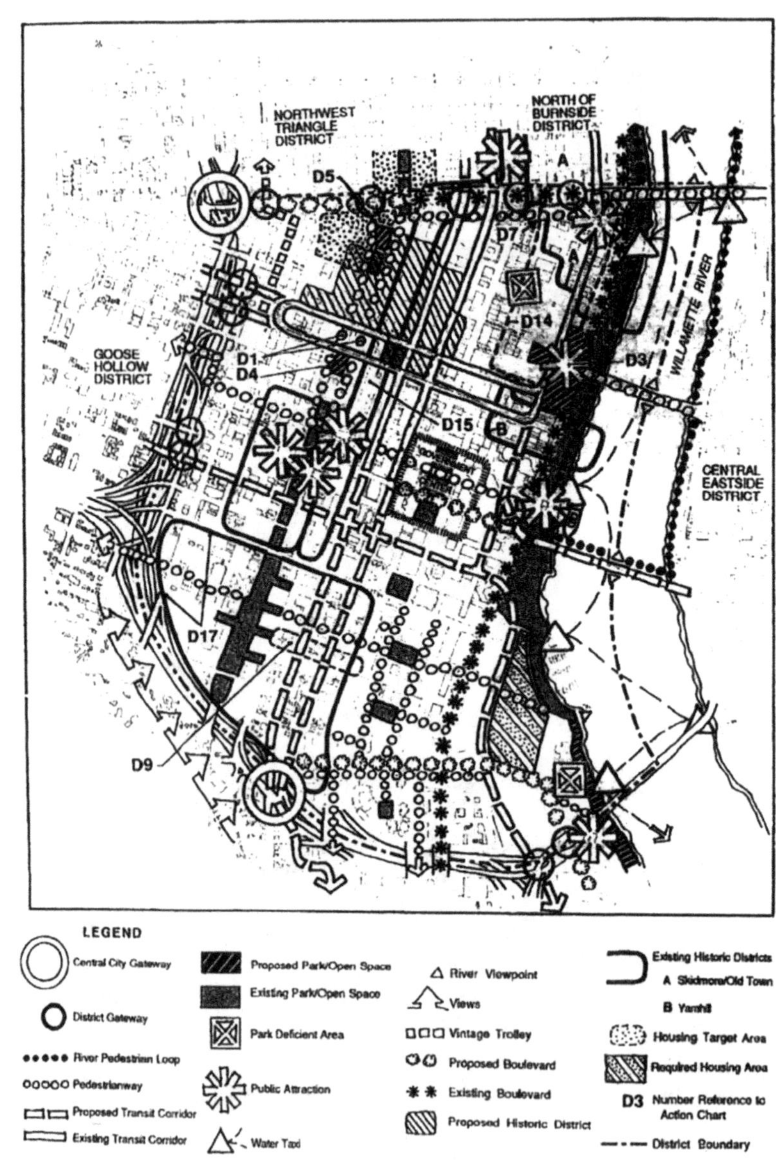

图 2-65　波特兰：城市中心区规划

2.4.2　二维表达

二维表达方式有两种：正投影及地理信息系统（GIS）。

2.4.2.1　正投影

正投影法以平面、剖面和立面的方式用二维图像表达三维物体与空间。为阐明一个方案，通常需要选取一系列的有利视点。平面与立面是抽象化的视图，平面的视角是自上而下，立面的视角则是面对其侧面，因投影线垂直于投影面，故图像均不存在透视变形（正如从无限远点所看到的）。剖面表现了相对于水平维度的垂直维度，是平面与立面的补充，用于显示内部与外部空间之间、不同标高平面之间的关系。

正投影法是交流设计信息的一种重要手段，以该法绘制的图像是工作或工程图纸的重要组成部分，它们按照一定的比例来表现设计方案（图 2-66）。

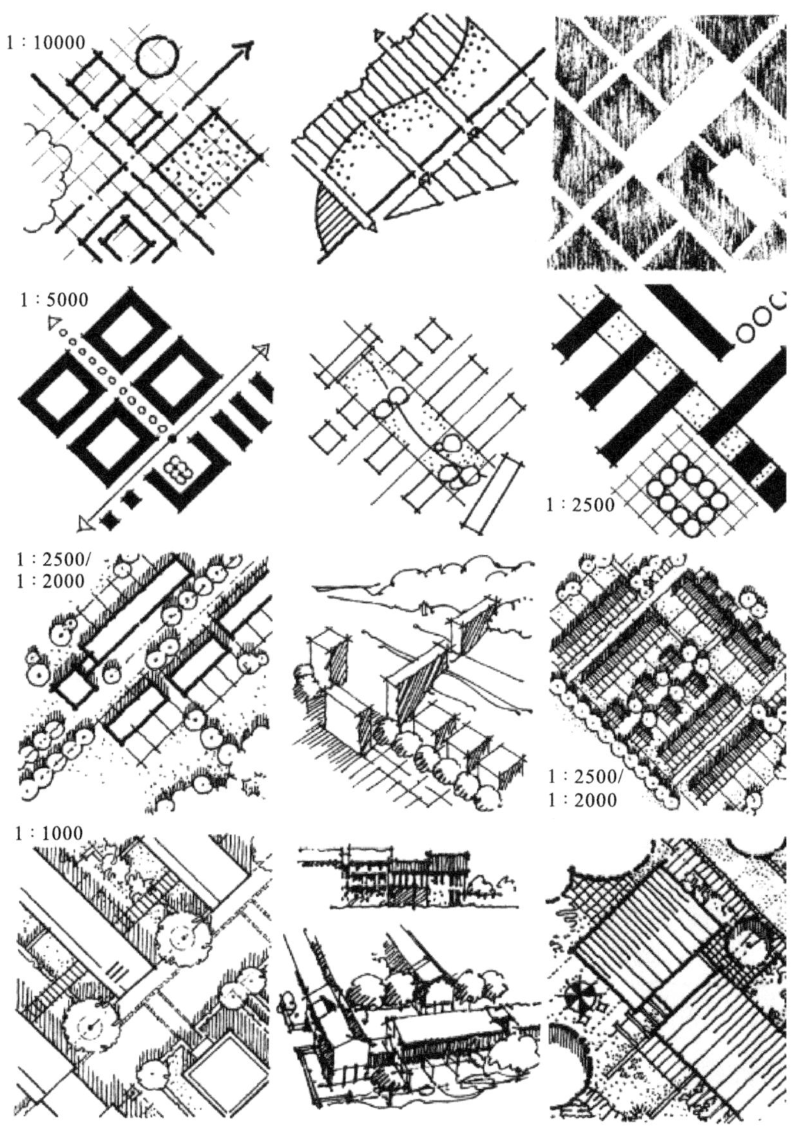

图 2–66　相应尺度的规划方案表达

2.4.2.2 地理信息系统

地理信息系统是一种基于计算机方法处理地理参考信息的体系。它包含了有关使用与服务、空间与居住计划以及交通路线等方面的信息，同时可以存储、显示及操控视觉和听觉信息，如照片与视频影像，并使之与传统形式的数据相结合。这种多层级的方式使 GIS 超越了传统的二维设计表达领域，正越来越多地被用于城市设计分析与设计过程（图 2-67）。

2.4.3 三维表达

三维图像具有一定的现实感，往往能更为直观地传达信息，帮助非专业人士理解设计图纸的内容。三维表达最常使用的方式是透视图、轴测图、计算机辅助设计以及实体模型。

2.4.3.1 透视图

无论是作为最终设计方案的表达，还是设计概念形成阶段的快速辅助草图，透视图都十分有用。较之正投影图，它们能够更好地表达抽象的品质，如基调、气氛与特征，因此在使非专业人士理解设计意图方面具有特别的价值（图 2-68）。

图 2–67　ArcGis 地形分析

图 2–68　透视图

2.4.3.2 轴测图

轴测图的绘制是基于正投影法，通过物体的高度、宽度与长度，利用轴测或等角投影法在图中展现第三维度。在平行线图中，空间得以通过体量进行组织，有助于视觉感知的形成，但由于透视效果被忽略，其作用也较有限（图 2-69）。

2.4.3.3 计算机辅助设计

计算机辅助设计（CAD）的应用使得设计意念能够迅速转化为图像，并能够产生多种选择方案。它促使设计师从设计初始阶段开始就以三维方式进行思考。通过赋予材质与色彩，相关软件能够计算并模拟人工与日照条件以及材料效果等，补充徒手绘图技巧的不足（图 2-70）。

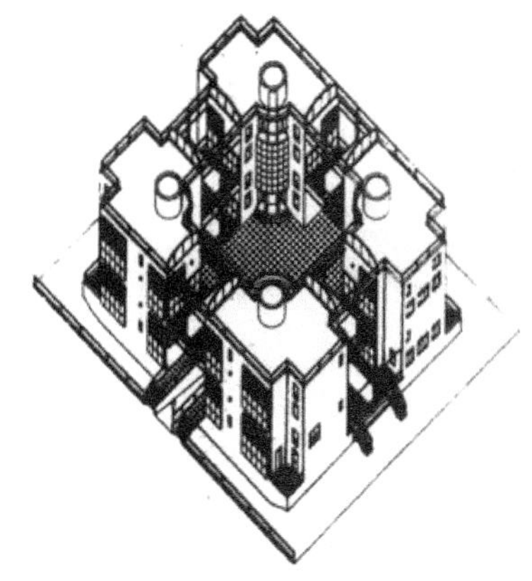

图 2-69　轴测图

图 2-70　计算机辅助设计鸟瞰图

2.4.3.4　实体模型

为了更好地理解与交流设计信息，实体模型可作为设计图纸的补充。根据其应用方式与设计阶段，模型所起的作用各不相同：概念模型，用于设计初始阶段，本质上是三维的图形，帮助设计师表达并探讨初始设计意念；工作模型，用于设计发展阶段，以增强空间与序列关系的理解，可用于模拟灯光与气候条件；展示模型，表现最终的设计成果，以仿真环境（如人物、地形景观、汽车等）进行适当的装饰，其重要的协助作用往往体现在项目的沟通与市场营销方面，而非方案的决策（图 2-71）。

图 2-71　城市设计实体模型

2.4.4 文本

文本即城市设计成果中一系列以文字描述为主的研究报告。

规划专业的综合性决定了设计者需要有较强的综合表达能力，城市设计的方案介绍非常重要，规划设计的概念是否明晰、成果表达是否全面、语言介绍是否具有感染力，往往决定了规划设计结果的成败。尤其在信息技术发达的今天，虚拟现实 (VR)、电脑动画 (CG)、影像汇报 (PPT) 等多媒体手段成为规划设计表达的新模式。综合表达能力的培养包括口头表达技能、文字表达技能、图纸表达技能、模型表达技能和多媒体表达技能。

思想的交流是城市设计的中心内容。好的设计思想必须清楚地表达出来，得到关键人物的支持才能得以付诸实施。城市设计方案汇报常常需要一系列的报告，如调查报告、分析报告等。除书面文字材料外，还需要有图纸、绘画、照片等实物材料作支撑。

设计方案需要在多种场合进行汇报和接受公众咨询，报告为设计人员提供了向客户和公众推销设计思想的机会。写设计报告就是要把设计思想用最有效、最经济的方式传达给别人。

城市设计项目报告的结构形式多种多样，因项目类型而不同。一般来说，都要包括三个主题信息：第一是现状调查描述；第二个是对设计对象的分析研究；最后一个是各种思想的合成，从而形成解决方案。报告的开头部分通常是一个简短的提要，提供报告中的关键信息。

项目报告需要注意以下几个要点：

①考察听众，了解其需求；

②根据第①条来安排组织材料，并考虑到材料的复杂性；

③采用合适有效的视觉辅助；

④准备好支撑材料，如图纸、照片等；

⑤以概括介绍展开主题，以要点总结结束报告；

⑥对于项目充满热情；

⑦报告自然得体；

⑧眼睛面向听众；

⑨准备好要提问的问题，可穿插于报告中间或一个小结结束以后；

⑩参与到听众讨论当中。

第 3 章　城市中心区设计

本章讲述城市中心区设计的相关概念、理论以及设计方法。阅读目标为：了解城市中心区的概念、特点和城市中心区设计的历程，掌握城市中心区的相关研究理论，并在熟谙理论的特点和适用范围的基础上，学会运用恰当的理论于具体的设计当中。

3.1 概述

从单中心到双中心再到多中心，城市的规模在不断变化，然而人们对城市中心区设计的关注热度却从未消退。城市中心区作为城市设计最核心、最常见的版块对城市而言具有重要意义：

①城市中心区是城市的大脑，是开展政治、经济、文化等公共活动的中心。

②城市中心区是思维的汇聚点，是居民公共活动最频繁、社会活动最集中的场所，也是城市多重功能复合的载体。

③城市中心区是城市形象展示的窗口、城市特色体现的集合。

3.1.1 概念

许多城市规划专业的学生及从业者，对中心城区、城市中心区、城市中心这三个概念十分混淆。三者之间存在较大的区别，从空间范围来说，三者之间是一个子集的关系。

中心城区是以城镇主城区为主体，包括邻近各功能组团以及需要加强土地用途管制的空间区域，是行政范围的概念。城市中心区是人口相对周边集中、经济和商业相对周边发达的市区地带，是空间特点的概念。城市中心是一座城市行政部门所在地或者商贸、商业最发达集中的地带，也是空间特点的概念。因此在范围大小来看，中心城区 > 城市中心区 > 城市中心（图 3-1）。

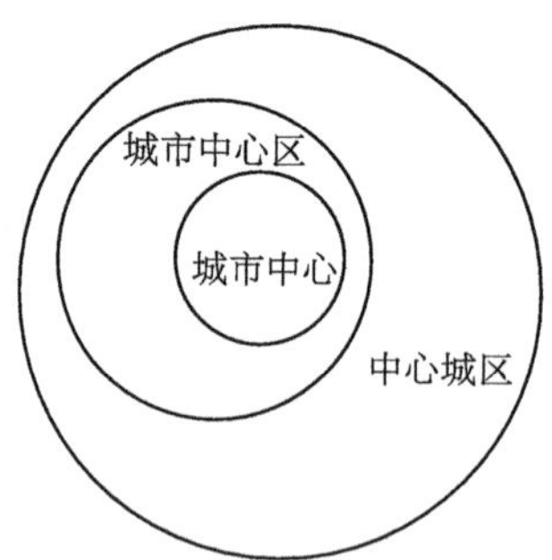

图 3-1　城市中心区范围示意

城市中心区的概念目前国内外还没有十分明确的定义。综合各种观点来看，城市中心区是一个综合性概念，是城市结构的核心地区和城市功能的重要组成部分，是城市公共建筑和第三产业的集中地，可能包括城市的主要商业零售中心、商务中心、服务中心、文化中心、行政中心、信息中心等，集中体现城市的社会经济发展水平，承担经济运作和管理功能，本质上它是一个功能混合区。

3.1.2 综述

作为社会、经济、文化、科技、自然等多重因素综合作用下的城市最活跃地区，城市中心区在不同时期其设计的出发点、理念、原则等各有不同，现在的城市中心区设计方法是在过去的基础上不断发展、集成、延续和提升的（以西方为主）。归纳起来，城市中心区的设计及建设包括以下阶段（图 3-2）：

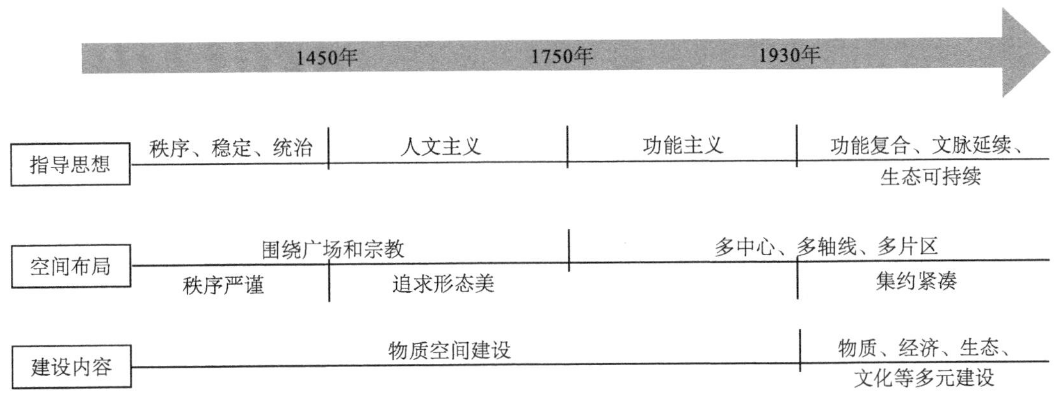

图3-2　城市中心区设计历程

3.1.2.1 从古代到 14 世纪中叶

城市中心区由于宗教仪式、国家政权等象征的要求，具有浓厚的宗教和政治特色，其空间的价值取向是秩序、稳定和统治。方格网的街道、宗教建筑或皇城建筑的中心位置和制高点、对称中轴线的延伸等是城市中心区的空间特色。这一时期城市中心区的街道尺度、比例关系都比较协调，对几何科学的倡导十分流行。对城市空间秩序性的强调以及为宗教和政权服务是这一时期的城市中心区设计的首要原则，如古希腊雅典卫城、唐代长安城等。

3.1.2.2 文艺复兴时期

西方文艺复兴时期的“人文主义”思潮提倡以人为中心的世界观，这使得城市新区的设计建设更注重城市三维空间的整体性、统一性、创造性的结合。这一时期的城市中心区具有适度的建设规模、良好的视觉秩序、人性的空间尺度、清晰的城市肌理、明确的布局结构和清新的公共广场及街道空间。总体而言，功能简单、注重空间形态美学要求及人文元素的体现是这一时期城市中心区设计建设的特点，如巴黎协和广场、威尼斯圣马可广场。

3.1.2.3 18世纪中叶到20世纪早期

由于工业革命引发的城市化运动，城市中心区开始进入前所未有的大建设时期。人口膨胀、交通多样化、工业生产热潮使城市中心区的设计建设出现前所未有的特点。多功能的融合、城市中心职能的高度聚集、建筑空间的集中、城市新区的大规模开发等，逐渐影响城市中心区的布局形态从传统的围绕广场和宗教建设开始转向多轴线、多分区发展。这一时期，关于城市中心区设计的各种理论和学术观点开始蓬勃发展。美国社会学家伯杰斯在同心圆城市地域结构模式中提出的CBD概念、霍伊特提出的城市结构扇形模型、哈里斯和乌尔曼提出的多核心模型等都强调了城市核心区应作为城市特定功能活动中心，奠定了城市中心区规划设计的经典理论基础。

3.1.2.4 20世纪30年代至今

城市中心区由传统的居住、消费中心转为商业、贸易和管理中心。宜人尺度的街道空间、丰富多变的公共空间、优良的城市设施、功能复合的城市建筑群构成了现代城市中心区。随着市场经济、现代信息技术的发展，城市中心区设计更趋复杂，特别当前可持续发展观及绿色生态观在世界范围得到认可和倡导后，城市中心区的设计不仅从人的需要角度，更从生态环境需要的角度来考虑土地集约、功能复合、交通智能、低碳节能、生态可持续、文脉延续等问题。

3.2 理念及策略

城市中心区设计理念主要包含景观都市主义、ACV理论、城市绿芽理论，本节介绍各个理论的运用策略、适用特点等，并列举相关理念运用的案例（表3-1）。

城市中心区设计理念及策略 表3-1

理念	策略	适用特点	参考案例
景观都市主义	1.空间形态塑造：倡导景观作为城市空间形态的结构基础； 2.水体资源利用：强调水安全与水景观的兼容； 3.步行交通系统：延伸步行系统，构建绿色交通网络； 4.街区建筑布局：建筑融入自然，勾画城市滨水画廊； 5.开放空间规划：整合绿地空间，建立邻里公园	1.独特的自然山水环境； 2.丰富的旅游资源	北京昌平新城商务中心区设计

续表

理念	策略	适用特点	参考案例
ACV理论（A,attraction吸引力；V,validity生命力；C,capacity承载力）	1.打造特色功能：深度挖掘城市特色，构建城市人气集聚中心； 2.完善基础设施：提高公共服务和交通可达性，营造城市活力源； 3.优化生态环境：整合生态资源，提高环境品质和承载力	1.拥有特色旅游资源； 2.基础设施建设滞后； 3.生态环境优势突出	无锡锡山区宛山荡地区城市设计
城市绿芽理论（营养、新鲜、廉价、简单、多样）	1.水：生态池及湿地，挖掘水池、水渠、动态及富有趣味的水景； 2.气：刷新、重生、再创，生态修复； 3.温：鲜活的历史、文化遗址和创意空间； 4.光：神奇的照明规划、特殊的灯彩、多媒体展及城市景观照明； 5.养：有效管理体系，构筑自生运行体系	1.生态环境遭到破坏，亟待修复； 2.相关历史遗产底蕴深厚； 3.人口聚集度高，但公服设施建设滞后； 4.城市风貌亟待整治	北京焦化厂工业遗产保护与开发利用规划

3.3　布局形态模式

城市中心区是城市的核心地区，它的总体布局结构应纳入城市总体空间结构中来考虑，与城市总体空间相契合，体现和谐性。这种整体考虑包括与城市中轴线的呼应、与城市山水廊道的衔接、与城市重要节点的联系等。其次，在考虑与城市总体空间和谐的同时，城市中心区应从自身特点出发，体现特色性。这种特色体现包括用地内的地形地貌特征之类的物理性特征和历史文化特征之类的精神性特征等。总的来说，常见的城市中心区设计总体结构布局有轴线式、节点放射式、组团串联式及混合式。

3.3.1　轴线式

轴线式空间规划方法是城市设计中较常见的一种空间结构处理手法，能够清晰地在方案中呈现明确的功能分区和连贯的景观序列。这种布局结构可以从轴线的选取、轴线的强化和轴线的组织形式三方面介绍“轴线式”空间结构方案的设计技巧。

3.3.1.1　轴线的选取——“节点选取法”

根据“两点成线”的原理，建立轴线的关键在于“点”的选取，用来建立轴线的点可归纳为以下三种：角点、中点、重点。

角点：地块的转角，可以作为人行出入口布置入口广场。

中点：地块长边的中点，适合设置人行、车行入口，或预留开敞空间廊道。

重点：场地条件中介绍的空间或实体要素，如需要保留的建筑、水体、地形、交通站场等所在的位置。

以这三种“点”作为基点构建轴线，既能满足使用功能，又有助于结构上的协调美观。

3.3.1.2　轴线的强化

通过连续的建筑界面强化轴线。在建筑平面布局时，沿轴线布置风格一致的建筑或组团，形成连续的建筑界面，突出轴线（图 3-3）。

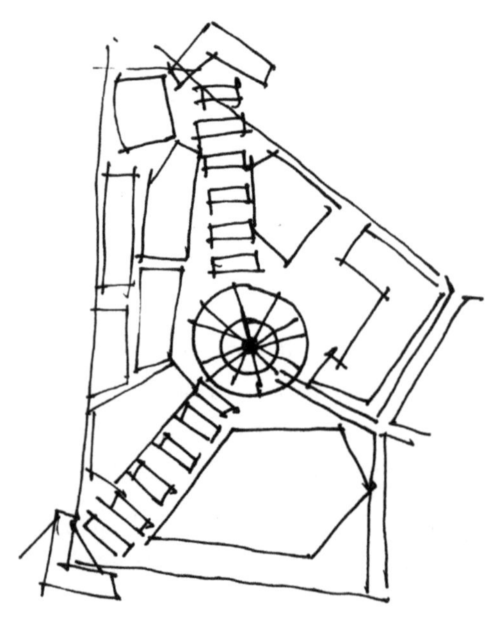

图 3–3　通过建筑界面强化轴线

3.3.1.3　轴线的组织形式

1. 轴线对称式

“轴线对称式”空间布局形式最常用于单一用地性质的小地块，采用“一心两轴”的对称式布局，主轴为实，次轴为虚，功能组团依附主轴对称布局，主轴线做到有头有尾有中心的“三段式”组合形式（图 3-4）。

2. 轴线转折式

“轴线转折式”空间布局形式是在“轴线对称式”的基础上，对轴线空间的趣味性和丰富性进行了深入探讨，以防止在场地中由于单一方向轴线延伸过长，造成画面单调、景观层次单一的问题（图 3-5）。

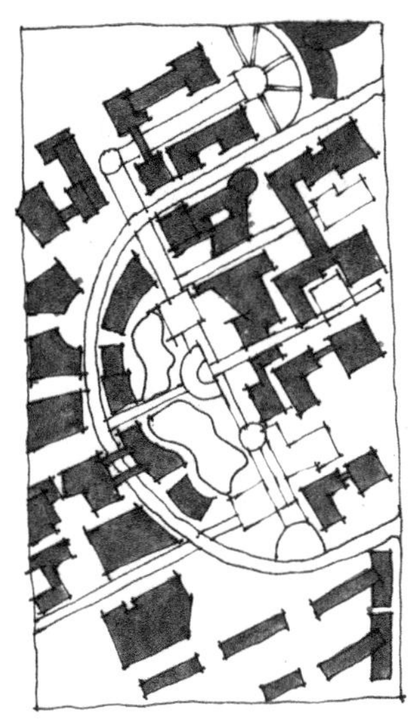

图 3–4 轴线对称式空间结构

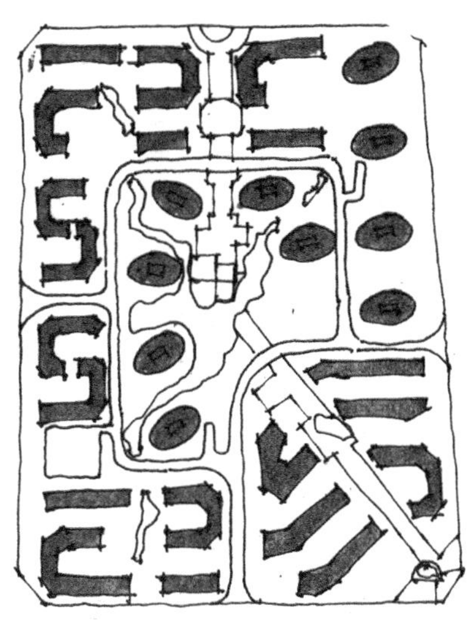

图 3–5 轴线转折式空间结构

3.3.2 节点放射式

方案没有明显的轴线，或轴线在空间结构中占据的分量很轻，而是以一个广场或景观节点为空间核心，通过放射状的开敞空间廊道与各组团内部的节点相连，形成“节点放射式”的空间结构（图 3-6）。

3.3.3 组团串联式

基于功能分区的方法，建立相对独立的功能组团，通过河流、绿化、步行系统、车行道等开敞空间廊道将各个功能区串连在一起。这种空间布局结构适用于被山体、水体或其他自然要素分割严重的用地，或需要特别强调功能独立性的用地。这种形式的重点在于如何利用道路、水、绿化等要素将全局进行有机串联。串联时要把全局中心、重要节点、重要界面等组织成一个空间相对独立，但内部存在紧密联系的整体（图 3-7）。

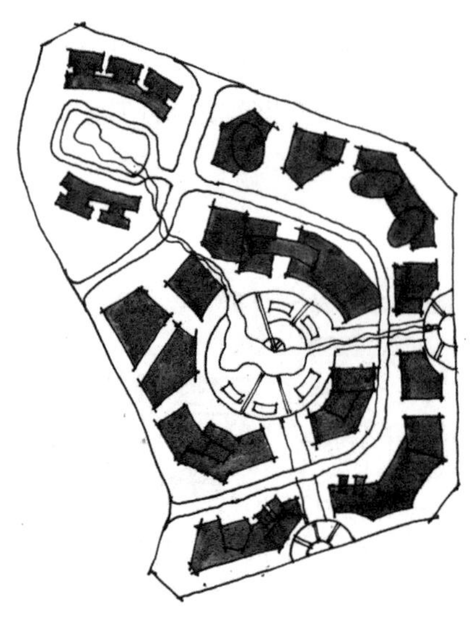

图 3-6　节点放射式空间结构

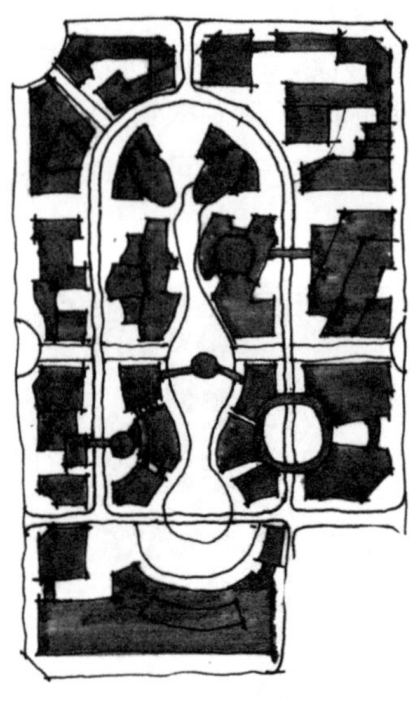

图 3-7　组团串联式空间结构

3.3.4　混合式

结合轴线式、放射式、组团串联式中两种及两种以上的结构形式。这类布局结构一般具有一定特征的轴线，但功能之间相对比较独立，单一的轴线无法串联起各项功能，因此，需要通过其他非轴线的要素来组织整体空间结构，比如环形道路、方格道路等（图 3-8）。

图 3-8　混合式空间结构

3.4 路网结构模式

路网结构是城市中心区空间形态和特色的直接反映，由道路平面组织形式、道路立体组织形式等因素构成。不同的路网结构能体现不同的城市空间秩序和特色。影响路网结构的原因有很多，包括地形特征、用地形状、历史传统、文化价值等。总结起来，常见的城市中心区路网结构模式有以下几种：

3.4.1 方格网式

方格网式道路结构由垂直交叉的道路围合而成，形成各种方形用地。这种道路结构给人的印象是沉稳、大气、庄重，但同时又比较呆板、传统。方格网式的路网结构形成的用地比较规整，可以比较灵活地布置建筑，在中外一些具有深厚历史的文化城区中比较常见，如北京市中心区、苏州市老城区、长沙市芙蓉区、巴塞罗那旧城区等城市中心区都采用这种方格网式。在一些地形比较平坦、规整，无大的山、水地貌影响的用地中，也可以采用这种方格网式的肌理。这种路网结构在布置道路的时候，应尽量避免所有的围合街区大小一致，要根据用地特征和用地功能进行适当调整，形成有变化的空间（图 3-9）。

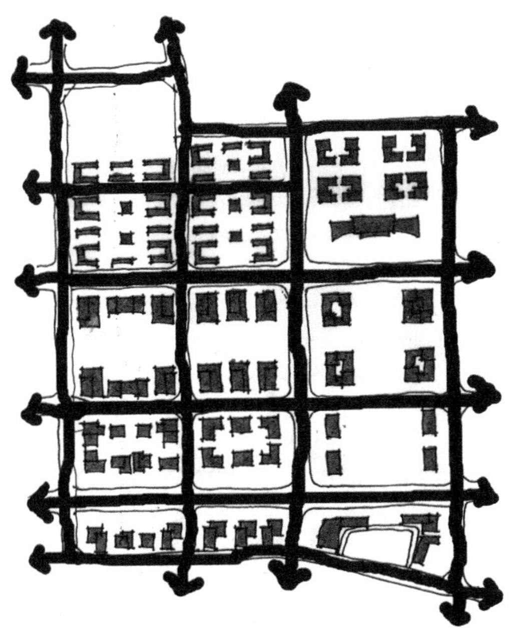

图 3–9 方格网式道路结构

3.4.2 放射式

中心放射式路网结构由中心往外不断辐射扩散，形成圈层式与放射式的道路交叉。这类路网结构具有很强的中心感和比较大的视觉冲击力。中心放射式的路网结构通常是围绕一个城市的地标建筑、广场、水域等具有标志性作用的中心要素进行扩散，因此这种类型的路网结构在城市中心区设计中经常采用。如武汉市洪山广场地区、大连市中山广场地区、巴黎凯旋门地区等都采用了这种形式。当城市中心区需要一个比较强的中心建筑物、广场及文物古建时，可以以此为中心，采用这种形式的路网结构（图 3-10）。

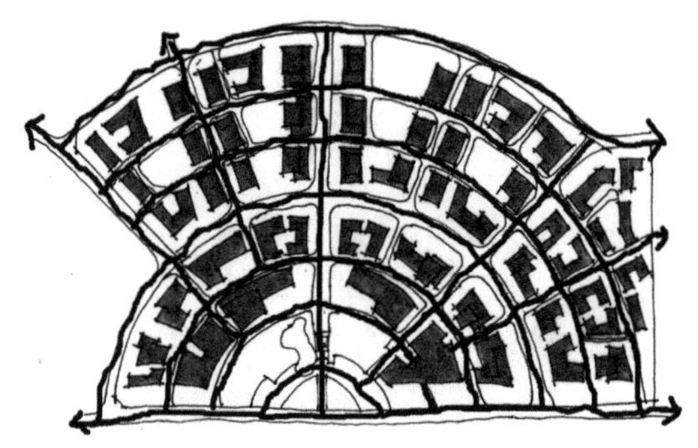

图 3–10 放射式道路结构

3.4.3 自由式

自由线形式路网结构分为自由曲线形和自由折线形两种。这类路网结构比较自由灵活，给人自然、动态的感觉，但由于其变化较多，因此布局不当会导致凌乱、无秩序的效果。自由曲线式路网结构通常是围绕水体、山体、绿廊、重要建筑物等要素，形成曲线式景观界面。如北京奥林匹克公园、上海世博园等都采用了这种形式。当城市中心区中有曲线形水系边界、山体边界、绿廊边界时，可沿这些自然边界形成自由线形式路网结构（图 3-11）。

图 3–11 自由式道路结构

3.4.4 混合式

混合式线形路网结构通常存在两个及两个以上类型的路网结构，这也是城市中心区设计中最常见的一种路网结构。由于城市中心区通常用地范围较大、地形复杂、要素繁多，因此会根据不同的影响因素来布置合理的路网结构形式，故可能存在几种不同的路网结构的综合。如郑州郑东新区城市设计、长春市南部都市经济开发区核心区城市设计都是典型的混合式路网结构。

当用地范围内存在上述 4 种特征的用地时，可应用相对应的路网结构，具体方法参照上文。但需要注意的是，几种路网混合的同时也要形成统一的整体，在不同模式的路网结构衔接处，要注意路网线形的自然过渡，不要产生大的突兀感和违和感（图 3-12）。

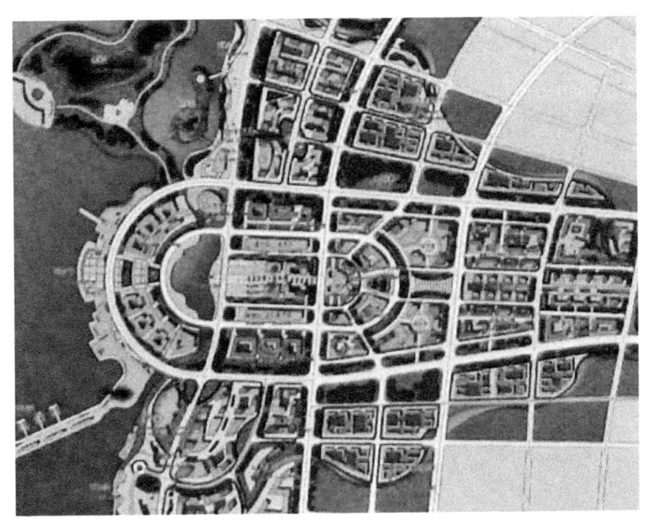

图 3–12 混合式道路结构

3.5 单体建筑模式

3.5.1 建筑组合

城市中心区的建筑功能复杂多样，是多种城市公共活动的空间载体。中心区的行政管理、商业服务、商务商贸、文化娱乐等功能的多元化体现，直接反映在建筑的多样性上。因此，城市中心区的各类建筑之间的组合形式是设计中十分重要的内容。城市中心区比较常见的集中建筑组合形式主要有 4 种：围合式、排列式、点状式、混合式，具体可参见 2.3.5.2 节的内容。

3.5.2 城市中心区建筑体量

城市中心区由于不同功能的各类建筑有不同的建筑尺度要求，因此在建筑体量上变化十分丰富。建筑体量的搭配要与城市整体空间环境协调，形成和谐的总体空间和城市景观序列。设计时的原则是，中心突出、疏密有致、结构清晰、空间丰富。建筑选形根据不同的设计项目有不同的要求，用地范围较大时，建筑的选形从简而行，寻求整体的统一性和连续性，不必做太多的建筑凹凸和细部处理；用地范围较小时，建筑选形要求更高，需要通过对建筑造形的细部进行处理，来丰富空间。此外，应根据用地轮廓，采用平行、垂直等几何式进行布置，加强设计构图感。

一般来说，城市综合体、艺术馆、博物馆、展览馆、体育馆等这类公共建筑体量大，建筑面宽约 30~200m 不等，建筑高度约 12~30m，建筑选形灵活、丰富，一般都采用具有较强几何感的平面形态，如方形、圆形、椭圆、扇形、多边形等，具体选形可根据用地情况自由变换。随着现代数字技术的发展，许多这类公共建筑的造形更趋丰富，仿生造形、多种几何形结合等逐渐被接受和应用。这类建筑常可以作为城市中心区设计中全局的公共中心。

商业步行街是一种特殊的商业建筑组合形式，在城市中心区设计中经常出现。步行街两侧的店面为小体量组合建筑，单个店面的进深在 10~15m 左右，开间为 5~8m，层数以 2~3 层居多，少数节点标志性建筑可做到 4~5 层。步行街设计的重点在于通过店面围合出收放有序的步行空间，每隔 200m 应设置一个供行人休息的放大节点空间，且步行街的长度控制在 600~800m 较为合适。考虑到行人的视野范围，步行街的街道高宽比控制在 1∶1~1∶1.5 较为合适，此时人的视线多注意两侧建筑，街道围合感较强（图 3-13）。

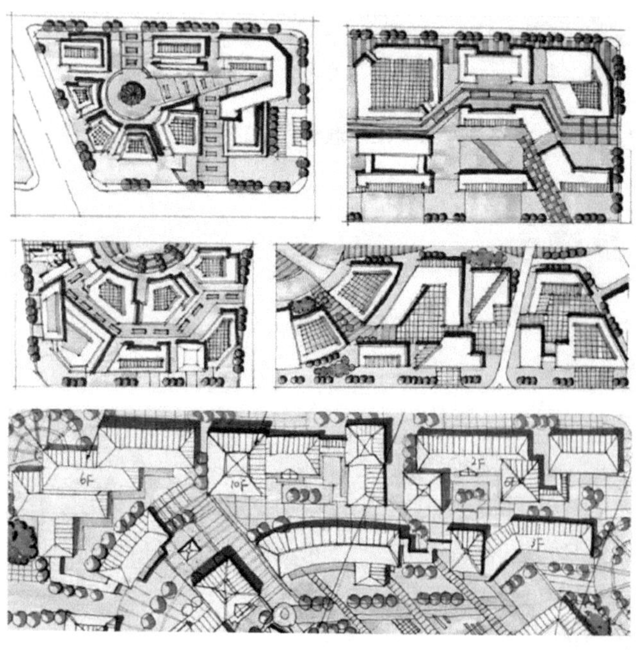

图 3–13 步行街建筑体量

非高层的办公建筑和居住建筑，造形相对简单，一般以方形和多边形为主。建筑尺度较小，建筑面宽在 6~24m 之间，建筑高度在 3~24m 之间，这类建筑虽然单体造形简单，但由于其数量较多，因此在群体布置时，注意避免过于呆板，可参照上文建筑组合的类型，创造出丰富的空间感。

3.5.3　建筑高度

城市中心区多种功能用地的复合，使得不同用地开发强度各有不同，反映在建筑高度上变化十分丰富。一般来说，商业、公共管理及服务等性质的用地，其建筑高度一般较高，能成为全局的制高点，周边一些低开发强度的用地，建筑高度相对较低，从而形成高低错落的空间。建筑高度的布局，主要考虑气候、景观等因素。

气候上，城市中心区的建筑高度控制应该考虑城市主要风向及气流的通道，避免阻挡城市中心区内部与外部环境的空气流通，以保障空气的质量，防止更多的城市热岛效应。这项工作在当前的城市规划研究中逐渐被各方所重视，可采用 GIS 等数字技术进行分析。

景观上，首先考虑与城市山水环境所形成的天际线界面，滨水界面的建筑高度应与环境形成有韵律、有起伏、有节奏、有重点的城市天际线。其次，具有历史价值的文物古建及历史街区周围，建筑高度应适当控制，距离保护区由内向外逐渐升高。

3.5.4　建筑风格

城市中心区是城市最活跃的区域，因此在建筑风格上也变化丰富。设计过程中，对建筑风格的把握，首先要符合城市整体的风格特征，与周围环境和建筑相融合，避免出现极其突兀及不和谐的建筑风格；其次要充分体现本地块建筑的印象感，让人能很快在心里留下深刻的印象。建筑风格的确定主要从以下方面进行思考。

从功能上，根据不同的建筑功能确定建筑风格。商业建筑、办公建筑、艺术馆、美术馆等公共建筑造形多变、风格现代、简洁大方。可使用钢、玻璃、大理石等材料，立面利用墙面与玻璃质感的差别，形成虚实对比效果；居住建筑由于私密性的需要，避免大面积玻璃处理，建筑颜色应以赭石色、黄色和白色为主，烘托宜居优美的居住环境。

从地域特色上，充分挖掘本地传统的建筑色彩和建筑元素，融入现代建筑中，体现别具风格的地域特色。如传统中式建筑中的白墙、黛瓦、木窗、院落等。

3.6　快速设计训练：某滨海城市新区文化中心地块规划设计

基地位于某滨海城市的新区，是新区中心的重要组成部分，总规划用地面积约

$13.6hm^2$（图 3-14）。

要求开发建设图书馆、美术馆、群艺馆、文化广场、商务办公、商品住宅以及其他需要设置的设施。具体的经济技术指标分别为：容积率 2.0，建筑密度小于 28%，绿地率大于 30%，住宅的日照间距系数为 1：1，停车泊位住宅按 0.5 个 / 户配置、公共建筑按 0.5 个 /$100m^2$ 配置。设计要求协调地块周边环境，在充分尊重地形的基础上，组织内部功能，营造具有滨海特色的空间景观。

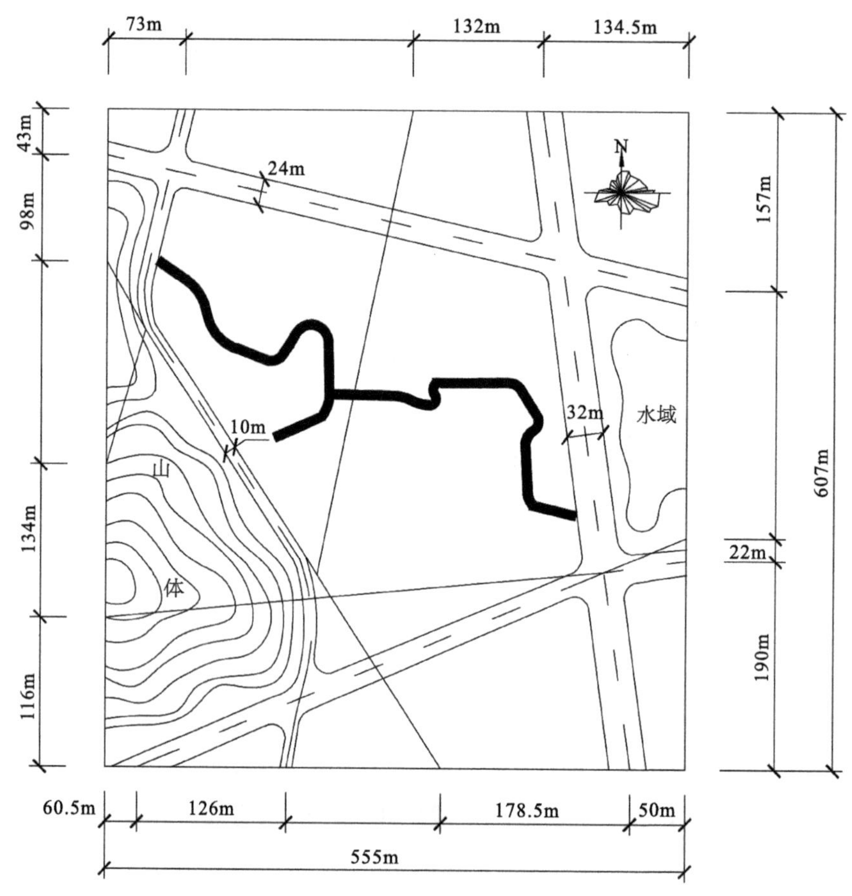

图 3–14 规划地块现状示意

3.6.1 任务解读

根据设计要求，可以从设计深度、功能定位、开发强度、设计重点这 4 个方面来解读本次设计任务。

3.6.1.1 设计深度解读

本案例为典型小规模城市中心区设计。根据设计要求，本地块位于滨海新城，其现状需保留要素考虑较小，设计发挥的自由度较大。

地块总用地约 13.6hm^2，用地规模小，本次设计对大的总体结构、道路组织上的把控相对容易，而在建筑细节、景观细节上需考虑较多，设计深度较大。因此要做出更出色的设计方案，对于细节的体现是关键。

3.6.1.2　功能定位解读

作为新区中心的重要组成部分，本地块应定位为城市新区的公共活动中心，提供大量的公共建筑和活动场地。设计要求的主要功能建筑类型包括图书馆、美术馆、群艺馆、文化广场、商务办公、商品住宅等，根据这些功能，基本确定了本地块是以文化展览为主、商务办公及居住为辅的多功能集中布置的城市活力中心。

因此文化建筑及广场的主导地位，需要在设计中作为最重要的核心，围绕其做文章，展开设计。

3.6.1.3　开发强度解读

设计要求容积率控制在 2.0 左右，则在总用地为 13.6hm^2 的范围内，需要约 27 万 m^2 的建筑面积。建筑密度要求不高于 28%，则建筑占地面积最大约 3.8 万 m^2，可得平均建筑层数最低约 3~4 层。由于文化建筑通常为低层，以 2~4 层为主，且总建筑面积大，因此，需要通过提高居住建筑和商务办公建筑的层数，来平衡整体的开发强度要求。

3.6.1.4　设计重点解读

周边山水环境协调与利用：用地西侧紧靠山体，东面不远处为大面积水域，南侧为城市公共绿地，坐拥良好的自然景观资源，方案如何体现与大环境的融合，如何利用好周边的山水绿地资源是第一大重点。

用地内部功能组织及比例：用地大致功能已经确定，如何围绕文化展示功能这一核心展开，组织文化展示功能与商务办公和居住之间的布局关系是又一重点。

交通流线组织及步行系统：多种功能复合的地块内，如何处理人车交通问题，以及不同目的的人群活动流线与各个开放空间的联系是重点内容。

特色开放空间及细节处理：创造大气、美观同时又别具特色的公共绿地，开放空间与建筑之间的细节处理也是其中一个重点。

3.6.2　场地分析

3.6.2.1　周边场地分析

山：用地西侧紧靠山体，对于本地块而言，西侧的山体可作为重要的景观资源，可利用山体独特的景观界面，形成地块设计中的特色。同时考虑地块内部与山体之间的景观视线通廊，保证山体资源的共享性，且设计时避免地块内的建筑阻碍其他周边用地与山体的视线联系。

水：用地南侧有一水库，在设计时可考虑内部水系与南侧水库之间的水系连通，从而形成活水景观。用地东面不远处为大面积水域，作为山体与水体之间的一个重要节点，必然要避免在建筑布局上阻碍两者之间的联系，应预留视线通廊和风通廊，并在城市天际线界面的处理上，考虑山、水、建筑三者形成有韵律的特色天际线界面。

周边用地：用地南侧为公共绿地，因此在地块南面边界布置了步行空间，以方便到达公共绿地。用地北侧为居住用地，是主要的人流来源，要考虑两个地块之间的步行联系，同时避免地块大量的人口聚集活动对居住区产生的噪声影响。地块的西侧是公共服务与管理用地，用地性质与本地块类似，设计时这个方向的人流也需要纳入交通系统的影响因素中。

3.6.2.2 内部场地分析

地形：从整个用地范围来说，地形较为平坦，只有细微的坡度变化，在用地中间沿水系东西向高程最低，高程由中间向南北递增。根据这种地形变化，在建筑布置时，可顺着东西向摆放建筑以契合地形。

水：用地内部有东西走向的曲线形水系，水系宽度约 10m 左右。水系线形较为自由，可以根据设计方案，对线形进行处理，将其作为全局一个非常重要的景观资源和开放空间。并考虑水系与南部水库的互通，借“水”盘活全局。

现状用地：用地目前未进行开发建设，因此不需要考虑现状建筑及道路的影响。

3.6.3 方案构思

3.6.3.1 设计理念

根据上述分析的特征，用地周边及内部拥有良好的自然景观资源，而作为滨海新城公共活动中心的一个重要部分，处理自然环境与人流活动之间的关系是设计需要解决的一个重要问题。如何创造具有活力的城市中心，又营造优质的景观环境，体现人文与生态的并存是设计的出发点。

因此，在设计中采用都市景观主义的设计理念，“以山为邻、以水为友、以文为核、以人为本”，彰显具有浓厚人文气息的田园式城市中心特色。

以山为邻：借助西侧山体资源，作为设计的绿色背景，充分发挥依山而居的地理优势。

以水为友：利用内部水系资源，作为设计的蓝色纽带，积极加强场地与水的互动联系。

以文为核：依靠文化展示功能，作为设计的灵魂核心，大力提升新城建设的文化内涵。

以人为本：遵循居民活动特征，作为设计的最终目标，不断促进充满活力的人际交往。

3.6.3.2　总体布局

充分考虑地块周边的自然景观资源，整合内部水体资源，结合地块周边的用地及设计要求，营造生态、和谐、轻松的山水环境氛围，打破呆板的布局模式，采用自由流畅的规划手法。

根据设计要求，可考虑将地块大致分为三大功能分区：居住区、办公区及文化区。

用地西侧为自然山体，布置建筑时不宜设置建筑高度太高的建筑群体，以保留观山的景观视线，根据分区要求，可以考虑布置多层居住区或者文化区；用地东侧为城市公共服务区，与管理用地相邻，可考虑布置文化区或者办公区，避免对居住区的干扰；同时，注意地块西侧的山体、南部的水库和地块内部的曲线水系之间的贯通以及视线通廊的预留，体现“有山则名、有水则灵”的品质。

3.6.3.3　交通梳理

车行交通：由于用地以公共建筑为主，需要大量的步行区域，为避免车行交通对步行产生过大的干扰，把车行交通布置在三类用地的分界处，确保重要的建筑有道路联系。

步行交通：结合全局的景观轴线，布置主要的步行通道，其他建筑组团通过设置道路与主轴线的步行空间相衔接，使步行范围能延伸整个功能片区内，并将步行线路与周围山体、公共绿地和居住区进行衔接，构筑完整的步行系统。

3.6.3.4　开放空间

开放空间围绕水系周围展开，形成滨水开放走廊，这一廊道成为联系全局的脉络。地块中的文化广场，是全局的人流集散中心，也是全局的景观中心。考虑与周边用地的联系，可在人流集中处和特色景观界面处设置小型广场。

3.6.3.5　建筑布局

整体建筑空间北侧较高，西侧和东侧较低，设计时要保证用地范围内所有建筑能与山体产生视觉互动。美术馆、图书馆、群艺馆围绕文化广场，形成大圆形曲线体量建筑，具有强烈的视觉冲击力，作为全局的核心建筑，同时与山遥相呼应，产生浓厚的文化气息。居住建筑以行列式多层为主，靠近水系的居住建筑排列时注意与水系线型相契合。

3.6.4　方案表达

3.6.4.1　总平面图与鸟瞰图（图 3-15、图 3-16）

用地西侧为山体，可沿山布置多层居住建筑，既能避免遮挡观山的景观视线，又能通过自然景观环境提升居住品质，营造良好的居住环境。地块的北侧与东侧形成曲线形带状空间，曲线与设计中引入的水系相互呼应，体现“山水书韵”的主题。东侧城市公共服务区与管理用地相邻，可布置文化建筑作为中心区，三大建筑围绕文化书韵广场形成地块的中心。

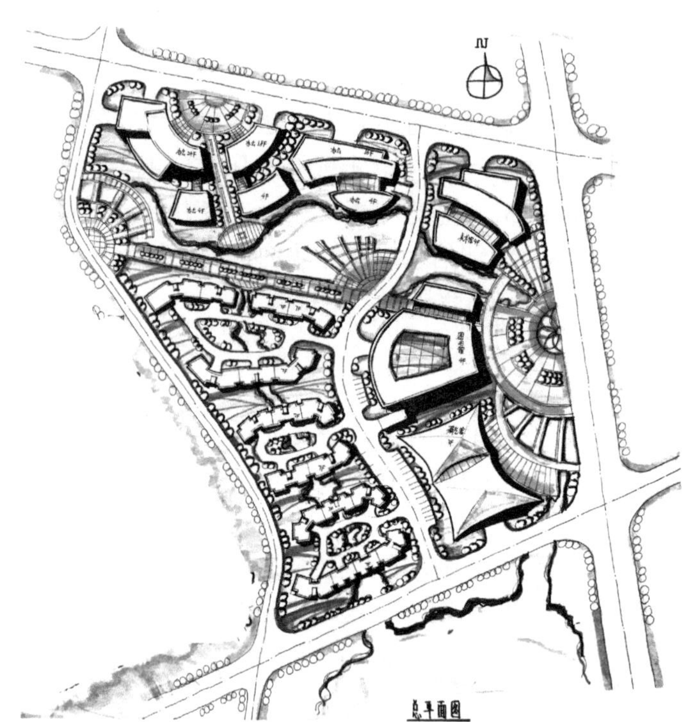

图 3-15　总平面图

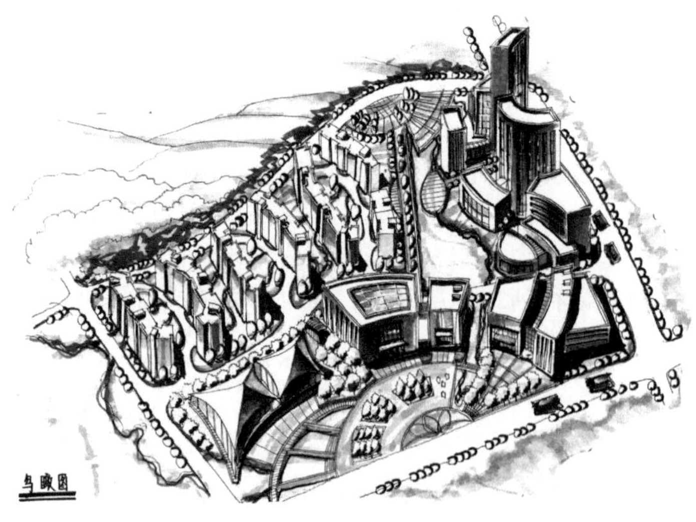

图 3-16　鸟瞰图

3.6.4.2　设计分析

1. 规划结构分析（图 3-17）

三大主要功能分区，分别为西南侧的居住区、北侧的办公区以及东侧的文化区。三大分区之间通过主要车行道路及步行道路进行一定的分割，避免各功能区之间的干扰过大；同时，通过水系以及视线通廊的控制，使得三大分区在功能相对独立的基础上，保持地块整体的完整性，保证整个地块功能的复合性。

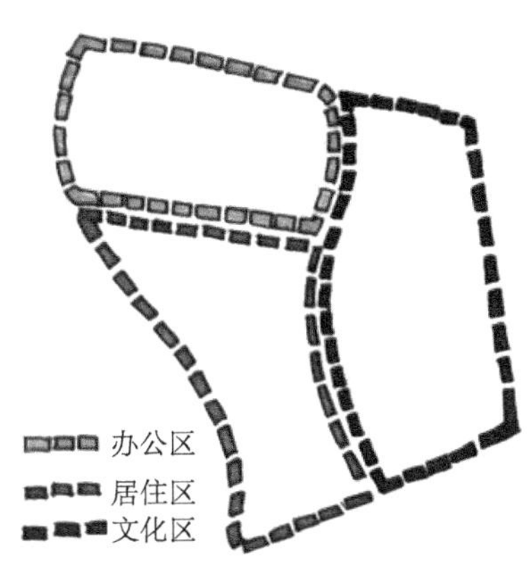

图 3–17　规划结构分析图

2. 道路系统分析（图 3-18）

由于地块用地规模较小，在整个地块内仅设置一条从北向南贯通的主要车行道，以满足地块内的主要交通需求。同时，设置 3 条次要车行道深入西南侧的居住区内，保证居民需求；主要人行道自东侧的文化广场延伸至西侧的山体，不仅能够满足区内的步行需求，也能形成主要的景观轴线；沿着主要车行道，分别在文化区以及办公区的边缘设置地下停车场，保证人车分流。

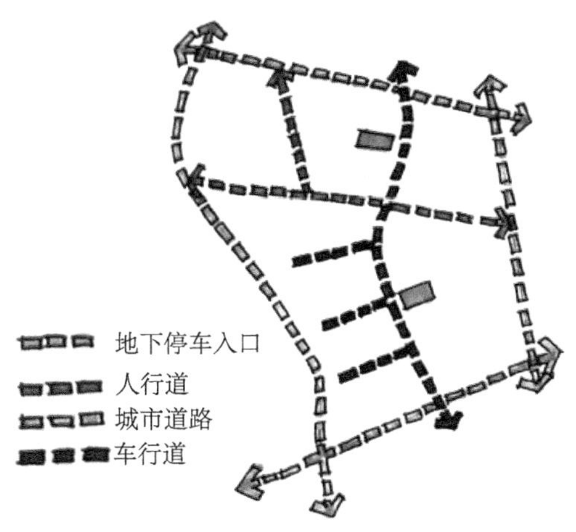

图 3–18　道路系统分析图

3. 景观结构分析（图 3-19）

沿东西向形成全局的主轴线，串联东侧的文化广场和山体，分别在主轴线与车行道路相交处布置小的景观节点。主轴线北段由水系形成的自然通廊构成；南段与图书馆、文化广场及入口广场相串联，形成从自然到人文的过渡。南北通过水系形成具有视线通廊作用的次轴线，串联北侧的办公区与南侧的居住区。

通过节点、组团绿地等的设置将西侧的自然山体引入到地块内，使之渗透到整个区内。

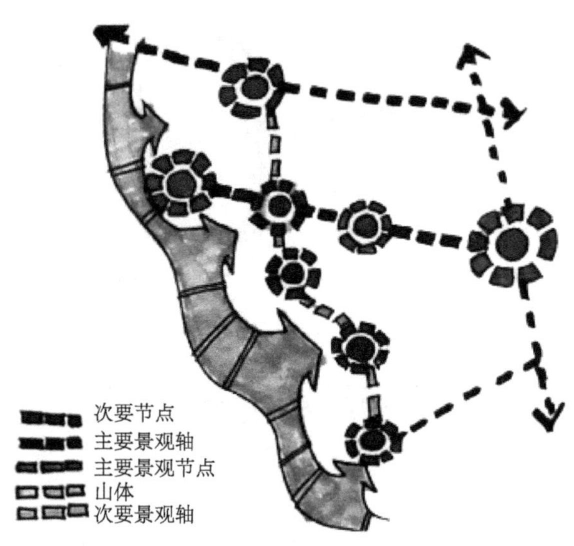

图 3-19 景观结构分析图

3.7 项目实践详解：麻涌镇中心区一河两岸城市规划方案设计

针对城市中心区设计的特点，本书选择“东莞市麻涌镇中心区一河两岸城市规划方案设计”这一实践项目案例进行详细分析。

麻涌镇位于东莞市域西北部，东靠东莞市区、西接广州、南依虎门港，是东莞西北部水乡片区唯一的中心镇。基地位于麻涌镇麻涌河一河两岸区域，总用地 240hm^2，地块处于麻涌旧城区与中心区北组团交界处，承载了新旧的过渡，是展示麻涌水乡特色的最佳形象区域，具有发展的巨大潜力。规划区可开发用地较多，大多集中在麻涌河西岸、规划区南端以及麻涌河东岸局部地块（图 3-20）。

设计要求结合麻涌河，在两岸布置教育科研、居住、行政办公、商业金融、体育、中小学及幼儿园等功能，同时布置相应的基础设施，以彰显古梅文化之厚重底蕴、构筑慢行网络之活力街区、营造岭南水乡之中国范本。

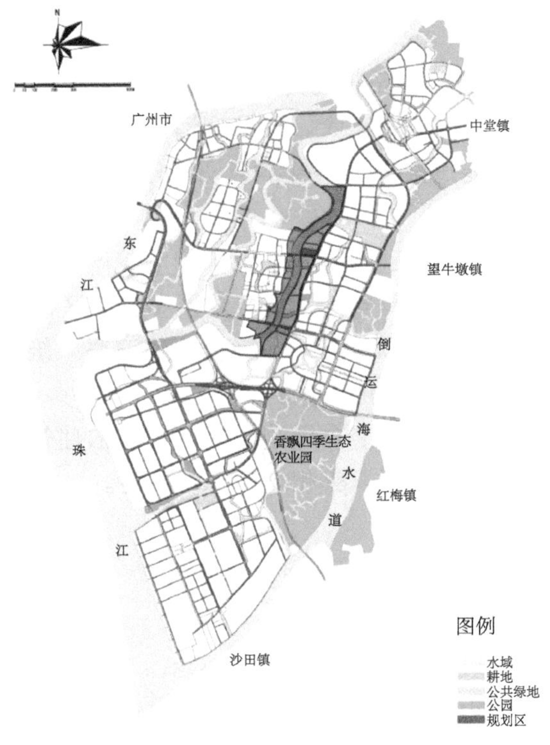

图 3-20　项目区位

3.7.1　任务解读

根据设计要求，可以从设计深度、功能定位、设计重点这三个方面来解读本次设计任务。

3.7.1.1　设计深度解读

本案例是一典型较大规模的滨水城市中心区的设计。根据设计要求，本地块位于旧城区与新城区的交界处，规划区内的建筑多是年代久远、陈旧密集，在设计时需要充分考虑新旧的交替，设计改造的难度较大。

地块总用地约 240hm^2，用地规模较大，本次设计在大的总体结构和道路组织上把控难度较大。同时，在建筑改造、滨水景观界面的构建上考虑较多，设计深度较大。

3.7.1.2　功能定位解读

《东莞市麻涌镇总体规划调整》、《麻涌新中心区控规调整》、《麻涌旧城控规》、《麻涌中心片区北组团控规》等 4 个上位规划确定了项目用地为麻涌镇水乡特色突出、生态环境宜人、文化底蕴深厚、功能多元化的城市核心区域，集居住、商业配套、休闲旅游等多功能为一体。因此本项目确定的规划定位为“海纳百川，秀灵韵岛城，兼容并济，塑多彩都市”。

3.7.1.3 设计重点解读

由于过去麻涌经济发展水平低，投资城镇设施资金有限，以致城镇建设滞后，与水乡组团配套中心的建设标准差距甚大。随着麻涌镇城镇化进程加速，大量以房地产、商业、工业为主的产业功能逐渐集聚，麻涌河两岸作为整个城镇的窗口，一河两岸面临着开发与更新的要求。

调整用地布局，构建清晰的空间结构：秉承宏观统一和整体协调的思想，充分利用得天独厚的滨水景观资源，统筹安排工业开发区和居住区，提高土地的集约程度。

整合道路结构，完善交通系统：确定等级分明的道路系统，组织便利的交通。合理地处理过境交通与城市交通混杂的问题。

改造旧城风貌，体现城市特色：全局统一区内的老旧建筑，丰富建筑群体的空间形态，形成具有感染力的城镇建筑风貌和城镇景观特色。

3.7.2 场地分析

3.7.2.1 周边场地分析

水：全镇的母亲河麻涌河自北向南从基地内穿过，基地西北部拥有密布的水网连接麻涌与东江，东部也有大量的水网与倒运海水道连通。基地周边的水网密集，并相互连通，形成浓郁的水乡特色。与周边水环境的联系互动是设计中的重点。

城镇建设：基地西南侧为麻涌镇旧城中心区，商业发达、居住人口众多，城市面貌历史感较强,但有些设施较为破旧。用地东南侧为新的城市行政中心,近年发展迅速,以行政、居住、教育功能为主，风貌较整洁。基地恰好位于新旧城区的交接处，对两种风貌的良好过渡是设计中的又一重点。基地周围有中山大学校区、时代广场、麻涌商业步行街等众多重要的城市节点，设计时需考虑与这些节点的空间关系。

3.7.2.2 内部场地分析

水：基地内部有麻涌河穿越而过，用地位于麻涌河两岸，沿岸线展开。另有连接麻涌河与东江、倒运海水道的多条小水系穿越基地内部。岸线资源丰富，但滨河界面现状缺乏特色，对岸线加以利用，使其与城市建筑形成景观界面是设计中的最大挑战。

现状用地：基地内现状用地规划总用地 240hm^2，其中水域 99hm^2，占 41.25%；现状城镇建设用地 141hm^2，占 58.75%；其余为耕地及空置用地。城镇建设用地中，以居住用地和工业用地为主，均约为 33%，公共服务设施用地少，用地功能混杂，空间结构不清晰。

交通现状：规划区内的主干道有麻涌大道、广麻公路和东海大道。南北向穿越规划区的麻涌大道，是连接麻涌镇与中堂镇、莞城的主要通道。主要干道已形成，但次干道和支路建设不足，内部路网系统未形成。

可开发用地：规划区内已开发用地有新世纪江畔湾居住小区、南峰时代广场、麻涌公园、行政服务中心、大步花园居住小区、公安宿舍、公务员宿舍等，规划区可开发用地较多，大多集中在麻涌河西岸、规划区南端以及麻涌河东岸局部地块。

3.7.3 方案构思

3.7.3.1 设计理念

规划以凯文林奇的城市意象五要素为基础，确定城市风貌总体格局；根据活力街区理论，形成步行网络、商业网络和绿色网络。具体总结为（图 3-21）：

环水：修复城市水网格局，形成水上景观通道。

群岛：以水网为边界，强化用地的岛状格局。

星桥：以桥确定区域边界和节点分布。

多元：赋予区域岭南文化主题风貌，展示海纳百川的文化内涵。

乐活：结合广场、公服设施、水道、商业形成城市的乐活慢行系统。

绿网：充分保护水网的生态敏感性，结合公园和绿地形成绿色网络。

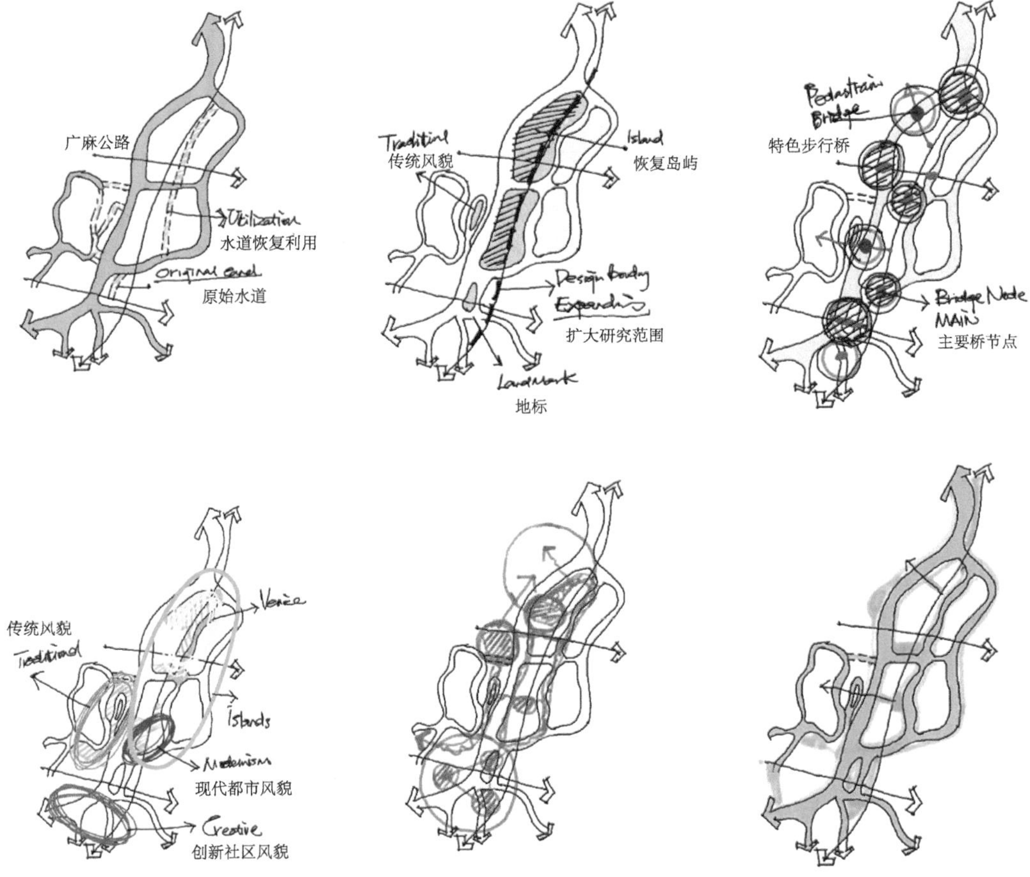

图 3-21　设计理念（环水、群岛、星桥、多元、乐活、绿网）

3.7.3.2 总体布局

形成一带、一轴、多组团结构：滨水景观带、发展主轴以及七大功能片区。七大功能片区分别为：

滨水特色港湾区：综合休闲、娱乐功能打造规划区的滨水特色地段。

文化休闲娱乐区：该区主要由西班牙风情街、欧式旅馆、时代广场等组成，建筑采用西班牙建筑风格。

河畔综合居住区：该区以居住为主，包括高层建筑、滨海别墅以及水湾公园。地块的建筑充分结合水域、道路布置，建筑采用富有现代气息的形象，塑造现代时尚多彩都市。

水岸风情居住区：由湖心别墅、滨水多层住宅及相关服务建筑构成，区内空间疏密结合，组织有序。

现代商业商务区：形成绿地、水、建筑交融的，集景观与功能为一体的现代商业区。

岭南水乡民俗区：岭南水乡民俗区以水体为依托，包括风俗区、居住区、体验区等，体现原有肌理感，建筑突出岭南特色。

滨水服务居住区：结合滨水形成宜人的富有现代气息的居住场所空间。

3.7.3.3 交通梳理

梳理现有的道路交通网络，打通滨河道路，结合水系、桥梁，建立完善的道路交通网络体系，以达到以下目的：

持续有效的交通规划。避免对机动车辆的过分依赖，形成持续有效的交通规划。

一体化的可持续交通规划。建立一套详细的道路系统，合理利用可持续交通方式，建立全面的行人、自行车网络，与机动车道分离。

3.7.3.4 开放空间

规划加强热带滨水绿化特色的营造，合理组织公园绿地、街头绿地、生态防护绿地等的布局，做到点、线、面相结合，建立多类型、多层次、多功能的绿色空间网络。

公园：规划区公园结合滨河、道路布置，为居民提供一个游憩、休闲、亲水的空间。

滨水带状绿化：沿麻涌河等水系控制滨水绿带，绿带内可适当布置活动器材、休息场所等。

斑点绿化：在居住区内等处形成较大的斑点绿化。

3.7.4 方案表达

3.7.4.1 总平面图与鸟瞰图（图 3-22、图 3-23）

滨水特色港湾区内布置滨水码头、亲水平台等设施，充分利用滨水特色打造宜人的景观环境；文化休闲娱乐区内布置欧式旅馆、西班牙风情街、时代广场等，采用欧式建筑风貌，建立多层次的建筑风格；河畔综合居住区内沿河布置水上餐厅等，在地块中部布置大地公园，为居住区营造层次丰富、生态良好的氛围；水岸风情居住区内中部布置城市之塔，作为地标建筑物，在湖心处布置一组湖心别墅，同时在居住区内配以剧院等公共设施；现代商业商务区位于地块中部，满足规划区的商业需求。

图3-22　总平面图

图3-23　鸟瞰图

3.7.4.2 设计解析

1. 规划结构分析（图 3-24）

一带——滨水景观带：沿着麻涌河形成的滨水景观带，贯穿整个规划区域。

一轴——发展主轴：沿着麻涌大道形成一条南北向的发展主轴，作为区域未来的发展方向。

多组团——七大片区：滨水特色港湾区位于规划区的最北端；文化休闲娱乐区分布于麻涌河右岸，各个功能区由麻涌大道串联；河畔综合居住区位于麻涌河东侧靠近中部位置；水岸风情居住区在东海大道与麻涌大道相交处，为行政服务中心和海贝剧院；现代商业商务区从空间分为四片一心，以“T”形水域为中心；岭南水乡民俗区依托麻涌河，充分维持原有的肌理；滨水服务居住区包括两个集中的居住区以及中央的篮球馆。

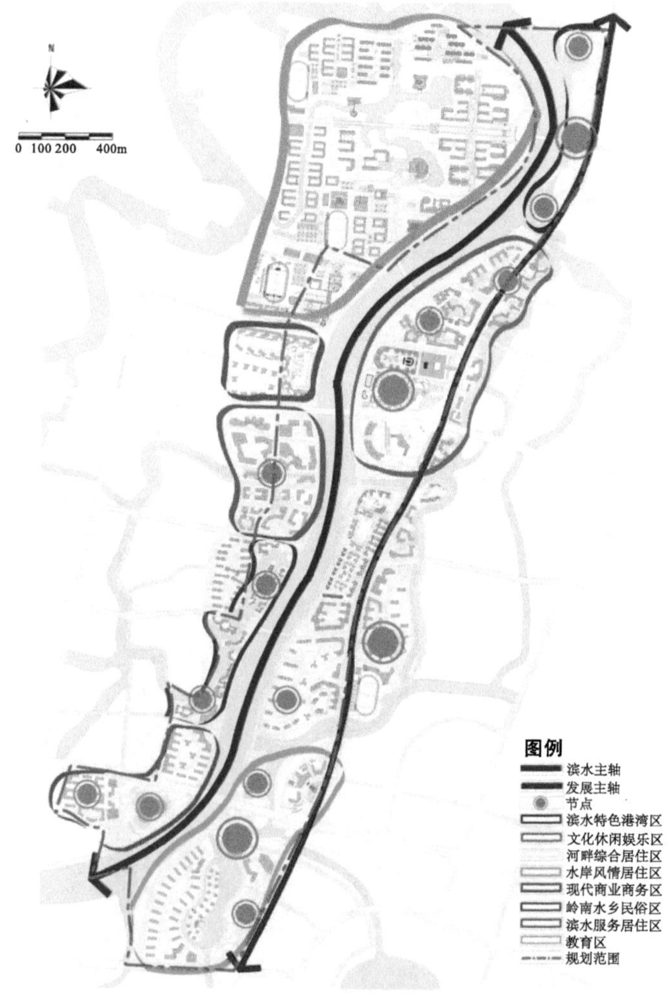

图 3–24 规划结构分析图

2. 道路系统分析（图 3-25）

规划区内道路分为 3 个等级：城市主干道、城市次干道和城市支路。城市主干道为三横一纵的结构，分别为区域边缘南北向麻涌大道以及横穿地块东西的广麻公路和东海大道，均为规划区现状道路；次干道在原有的道路基础上，根据需要进行合理的延伸或者提升等级，形成较为完整的次干道；最后对原有的支路进行梳理，使之更为完整和谐。

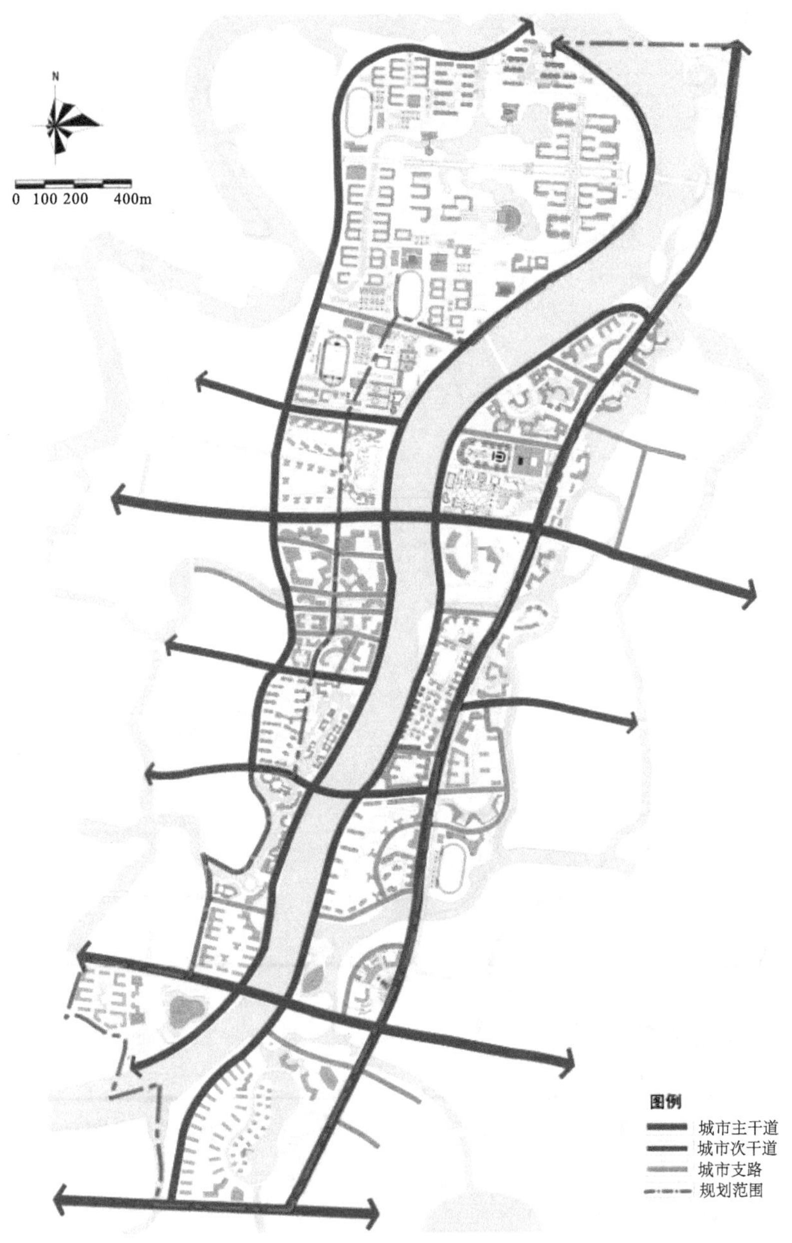

图 3–25　道路系统分析图

3. 景观结构分析（图 3-26）

以可持续发展为核心，设置生态廊道，强化场地的生态环境，实现“水—岛—桥—城—人”的有机互动模式。

水系、绿化带贯穿于整个规划区，但每个地段也都有各自不同的风格特色和场地环境。不同地段进行主题划分，通过不同的环境设计和不同的植物配置营造出不同的环境氛围，使得各个地段的居住具有其独特之处。

图 3–26　景观结构分析图

第 4 章　居住区设计

本章讲述城市居住区设计的相关概念、理论以及设计方法。阅读目标为：了解城市居住区的概念、特点和城市居住区设计的历程，掌握城市居住区的相关研究理论，并在以人为本的指导原则下，将理论运用于实践，建设文明、舒适、健康的居住区，保证社会效益、经济效益和环境效益的综合平衡。

4.1 概述

纵观历史，从人类聚居开始到第一座城市的形成，居住一直是核心功能。到了近现代，多元、开放、综合的城市依然需要建设良好的居住环境。

①安家才能置业，对于每一个生活在城市的人而言，休息好才有精力工作，良好的居住环境是城市各项功能健康运转的保障。

②城市的集聚作用大小、城市吸纳人才的能力强弱很大一部分取决于居住生活环境的优劣，便捷而优美的居住环境是城市发展的推动力。

4.1.1 概念

居住是人类生存、生活的基本需要之一。居住区是被城市道路或自然界线所围合的具有一定规模的生活聚居地，它为居民提供生活居住空间和各类服务设施，以满足居民日常物质和精神生活的需求。在我国，居住区由若干个居住小区和居住组团组成，其合理的居住区规模在城市中约为 3 万 ~5 万居民。

4.1.2 综述

4.1.2.1 西方居住区规划演进

18 世纪前的西方居住区，受到“自然主义”、“人文主义”的思想影响，除主要城市和中心街区的富商、贵族宅邸之外，多数保持着中世纪不同民族和地区各自的格局，并依附原有的城市肌理和街巷呈自然生长状态。亲切宜人的尺度，弯曲变化的街巷，收放自如的空间、协调丰富的住宅风格使城市居住区充满着浓郁的生活气息和初始的社区氛围。

西方进入现代以来，随着“集中主义”的实践，“理性主义”、“功能主义”成为主导居住区规划的主要思想。在理性、秩序、效率的制衡下，居住区逐渐成为独立于原有城市之外，功能单一的孤岛，在大片绿地上千篇一律的大体量住宅是当时最具代表性的居住区形态。人们对生活、城市空间的美好回忆和历史传承在大拆大建中消失殆尽。

20 世纪 60~70 年代开始，一种关注文化、历史、社会多元化和人文精神需求的“后现代主义”思潮代替了理性、秩序、效率为特征的“现代主义”，随后出现的“新城市主义”、“可持续发展观”等都直接影响着城市和居住区的规划建设。在这种思潮下，居住区的人文精神和邻里环境得到综合发展，社区活力得到恢复和振兴（图 4-1）。

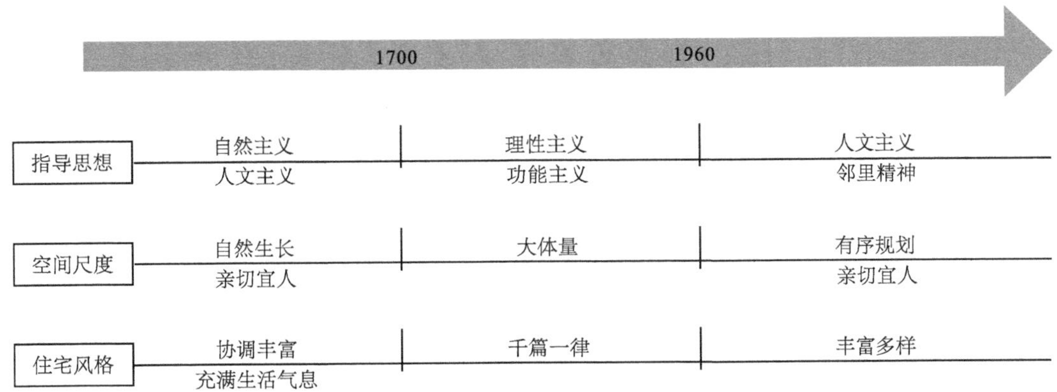

图4–1　西方居住区规划演进

4.1.2.2　中国居住区规划演进

我国幅员辽阔，不同民族或地域的习俗形成了不同的文化和居住形态，数千年皇权统治，又经历了内战、外侵、政治等因素干扰，造成我国的居住区规划思想很难有系统可言。

中国古代，以礼制为代表的儒家文化是社会主流思潮，衍生出具有东方文化特征的古代居住区形态和遵循等级秩序、对天地崇拜、热爱自然山水的居住区规划思想。自北魏开始出现，到唐、宋逐步完善的“里坊”，是古代最具有代表性的居住区形态。北方的“合院”和南方的“院落”都以自封内向为特征，满足着古人对天、地、人、礼多重敬仰的需求。

1840 年后，随着列强入侵和国外文化、经济、技术的大量输入，我国城市规划和居住区形态产生了巨大变化，居住区思想充分显示出殖民主义和民族主义的矛盾与融合，上海等城市里弄式居住区的产生及后来出现的西式别墅和公寓，最具代表性。这段历史是沉重的，但这是一种在特殊环境下学习、融合西方先进理念和技术的重要历程。

1949 年新中国成立以来，随着社会公有制和计划经济体制的建立，“企业社会”居住区思想开始形成，并延续 20 余年，这种居住区一般以企业为核心，住宅为福利，并包揽了医院、学校、商业、幼托等基本生活设施，但普遍标准较低。

1979 年开始，我国进入改革初期，出现了以严格控制面积标准的“经济型”为主导的居住区规划思想，全国各地出现以行列式为特征“千城一面”的居住区形态。1982 年后，随着政府引导，“经济区”居住区规划从粗放型向注重环境和质量转化。

1992 年后，居住区规划在经历了早期的“欧陆风”之后进入了以市场需求为驱动的轨道，“人文精神”、“场所论”等许多西方先进思想被业内人士接受，“人文主义”逐渐成为我国居住区规划的思想主流（图 4-2）。

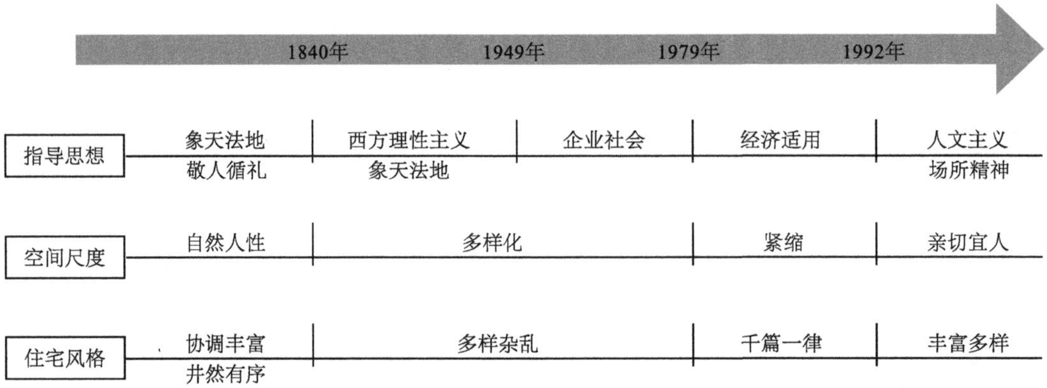

	1840年	1949年	1979年	1992年
指导思想	象天法地 敬人循礼	西方理性主义 象天法地	企业社会	经济适用	人文主义 场所精神
空间尺度	自然人性	多样化		紧缩	亲切宜人
住宅风格	协调丰富 井然有序	多样杂乱		千篇一律	丰富多样

图4-2 中国居住区规划演进

4.2 理念及策略

城市居住区设计理念主要包含邻里单位、混合居住、开放系统等，本节介绍各种理论的运用策略、适用特点等，并列举出相关理念运用的案例（表 4-1）。

居住区设计理念及策略 表4-1

理念	策略	适用特点	参考案例
邻里单位	1.边界设计——视线渗透、空间渗透、功能融合、边界柔和； 2.道路交通组织——人车分流、人车共存、人行道、骑楼； 3.空间组织结构——空间结构明晰、多层次领域界定、街道空间的重构； 4.管理模式——小封闭，大开放	适用于尺度相对较小的地块，“邻里型”的居住区可以作为小型的完整居住区，也可以作为大型居住区中的一个单元细胞	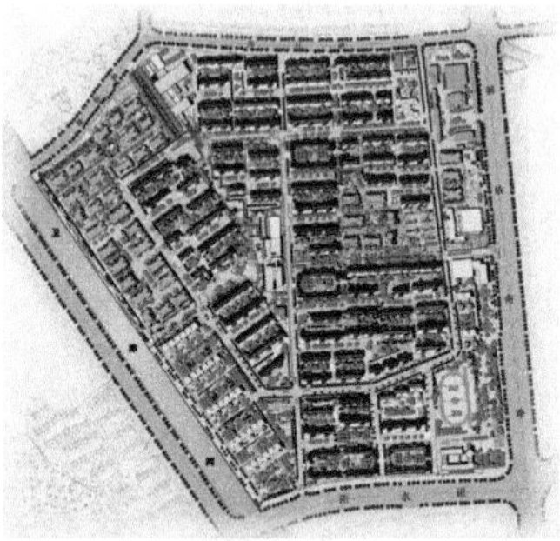 天津万科水晶城
混合居住	1.居住空间分异，功能空间混合——增强居住区活力、促进居住区安全、保持居住区可持续性、维持各职能空间均衡布局、商业设施与公益设施并存； 2.社会阶层混合； 3.建筑样式与类型混合	在城市中心区建设或是旧城改造的居住区开发中，往往对居住区功能与城市服务设施的衔接提出更高的要求	 上海杨浦海上海新城

续表

理念	策略	适用特点	参考案例
开放系统	1.持续的发展； 2.层次鲜明的结构； 3.连续开放的交通； 4.开放适应的空间； 5.主题分明的广场； 6.生态整合的绿化	城市郊区或新开发的区域中，特别适合有着丰富的自然资源的情况	圣彼得堡“波罗的海明珠”住区规划

4.3　布局形态模式

居住区规划中应根据现状情况，因地制宜地创造丰富多彩、各具特色的布局形式。主要的布局形式包括以下 6 种：

4.3.1　片块式

住宅建筑具有较多相同因素，以日照间距为依据构成群体，成片成块成组团地布置，形成片块式布局形式（图 4-3）。

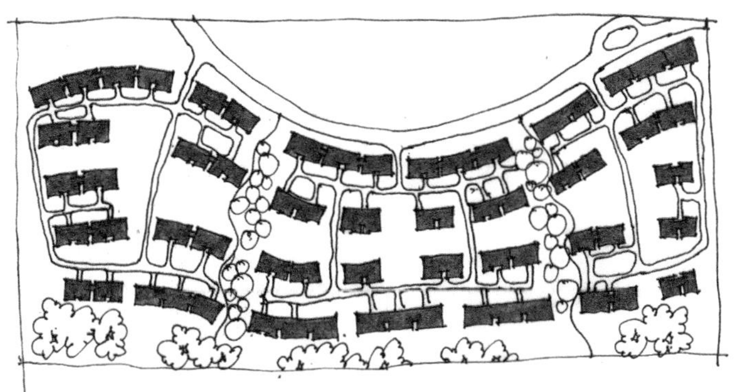

图 4–3　片块式布局

4.3.2　轴线式

空间轴线可见可不见，可见者常为线性的道路、绿带、水体等构成。但不论轴线的虚实，都具有强烈的聚集性和导向性。一定的空间要素沿轴布置，或对称或均衡，形成具有节奏的空间序列，起着支配全局的作用（图 4-4）。

图 4–4　轴线式布局

4.3.3　向心式

将一定空间要素围绕占主导地位的要素组合排列，表现出强烈的向心性，易于形成中心。这种布局形式山地用得较多，顺应自然地形布置的环状路网造就了向心的空间布局（图 4-5）。

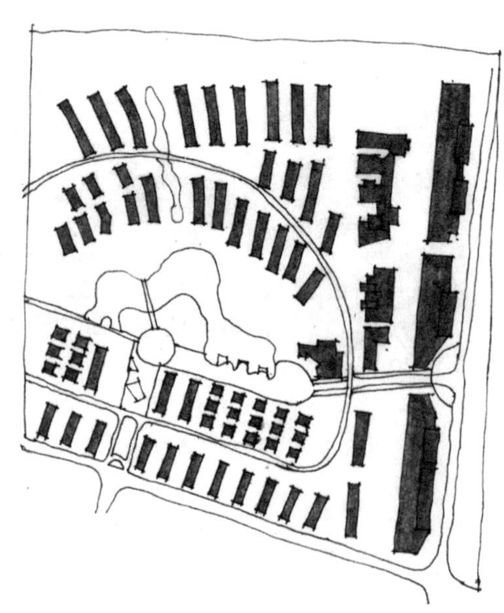

图 4–5　向心式布局

4.3.4 围合式

住宅沿着基地外围周边布置，形成一定数量的次要空间共同围绕一个主导空间。构成后的空间无方向性，主入口按环境条件可设于任意方位，中央主导空间一般尺度较大，统率次要空间，主导空间也可以由其形态的特异突出其主导地位。围合式布局可有宽敞的绿地和舒适的空间，日照、通风和视觉环境相对较好，但要注意控制适当的建筑层数（图 4-6）。

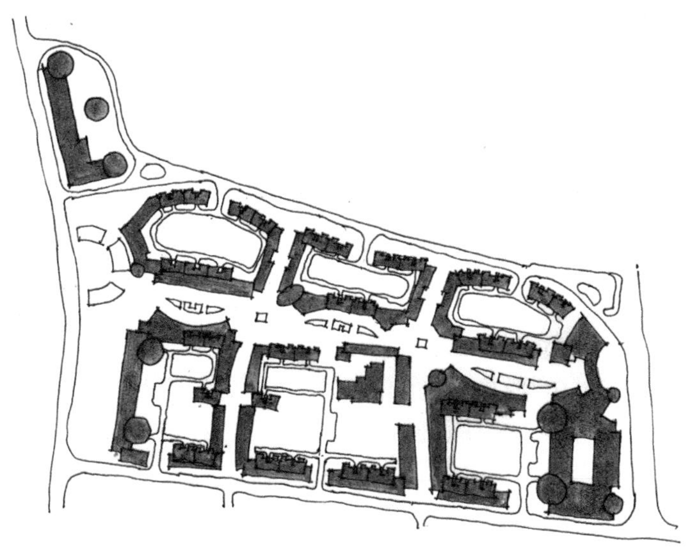

图 4–6　围合式布局

4.3.5 集约式

将住宅和公共配套设施集中布置，并开发地下空间，依靠科技进步，使地上地下空间垂直贯通，室内室外空间渗透延伸，形成居住生活功能完善，水平—垂直空间流通的集约式整体空间。这种布局形式节地节能，可在有限的空间里很好地满足现代城市居民的各种要求，对旧城改建和用地紧缺的地区尤为适用（图 4-7）。

4.3.6 隐喻式

将某种事物作为原型，经过概括、提炼、抽象形成建筑与环境的形态语言，使人产生视觉和心理上的某种联想与领悟，从而增强环境的感染力，构成“意在象外”的境界升华（图 4-8）。

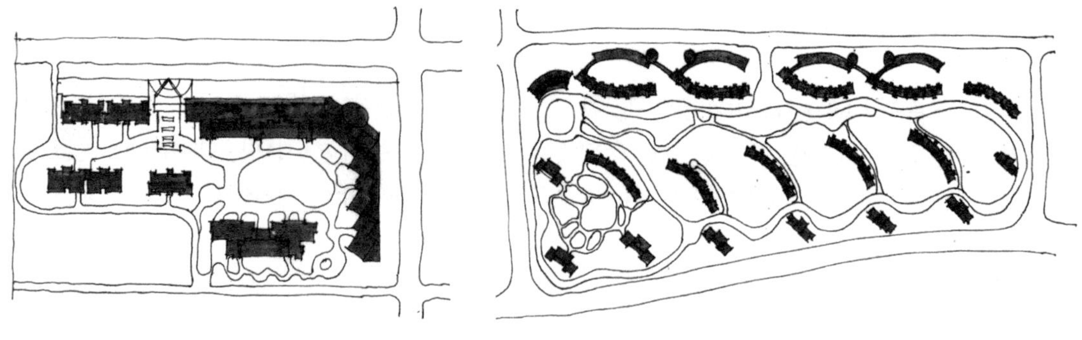

图 4–7　集约式布局　　　　图 4–8　隐喻式布局

4.4　路网结构模式

4.4.1　居住区道路网分级

居住区道路是城市道路的重要组成部分，具有集散、组织车辆交通与人流交通的作用，不同性质与等级的道路具有不同的功能。居住区设计中要考虑居住区规模大小和主导交通方向，对道路交通组织进行分级，使之衔接有序，有效运转，并最大限度节约用地。

居住区道路分为居住区级道路、小区级道路、组团道路、宅间小路四级（表 4-2）。

居住区道路网分级　　表4–2

道路分级	道路功能	红线宽度	建筑控制线之间宽度	断面形式
居住区级道路	居住区内外联系的主要道路	一般为20~30m，山地居住区不小于15m	—	5.0 7.0 7.0 5.0 24.0
小区级道路	居住小区内外联系的主要道路	6~9m	采暖区不宜小于14m，非采暖区不宜小于10m	2.0 3.0 3.0 2.0 10.0

续表

道路分级	道路功能	红线宽度	建筑控制线之间宽度	断面形式
组团级道路	居住小区内部的次要道路，联系各住宅群落	3~5m	采暖区不宜小于10m，非采暖区不宜小于8m	
宅间小路	连接住宅单元与单元、住宅单元与居住组团的道路或其他等级道路	不宜小于2.5m	—	

4.4.2　居住区路网布局形态

居住区路网布局形式一般有 3 种：贯通式，道路从小区一侧贯通到另外一侧，道路形态可以是曲线也可以是直线；环通式，小区内部形成环状道路，并与外部道路连接；尽端式，从外侧引入小区内部的道路，为一侧封闭的尽端路。

通过组合，这 3 种道路可以形成 3 种基本道路模式：

4.4.2.1　格网模式

由若干条贯通式的道路纵横交错组成。这种道路形成的居住区拥有多个出入口，住宅群均匀地分布在网格形状的块状空间内（图 4-9）。

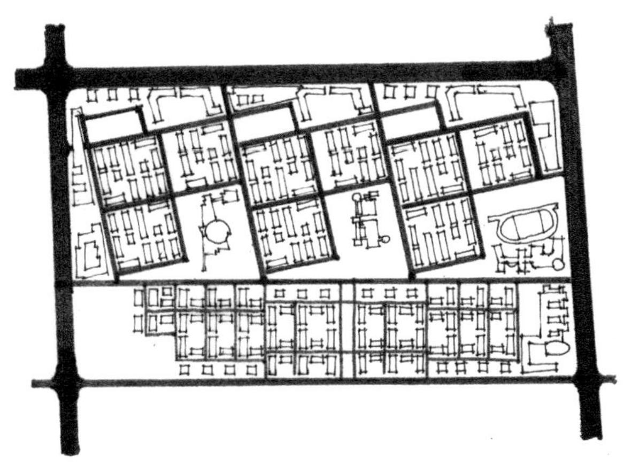

图 4–9　格网模式道路

4.4.2.2 内环模式

由一条环通式和若干尽端式道路组成，环通式的主干道穿过居住区中部，尽端道路分布在环通式道路的周边。这种道路形成的居住区通常拥有两个出入口，住宅群分布在尽端式道路附近的空间内（图 4-10）。

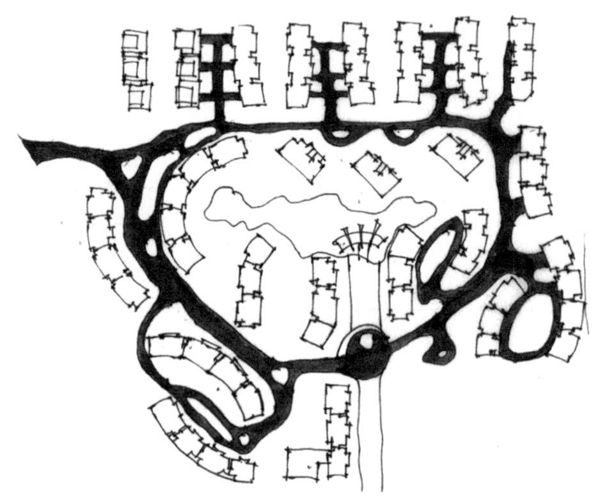

图 4-10 内环模式道路

4.4.2.3 外环模式

由一条环通式和若干尽端式道路组成，环通式的主干道分布在居住区边缘，尽端道路分布在环通式道路的一侧。这种道路形成的居住区通常拥有两个出入口，住宅群分布在尽端式道路附近的空间内（图 4-11）。

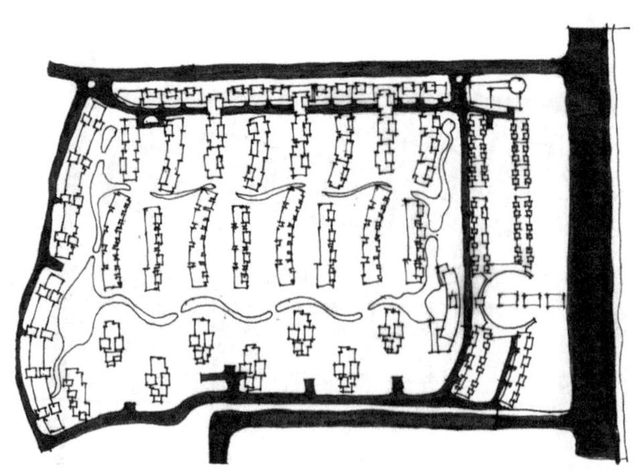

图 4-11 外环模式道路

4.5 单体建筑模式

4.5.1 住宅组合方式

4.5.1.1 行列式

建筑沿公共空间、道路或地形整齐排列，日照通风条件优越。这种组合经济性高，实际开发中较常见，但形式单调，识别性差，使用中注意布局的灵活性，避免死板。可分为直接式组合和错接式两种方式。

直接式由平直单元组成，体型简洁，施工方便，节省用地；错接式可以较好地适应地形朝向和道路要求，体型前后错落，富有节奏和韵律，可以解决大进深套型中中间一跨的采光问题，但寒冷地区不利于室内保温（图 4-12）。

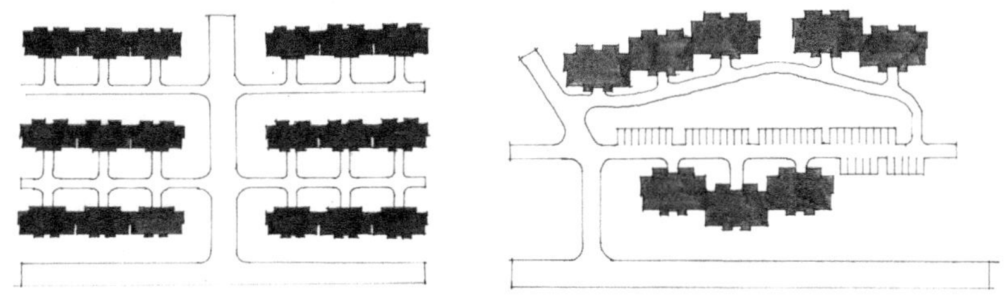

图 4–12 行列式空间组合

4.5.1.2 周边式

两三栋建筑围合成“U”字形,具有内向集中空间,便于绿化、邻里交往、节约用地,但存在东西比例较大、转角单元空间较差和对地形适应能力差的缺点（图 4-13）。

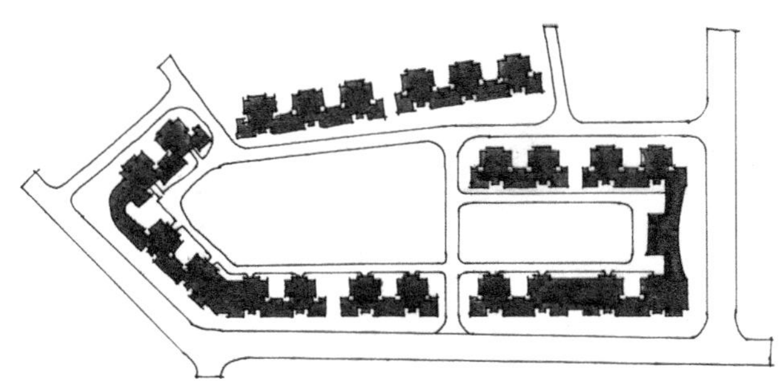

图 4–13 周边式空间组合

4.5.1.3 点群式

顺应道路或地形特点，将点式建筑沿线性空间摆放，形成统一的建筑界面，具有良好的日照和通风条件。缺点是外墙面积大，太阳辐射热较大，视线干扰较大，识别性较差（图 4-14）。

4.5.1.4 自由式

居住建筑自由灵活布置，以适应复杂地形或迎合小区景观设计（图 4-15）。

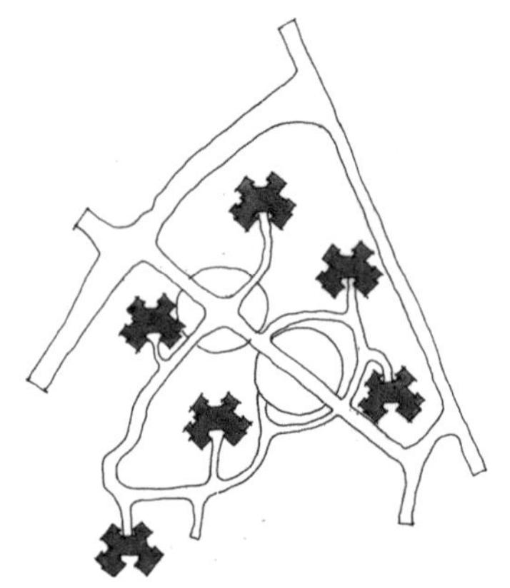

图 4–14 点群式空间组合

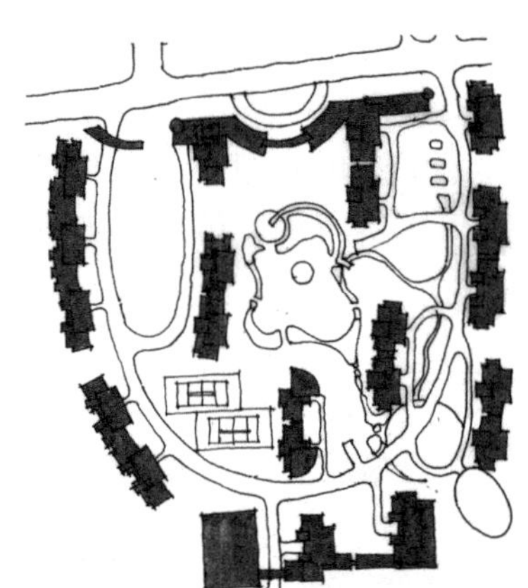

图 4–15 自由式空间组合

4.5.1.5 混合式

以上形式兼有，大型居住区多采用此种组合方式，可结合居住区规模创造出尺度更加宜人的空间（图 4-16）。

图 4–16 混合式空间组合

4.5.2　住宅群体空间特征

4.5.2.1　封闭感和开敞感

封闭的空间可提供较高的私密性和安全感，但也可能带来闭塞感和视域的限制。开敞空间则与此相反。闭合和开敞均可以有不同程度，取决于建筑围蔽的强弱。

4.5.2.2　主要空间和次要空间

建筑物的单调布置或杂乱的任意布置都不能建立具有一定视觉中心的空间，仅有单一的主要空间会给人以单调感，如果结合次要空间（或称子空间），则能使空间更为丰富（图 4-17）。

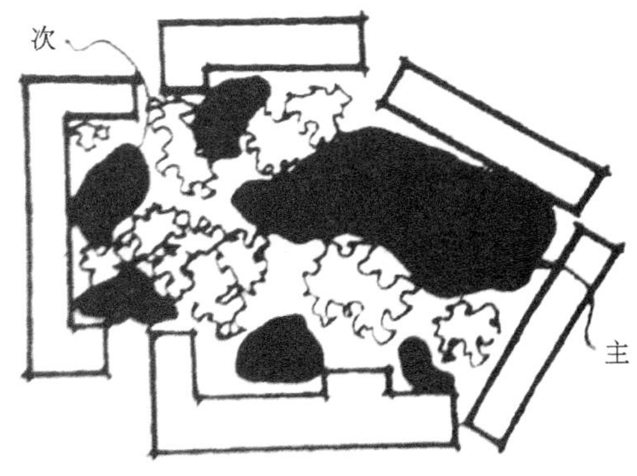

图 4-17　主、次空间关系

4.5.2.3　静态空间和动态空间

具有动态感的空间，能引起人们对生活经验中某种动态事物的联想，缓解呆板的建筑形象，给人以轻松活泼的良好心理感受，使静止的空间富有动感（图 4-18）。行列式空间布局给人以单调感，向两侧延伸的线性空间把人的注意引向尽端。有组织的线性空间则不然，通过空间的转折和一系列空间形态及尺度的转换，产生空间动态性，同时多视角多视点的空间到处都有对不速之客警惕的眼睛，增强了空间的自我监护和安全感（图 4-19）。

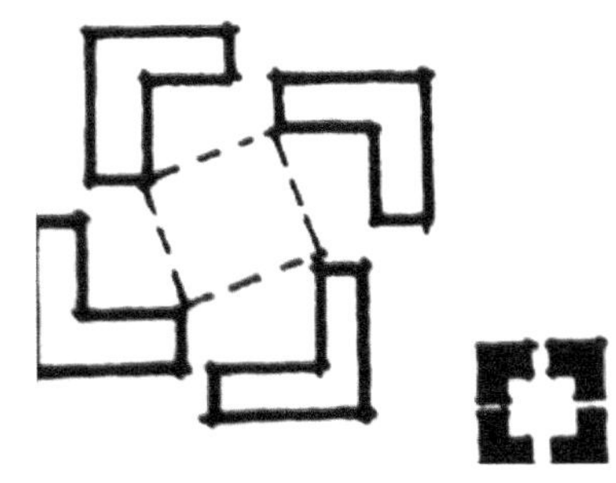

图 4-18　风车形动态空间

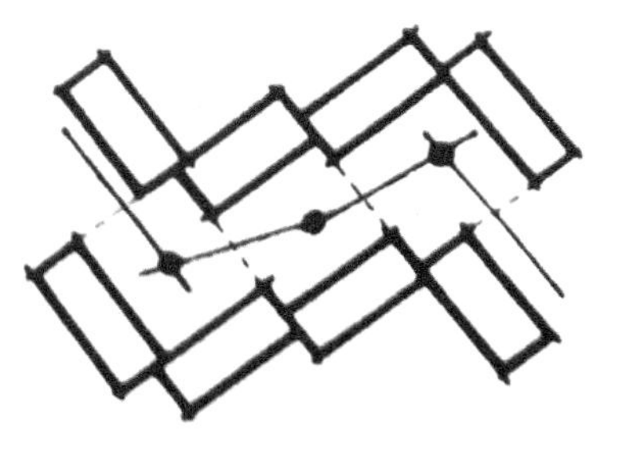

图 4-19　多视角线性空间

4.5.2.4 刚性空间和柔性空间

刚性空间由建筑物构成，柔性空间由绿化构成。较为分散的建筑常利用植物围合成空间。绿化不但能界定空间，而且能柔化刚性体面（图 4-20）。

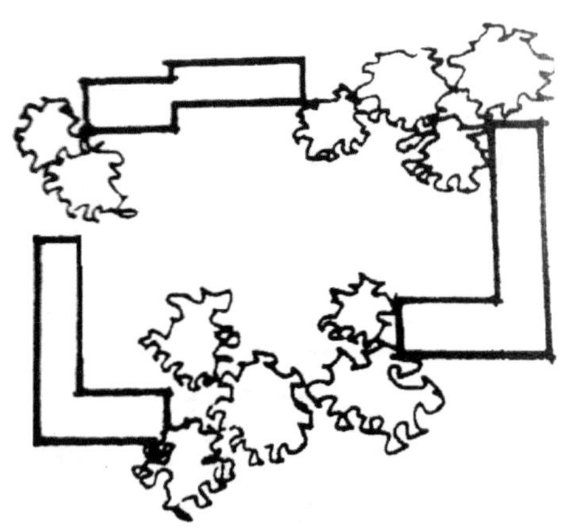

图 4-20 植物围合和柔化空间

4.5.3 空间领域的划分

居住区的生活空间可划分为私密空间、半私密空间、半公共空间和公共空间 4 个层次（图 4-21）。

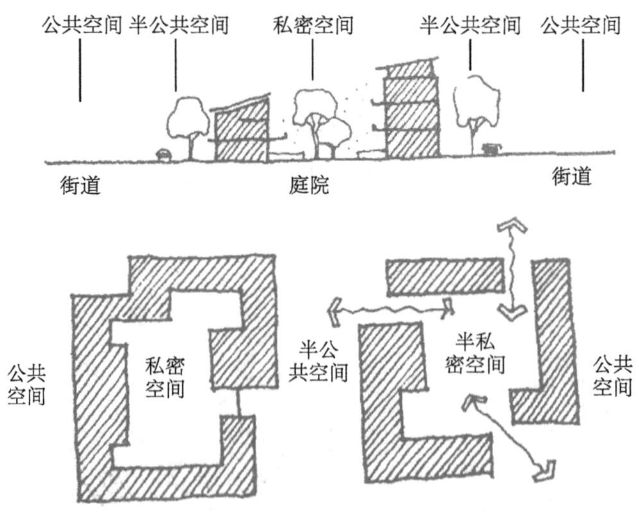

图 4-21 空间领域的划分

4.6　快速设计训练：某滨海城市居住区及商业中心规划设计

题目：高新园区某住宅区规划

场地：

①规划场地面积约 11.2hm^2，形态、位置关系如下图（图 4-22）。

②场地内地势平坦，略呈东南高、西北低。场地西临汤逊湖，东南两面均为园区待开发用地。

要求：

①该居住区对象为园区中高级管理人员及职工。

②主要技术要求：

建设总容积率：1.2；

绿化率：30%；

停车率：35%；

日照间距：1∶1.1。

户型：

多层 60%（户均 120m^2）；

联别 10%（户均 250m^2）；

4 层复别 15%（户均 200m^2）；

小高层 15%（户均 150m^2）。

其余事宜由考生分析设定。

成果：

①设计要点：结构分析、建筑选型、总平面、节点表现、透视鸟瞰（或轴测图）、技术经济指标等。

② A1 图纸两张，设计表现方式自定。

③时间 8 小时（含午餐时间）。

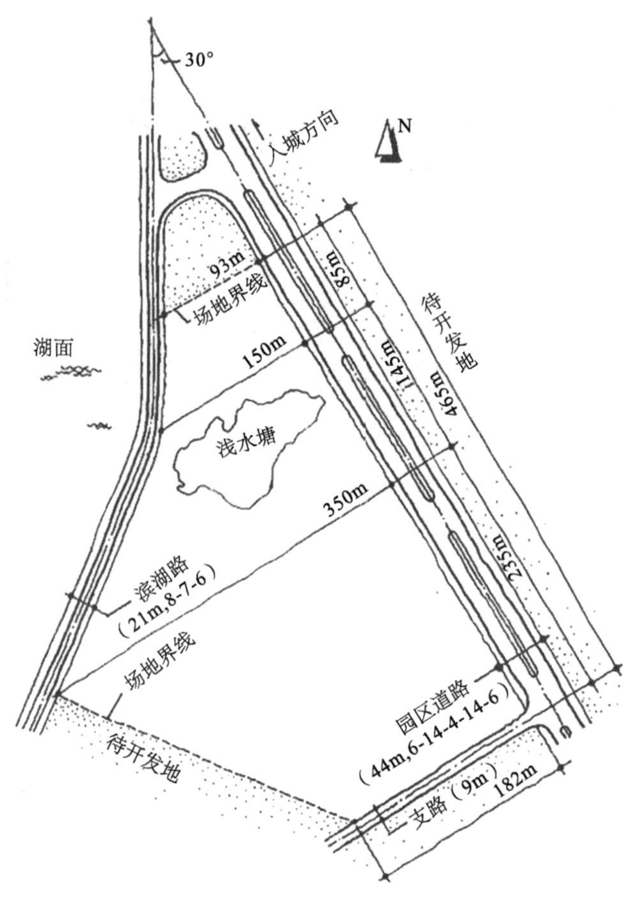

图 4–22　规划地块现状示意

4.6.1　场地分析

4.6.1.1　周边场地分析

水：用地西侧有汤逊湖，在设计时也可考虑内部水系与西侧水域之间的水系连通，从而形成水系连通的景观模式。在建筑布局上，必然要凸显出两者之间的联系，预留出视线通廊和风通廊。原本存在的轴线应该尽可能地保留，而在本设计中，垂直于园区道路或是滨湖路的中线较为突出。

周边用地：用地东侧以及南侧为园区待开发地，因此在地块中，暂时默认为居住用地不用考虑外部对方案的影响。用地东侧紧邻园区道路，是主要的车流人流来源。同时园区道路同样担负着工业园区物流交通的作用，因此也要考虑城市主干道对居住区的噪声影响。

4.6.1.2　内部场地分析

地形：从整个用地范围来说，地形较为平坦，只有细微的坡度变化，在用地中间略呈东南高、西北低。根据这种地形变化，考虑管线排水布置时，应当切合地形设置。而在建筑排布时，地形的影响在这个设计中并不占主导地位。

水：用地内部有一个浅水塘，水域形式较为自由，可以作为全局一个非常重要的景观资源和开放空间。并考虑水系与西部水域的互通，借“水”盘活全局。

现状用地：用地目前未进行开发建设，因此不需要考虑现状建筑及道路的影响。

4.6.2　方案构思

4.6.2.1　设计理念

根据上述分析的特征，用地周边及内部拥有良好的自然景观资源，对地块内部的水塘进行边界整合引导，可作为整个片区的中心景观节点。居住区的设计中怎样“以人为本”，创造人性尺度的适宜居住空间是设计中需要解决的重点，创造不同尺度的公共活动空间，满足内部居民不同的需求，同时要体现人文与生态并存的设计理念。

因此，在设计中应体现“临湖而居、引水入园、以人为本”的设计思想。

临湖而居——借助西侧水体资源，作为设计的绿色背景，充分发挥依水而居的地理优势。

引水入园——利用内部水系资源，作为设计的蓝色纽带，积极加强场地内外水体的互动联系。

以人为本——遵循居民活动特征，作为设计的最终目标，不断促进充满活力的人际交往。

4.6.2.2　总体布局

道路网将地块划分为内环、中环和外环，整合内部水体资源，形成中心的景观节点，公共服务设施结合景观中心布局，在地块中心东侧形成公共服务片区，即内环区。居住建筑环公共服务区布局，中环多为多层布置，联排别墅和复式别墅则布置在外环区域，靠近湖水一侧，以保证居民对周边资源的共享。

4.6.2.3　交通系统

车行交通。车行交通主要考虑内在通达性，形成完整的环形交通，确保重要的建筑有道路联系。道路分级明确，小区道路、组团道路、宅间小路应贯通。在合适的区域布置地面停车场或地下停车。

步行交通。实行人车分流，照应全局的景观轴线，也是主要的步行通道，其他建筑组团通过设置与主轴线相连的步行空间，使步行范围能延伸整个片区内，并将步行线路与组团内部、中心绿地内部的步行道相衔接，构筑完整的步行系统。

4.6.2.4　景观系统

开放空间以轴线组织，形成有益的景观廊道，这一廊道成为联系全局的脉络。地块中心的浅水塘是全局的景观中心，考虑其与临湖景观的组织与交流。考虑地块与周边用地的联系，在轴线入口处设置小型广场。在中心景观地带可以添加一些人工处理，形成自然与人工的对比。中心景观作为小区内生态效益的核心以及小区标志性的景观是重点设计的一环。因此，景观系统要有均匀的、分散的组团绿地，同时也应该有集中的、有特色的中心景观，然后将这些通过绿化与步行系统串联起来形成连续完整的景观系统。

4.6.2.5 建筑布局

整体建筑空间西北侧较低，东南侧较高，使得区域内部建筑都拥有较好的湖面景观。居住建筑以多层为主，各个组团内部的建筑布局可相对自由，与路网契合即可。临湖的居住建筑拥有最好的临湖景观，因此排列时注意水系线形相契合。

4.6.2.6 设施分布

配套的设施配置是居住小区设计中的重点。商业娱乐设施的建筑形体要整齐而存在序列感，通过局部形体的变化或是玻璃天窗的设置等来体现建筑的功能。在这个设计中需布置幼儿园，与之相配的活动场地、停车场等应当在图面上体现。其他设施，如垃圾收集点、公厕、变电所等，只需按其规范合理布置即可，但不可缺漏。

4.6.3 方案表达

4.6.3.1 **总平面图与鸟瞰图**（图 4-23、图 4-24）

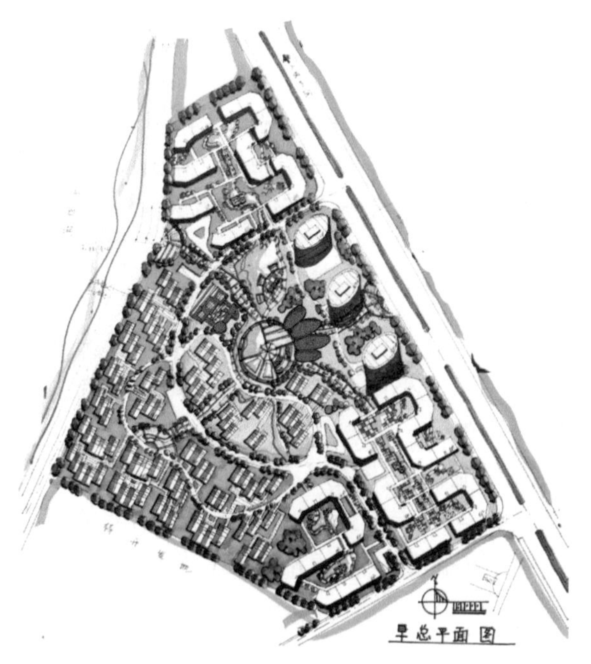

图 4-23 总平面图

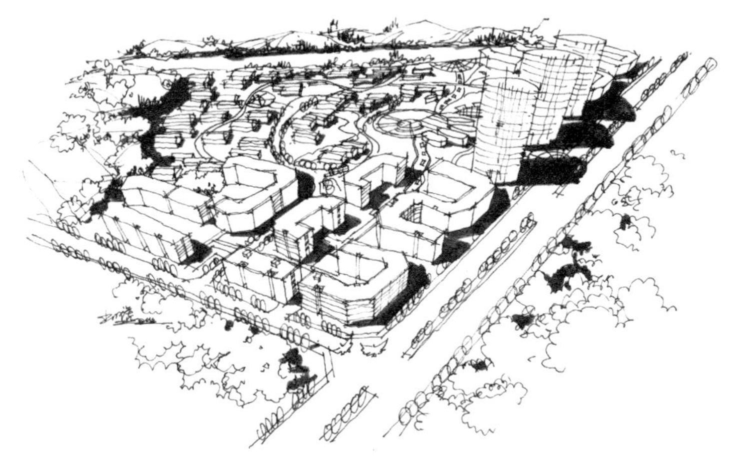

图 4–24　鸟瞰图

4.6.3.2　设计解析

1. 规划结构分析（图 4-25 左）

规划区域主要分为别墅区、点式小高层区、多层居住区以及商业区。各个分区之间通过车行道或步行道进行分割，同时通过视线通廊进行联系。

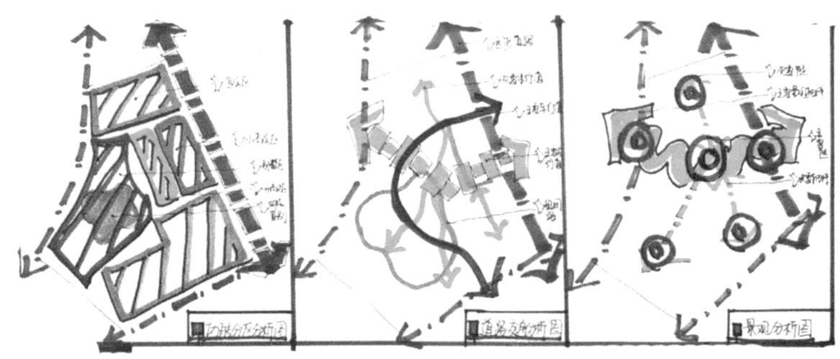

图 4–25　设计分析（左规划结构；中道路系统；右景观分析）

2. 道路系统分析（图 4-25 中）

道路围绕中心景观节点，呈环通式布局。分为主要车行道、次要车行道以及步行道。

主干道围绕小高层呈环状布置，在保证道路顺畅的同时，加强了空间的变化性；步行道连接两大景观节点，加强居住区与商业中心的联系。

3. 景观结构分析（图 4-25 右）

主要景观节点为靠近湖区的景观节点以及商业中心处景观节点，二者通过步行道相互联系，形成主要景观轴线。另外，在各个组团之间通过组团绿地的营造来提高居民的居住品质。

4.7 项目实践详解：新疆北屯得仁居住小区修建性详细规划设计

规划地块净用地面积 9.6hm^2，基地位于新疆维吾尔自治区阿勒泰市北屯市苏州路以东、文化路以西、喀什路以北、伊犁路以南。距北屯市政府约 900m（图 4-26）。

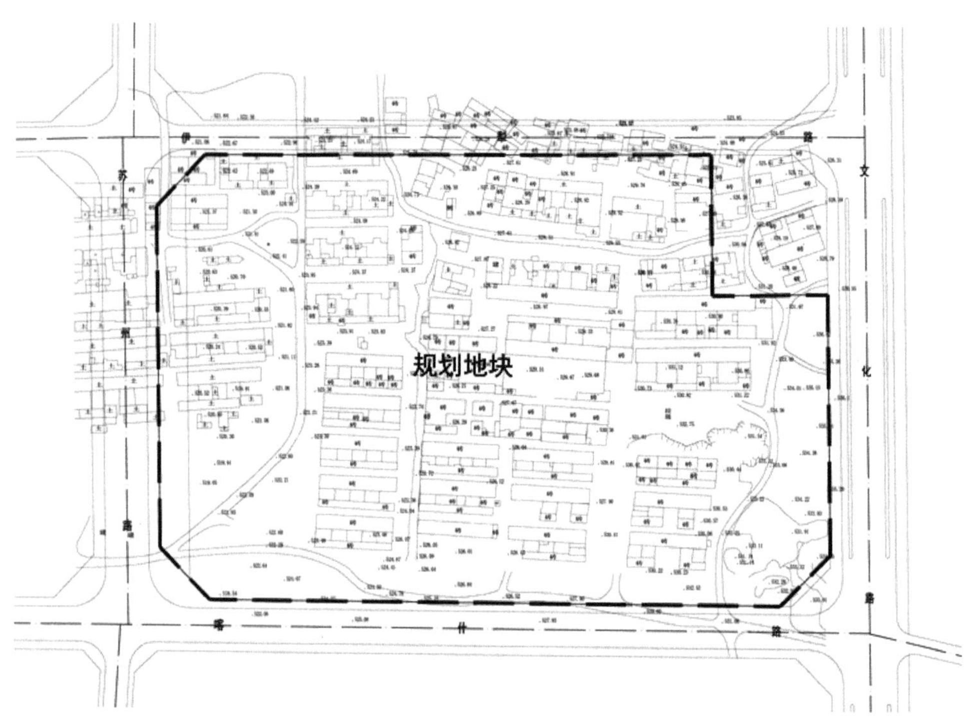

图 4–26　规划地块现状示意

规划地块呈方形，地块东西长约 440m，南北长约 280m。规划地块至西向东呈 3 级阶梯走势，局部地区高差较大，有利于形成丰富的沿街景观和优美的城市天际线。地块东侧紧邻得仁山风景区，景观视线良好。

地块内现状用地多为低层村民自建住宅，建筑质量差，布局缺乏规划，缺少公共绿地及必要的公共设施，亟须更新改造；交通以及土地不经济使用等问题较为突出；居住用地由于修建年代不同，翻新情况也不同，建筑质量差，用地布局也较为零碎，缺乏统一的规划，土地利用率较低。

设计要求总容积率 1.8，建筑密度小于 28%，绿地率大于 35%，要求协调基地周边环境、有机组织内部功能、充分尊重现状基地地形环境，营造特色空间景观。

4.7.1 任务解读

根据设计要求，可以从设计深度、功能定位、开发强度、设计重点这 4 个方面来解读本次设计任务。

4.7.1.1 设计深度解读

本案例是一个规模较小的居住小区的设计。根据设计要求，本地块位于阿勒泰市南部北屯老城居住区的南面；现状用地内多为低层村民自建住宅，修建年代不同，翻新情况也不同，建筑质量差，规划中考虑予以拆除。故其现状需保留要素较少。地块总用地面积约 9.6hm^2，用地规模小，对居住区而言，一个完整的道路网体系的构建非常关键，同时利用用地内外的资源，合理安排地块内的各个景观要素，突出核心景观，适当布局景观带和功能特色区。如何从生态优先、以人为本的角度出发，创造出功能完善的绿色生态的居住环境是本次设计的重点。

4.7.1.2 功能定位解读

本居住小区位于北屯中心城区，紧邻城市主干道，是城区的门户形象，位置非常重要，小区整体环境和风貌设计必须要为城市整体风貌增色，整个小区应融入该地区的景观大格局中，成为整个区域城市景观系统的重要部分。按照分期开发的模式，将商业娱乐、居住以及公共休闲空间有机融合，发挥地块商业经济价值，营造一个舒适和谐的居住环境。

4.7.1.3 开发强度解读

设计要求容积率约 1.8，总用地面积为 9.6hm^2，故建筑面积将达到 17.3 万 m^2 左右。建筑密度要求不高于 28%，则建筑占地面积不能超过 2.69 万 m^2，可得平均建筑层数为 6~7 层，由此得出本居住小区的居住建筑多以高层建筑和多层建筑为主，沿街的商业建筑层数不宜过高。

4.7.1.4 设计重点解读

台阶地形的利用。现状地势高程从东向西依次递减，最高点为 539.69m，最低点为 518.54m，形成了错落有致的三段式台阶地势。怎样利用现状的地形，在节约挖方成本的同时，创造出良好的景观视线是设计中的一大重点。

与得仁山风景区的协调与利用。规划用地东部紧邻历史气息浓厚的得仁山风景区，具有较好的景观视线，设计中如何利用这一自然景观，怎样形成视线通廊，使更多的居民能够共享这一优质的自然景区也是设计中的重点之一。

车行交通和人行交通的关系。居住小区以居住功能为主，在满足车行交通，特别是消防安全的同时，更要注重人行交通的完善，人行系统要更注重安全和可达性，设计中要注意人车分流。

突出小区特色。在充分考虑规划地段总体布局和现状条件的基础上，力求处理好小区与该城市地段的景观、结构关系。在小区的空间组织、外部轮廓塑造、单体造型以及绿化和公建的配套设计上应与城区现有建筑风格保持协调、统一，同时又有自己的特色和亮点。

4.7.2 场地分析

4.7.2.1 周边场地分析

自然资源。用地东侧紧邻得仁山风景区，得仁山下文化气息浓厚，地域特色鲜明，空气清新自然，是极为珍贵的景观资源。在居住小区的设计中，要合理利用这一景观优势，打造景观视线通廊，在保证小区居民对山体共享的同时，也要考虑周边地块与得仁山风景区的联系，控制本规划区建筑高度，避免造成视线阻断。

周边用地。用地南侧为未开发的用地，交通量较小，可在此设置小区的主要出入口。地块北侧与西侧均为已形成的居住区，人流较大，设计中要考虑小区内部与这两个片区的步行联系。地块东侧的文化路为城市重要的交通干道，不宜在本侧布置车行入口。

4.7.2.2 内部场地分析

地形。结合场地三段式台阶地势，在 3 个台阶内由东至西依次布置高度递增的居住建筑，可以达到居住小区内居民都享有良好的自然景观的目的。

现状用地。现状建筑质量较差，多为低层，急需改造重建；道路宽度较窄，道路网混乱，不能满足居住区功能要求和规范要求；现状景观几乎没有，与得仁山景观区形成很大的反差。

4.7.3 方案构思

4.7.3.1 设计理念

结合该项目的性质和紧临得仁山风景区的独特的地理位置，规划构思以成吉思汗文化和喀纳斯意境为景观布局出发点，以弧线形道路为纽带，以步行小道为桥梁将各个组团联系成有机的整体。中央欧式风情半岛花园，将水和景融为一体，营造出灵动、活泼优美的居住环境。

在入口景观设计构思时，通过入口处后退用地、精心设计了入口景观广场作为沿街的重要景观节点，在主入口处设计的凯旋门，极大地丰富和提升了项目区以及相邻城市大街的整体形象和环境品质，使项目地块的各个入口区成为城市和小区共享的开放景观资源。

整体功能结构与布局构思——系统、有机、穿插、共融。

住宅及空间形态构思——有序、错落、自然、特色。

道路交通系统构思——方便、快捷、流畅、景观。

绿化景观系统构思——系统、层次、链接、沟通。

4.7.3.2　总体布局

根据本项目的性质定位，我们认为在居住区不宜采用现代都市型的机械、呆板、平直、生硬的规划布局模式，应当营造自然、流畅、和谐、有机、放松的山水环境氛围，避免大规模、集中式、大体量的机械主义规划手法。

项目区的规划结构依照的指导原则是“区分清新、组团布局、疏密有致、有机结合、曲致自由、和谐自然”。建筑风格为欧式风格，充分体现现代建筑的艺术特色；规划配套商业、酒店等公共服务配套设施。

4.7.3.3　交通梳理

车行交通。小区主要的车行道路是串联各个组团的小区环路和组团路，主要的交通出入口布置在次干道上。在各个组团中根据建筑布置自由流畅的弯曲道路，形成通而不畅的典型居住区路网，既活泼了道路景观，又控制了机动车的行驶速度，保障小区内行人和儿童的安全。

地下车库分区设置，出入口设置在小区出入口位置附近，采用地上及架空半地下车库结合停车的方式。在小区内部有机布置地面停车位，满足临时停车需求。

步行交通。小区步行出入口的位置主要布置在喀什路和文化路上。步行主入口位于文化路上；步行次入口位于喀什路上，为人车混行的入口。

4.7.3.4　开放空间

本次规划强调绿化脉络与居住者生活活动的有机融合。以滨江景观和贯穿整个小区的绿化带，辐射整个小区的绿化系统、带状林荫步道、集中的核心绿地和宅旁绿地。绿化带向相邻地块延伸、呼应，绿地向各个组团内部渗透。中心绿地、体育活动场地、休闲步道、组团绿地、自家院落等多层次网络状的绿化景观系统使每户住宅都能享受到优美的绿化环境，即具有景观的均好性。

4.7.3.5　建筑布局

由多层和小高层组成，利用地形高差及建筑本身的高度体量组合，形成错落有致的空间形态。通过精心的户型设计真正做到每户都能分享阳光与空气，体现人本主义的设计精神。

户型设计中以较大面积的起居室为中心组织家庭活动，保证起居室有良好的朝向和视觉景观，采用不同的户型，充分利用景观资源优势，做到户户有景。

4.7.4 方案表达

4.7.4.1 总平面图与鸟瞰图（图 4-27、图 4-28）

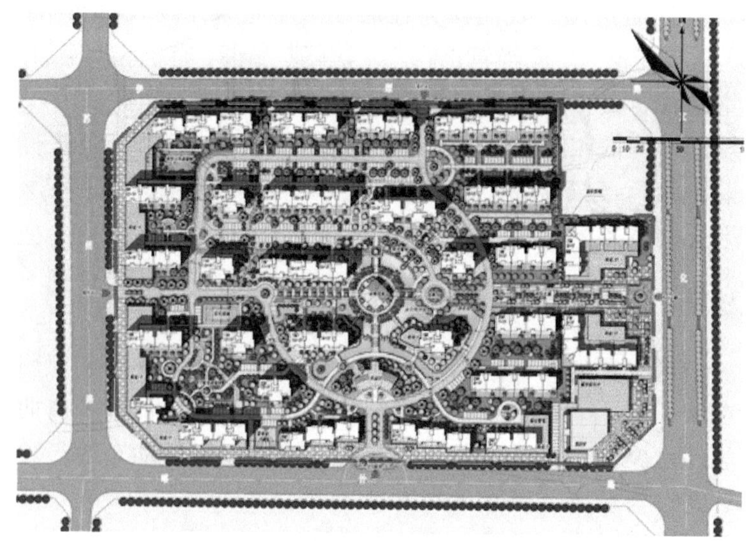

图 4-27 总平面图

图 4-28 鸟瞰图

规划地块的布局形态采取轴线式布局，以虚实结合的轴线为导向，各要素沿着轴线布置，形成整齐的空间序列。

整个地块，根据现状地势高程从东向西依次递减的规律，可在地势较高的东侧布置高度较低的建筑，以达到整个地块的整体和谐。

由于规划地块东侧靠近城市道路和风景区，为更大程度地营造宜人的景观环境，将主要的步行入口设置在东侧，围绕入口广场布置相应的商业、餐饮娱乐等公共服务设施，起到聚集人流的作用。同时在地块西侧边缘设置底层商业建筑，与西侧及北侧的居住区进行一定的联系。会所、托幼等公共设施，围绕中心景观布置在地块中部，使之服务到整个小区范围，在各个组团内部分别布置羽毛球场、儿童活动场地、老年人活动场地等，满足居民的需求。

4.7.4.2　设计解析

1. 规划结构分析（图 4-29）

采取"一心、双轴、五片区"的规划结构。"一心"为以中央四季花房为中心、水系围绕其间，从而形成的小区景观中心；"双轴"分别为东西向贯穿地块的以步行道为主，连接东侧入口广场及中心景观节点的主要景观轴线和连接南侧主要车行入口和中心景观节点的次要景观轴线，两条轴线相互交汇于中心，形成良好的视线通廊；"五片区"为由车行道及步行道等自然分割的各个组团，各组团之间既相互分割，又通过步行道将各个组团联系起来，形成相互统一的整体。

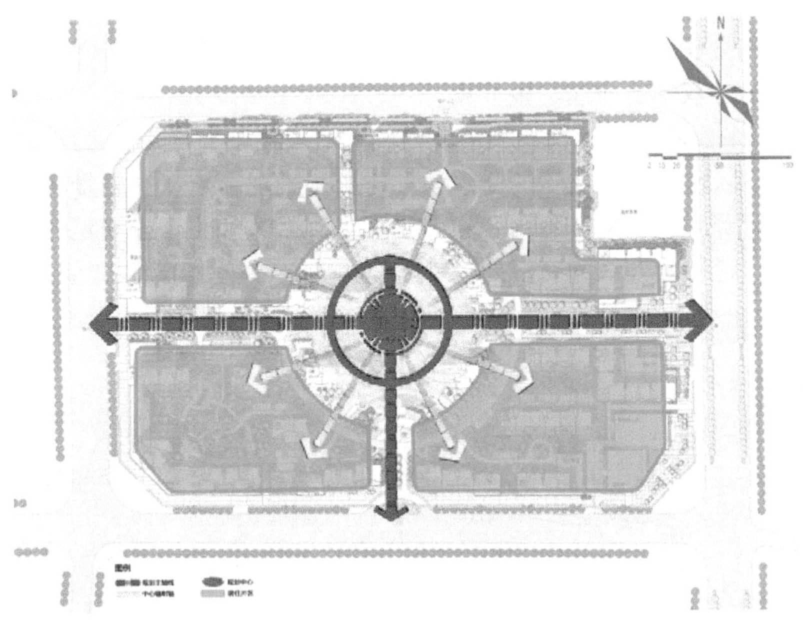

图 4–29　规划结构分析

2. 道路系统分析（图 4-30）

道路采取环通式、人车分流的路网格局。车行道分为主次干道，主干道成环通式，连接小区内各个重要地块；支路为步行道，联通各个组团及景观节点。

车行入口设置 3 个，分别为南侧的主入口及北侧和西侧的次入口；东侧由于与城市道路相邻，车流不宜过大，同时由于东侧靠近风景区，故设置步行出入口。

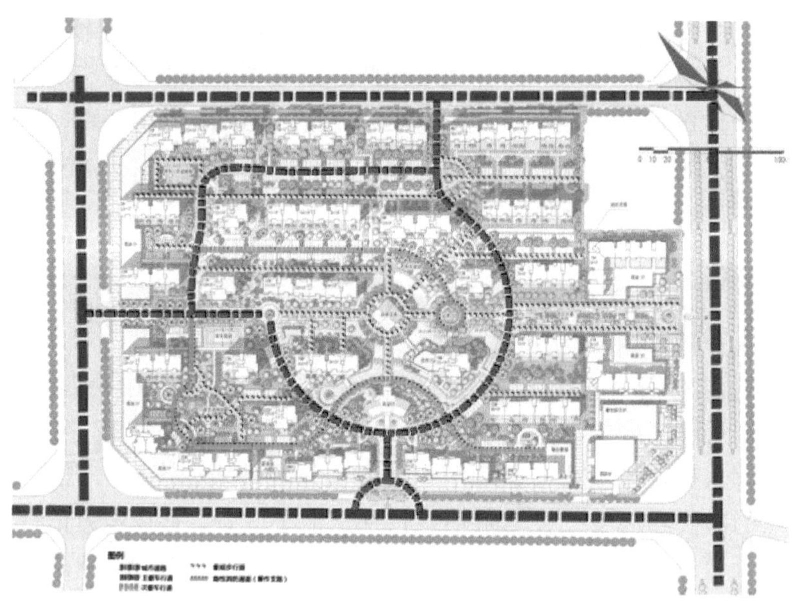

图 4–30　道路系统分析

3. 景观结构分析（图 4-31）

景观结构为“双轴、一线、多节点”。

“双轴”为东西向的景观轴线和南北向的入口景观轴；“一线”为沿主要车行道的景观流线；中心以四季花房及喀纳斯水系形成核心景观节点，主要景观节点分别布置在东侧的入口广场、南侧的车行入口以及主要景观轴线和主干道交汇处，次要景观节点分别位于各个道路及轴线的交汇处；另外，还在各个组团内部设置组团绿地。

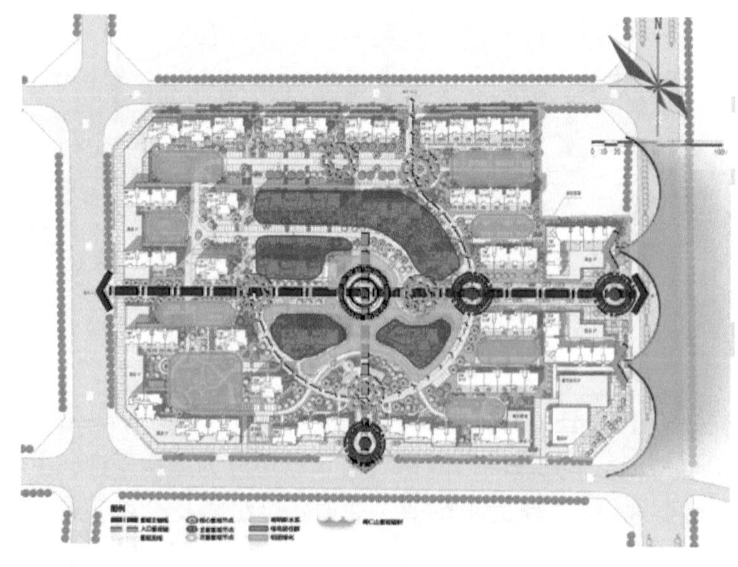

图 4–31　景观结构分析

第 5 章　旧城更新设计

本章从概念、理论及设计方法三方面介绍了旧城更新设计。旧城更新的难点在于更新的思路和途径选择，因此阅读重点是理念部分，对每一种设计理论须有深入而透彻的理解，掌握其特点和适用范围，对于具体的设计没有固定的方法，但需要掌握一些设计的原则。

5.1 概述

每一座城市都遵循着自然进化理论，落后必定走向衰亡，而以适应经济社会发展需求、提高人们生活水平为目的的旧城更新则具有重要意义，具体包括以下几个方面：

①唤醒城市活力：旧城更新可以为失去活力的地区重新定位，寻找新的发展方向，使之成为新的活动发生地，推动城市的可持续发展。

②促进文化传承：旧城更新注重对历史文化的保护，同时挖掘旧文化的新价值，从而促进文化的传承和弘扬，提高城市内涵。

③提高生活质量：建设更加人性化的生活空间，改善城市环境质量，配建现代化的服务设施。

5.1.1 概念

旧城更新有多种英文译法：urban renewal、regeneration、urban renaissance 等。一般认为旧城更新包括三方面的含义：整治（rehabilitation）、保护（conservation）、再开发或改建（redevelopment）。三者内容各不相同："整治"是从比较完整的城市中剔除其不适应的方面，开拓空间，增加新的内容以提高环境质量，如有价值的历史文化名城；对于旧城历史地段，则予以"保护"；对于失去文化价值、建筑质量低劣者，则可以根据实际情况进行"改建"或"再开发"。

《城乡规划法》中称旧城更新为"旧区改建"。其定义的城市旧区是城市在长期历史发展和演变过程中逐步形成的，进行各项政治、经济、文化、社会活动的居民集聚区。保护、利用、充实和更新构成了"旧区改建"的完整概念。

5.1.2 综述

5.1.2.1 西方旧城更新设计演进

发达国家的城市化进程历史比较悠久，经历了城市建设、改造与当代经济、文化、城市需求面貌等相融合的问题。发达国家的旧城改造、重建和城市更新受到新城市主义思潮的影响，贯穿着社会变迁、经济发展、人文复苏、社区开发等一系列历程。国外旧城改造的理念和发展趋势主要包括以下 4 个方面：①形体规划思想的深刻影响；②大规模城市改造的反思；③可持续发展思潮下的新发展；④新城市主义的影响（图 5-1）。

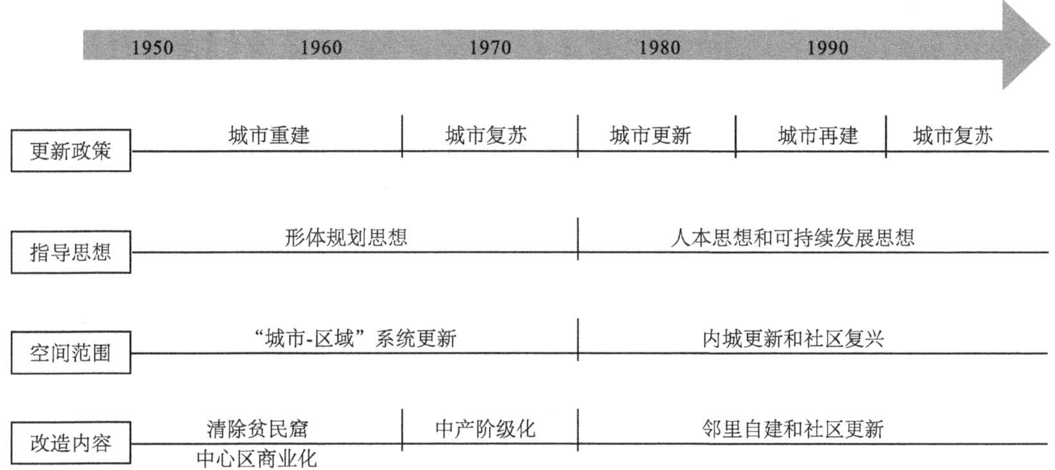

图5–1　西方旧城更新设计演进

主要形成的思想包括以下几个方面：

1. 人本思想

1961 年 J · 雅各布斯推出《美国大城市的死与生》一书，从社会经济学角度对大规模改造进行了尖锐的批评，认为大规模改造计划缺少弹性和选择性，排斥中小商业，是一种“天生浪费的方式”，并提倡小规模、灵活、渐进式的城市更新方式；同年，L · 芒福德出版《城市发展史》，书中提出反对追求“巨大”和“宏伟”的巴洛克式城市改造计划，并强调城市建设和改造应当符合“人的尺度”。此外，A · 拉波波特、L · 文丘里、F · 吉伯德等一些学者也从不同立场和角度指出了用大规模计划和形体规划来处理复杂的社会、经济和文化问题的致命缺点。

2. 小规模城市改造理论

1973 年，英国学者舒马赫在《小的就是美的》一书中提出规划应当先考虑人的需求。1975 年，克里斯托 · 亚历山大发表《俄勒冈实验》，提出城市改造发展中应当注意保护城市环境中的合理部分，同时积极改善和整治差的部分。

3. 历史文化遗产保护运动

1996 年 6 月，联合国召开“联合国人类住区会议（人居二）”会议，确定 21 世纪人类奋斗的两个主题：“人人有适当的住房”和“城市化世界中可持续的人类住区发展”，可持续发展思想被明确指定为城市更新的理论基础。

5.1.2.2　中国旧城更新设计演进

国内旧城更新发展起步于 20 世纪 50 年代，经历了危房改造、重复改造、乱拆乱建、填充补实、大规模改造几个阶段（图 5-2），主要形成了以下几方面理论：

1. 局部改良思想

新中国成立初期，受国家财政能力的影响，城市旧城区的改造以局部改良为指导思想，实现旧城区的“充分利用、逐步改造”。

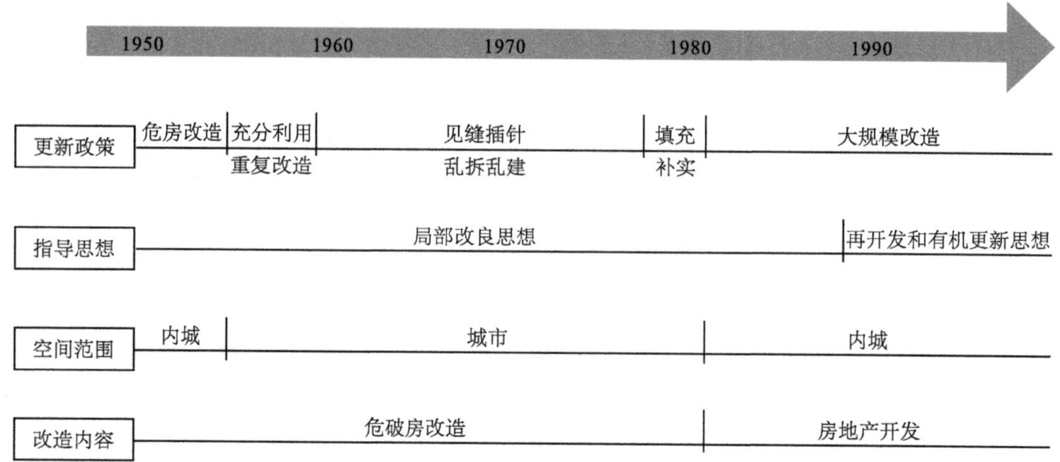

图5-2　中国旧城更新设计演进

2. 再开发思想

1990 年颁布的《中华人民共和国城市规划法》规定:“城市新区开发和旧区改建必须坚持统一规划、合理布局、因地制宜、综合开发、配套建设的原则”。第二十七条又规定:“城市旧城区改建应当遵循加强维护、合理利用、调整布局、逐步改善的原则,统一规划、分期实施,并逐步改善居住和交通运输条件,加强基础设施和公共设施建设,提高城市的综合功能”。

3. 有机更新理论

吴良镛通过北京菊儿胡同的改造实践，从旧城保护的观点立论，提出“有机更新”理论，认为旧城改造应“采用适当规模、合理尺度，依据改造的内容和要求，妥善处理目前与将来的关系”。

5.2　理念及策略

旧城更新的理念概括来讲主要为有机更新、人文主义、生态与可持续发展。有机更新注重对“旧”的保留与利用，从“旧”中生新；人文主义从人的需求角度提出旧城更新的设计要点；生态与可持续发展则是从自然环境和人文环境两方面提出策略，具体策略和适用特点见表 5-1：

旧城更新设计理念及策略　　表5-1

理念	策略	适用特点	参考案例
有机更新	1.加深城市的定位研究：对城市的历史文化、经济条件、空间形态和社会形态等方面进行研究，深入正确地认识旧城的发展规律； 2.注重整体性：研究更新地段及其周围地区的城市格局和文脉特征，在更新过程中遵循城市发展的历史规律，保持该地区城市肌理的相对完整性	适用于保护需求较强，且对旧城整体风貌构建具有重要影响的旧城区更新	北京菊儿胡同旧城改造
人文主义	1.注重基本功能混合：城市更新应当在充分的现状研究基础上合理保留并充分挖掘基本功能混合的区域； 2.合理的街块尺度：一方面考虑经济性，另外一方面缩小街块尺度，增加街道的数量和面积，从而提高人们的接触机会； 3.不同年代的建筑：充分考虑城市居民的经济承担能力，适当保留一些质量较好的旧建筑以满足经济能力不同的功用需要	适用于文化延续型老城区更新	上海新天地旧城改造
生态与可持续发展	1.环境承载力约束：考虑设施服务水平的限制和生态环境承载力的限制，科学确定更新地段的人口和建筑容量； 2.主动保护：对于需要保护的历史建筑、历史街区和历史风貌，改变隔离式的被动保护，以为人服务为导向，研究其利用方式	适用于历史保护建筑较多、旧建筑仍富有生命力的地区更新	温哥华“Granville Island”旧城改造

5.3　布局形态模式

旧城更新区的总体布局应当与周边地区的布局相协调，使更新后的地段能有机地嵌入旧城区。这体现在城市空间肌理、整体建筑风貌、旧城景观格局等方面。虽然不同地域具有不同的城市布局形态，但总的来说达到更新地段与旧城区整体的和谐，主要通过土地使用和公共空间两方面的掌控。

5.3.1　土地使用

旧城更新与新区开发不同，是对已经建设了的地块进行重新开发，因此对现状用地情况的了解显得十分重要。

5.3.1.1　土地使用的整体性和复合性

许多旧城区之所以充满生机，很大一部分源于土地的混合使用。我们经常能看到商业、居住、办公等多类用地混杂的情况，它给旧城区带来活力，同时也存在土地使用效率低、缺乏公共绿地和广场用地等问题。旧城更新应当根据上位规划的定位和要求，结合现状用地情况，对地块用地进行梳理（梳理即是对现状用地的适当归并和整合，避免大拆大建），在整体上满足上位规划用地性质的要求下，探寻用地的多功能混合（如商业与居住的有机结合，适当增加公共绿地、广场用地、停车用地等），通过功能混合促进更新地段与周边区域的流通（图 5-3）。

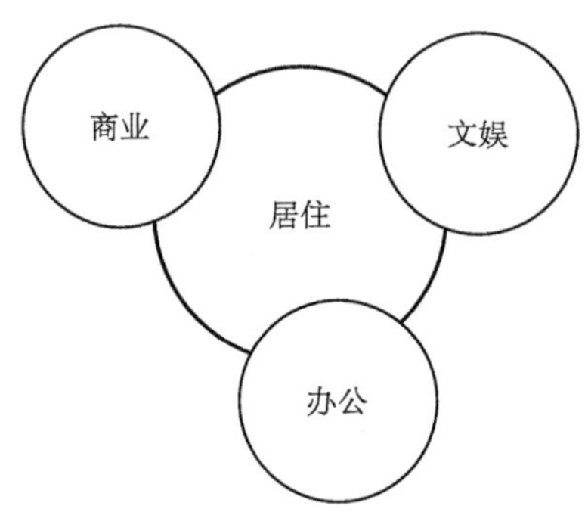

图 5–3　土地混合使用

5.3.1.2　土地使用的立体化

立体化既包括向上的扩展也包括地下空间的开发。旧城建筑以多层为主，在更新设计中要重视与周边片区建筑高度的协调。同时对于建筑密度的控制也十分重要，要结合旧城区城市肌理，不可过于稀疏也不可过于紧密。

对于地下空间的开发，一方面可以缓解土地紧缺的现状（如地下停车场建设），另一方面地下商业街容易破坏整体文化环境氛围，设计要谨慎。

5.3.2　公共空间

公共空间对城市空间肌理和景观格局具有重要影响。旧城区公共空间以城市街道和城市广场为主。街道是流动的线性空间、广场是停留的点状空间，在设计中要考虑空间尺度、空间衔接和景观视线三方面问题。

5.3.2.1　空间尺度

街道尺度的合理与否取决于建筑高度和街道宽度的比，当比值等于或接近于 1∶1 的时候，街道具有最好的空间尺度感（图 5-4）；旧城区普遍缺少广场空间，因此在更新中适当的广场设计是必要的，广场的尺度和边界形状不能破坏城市肌理（图 5-5）。

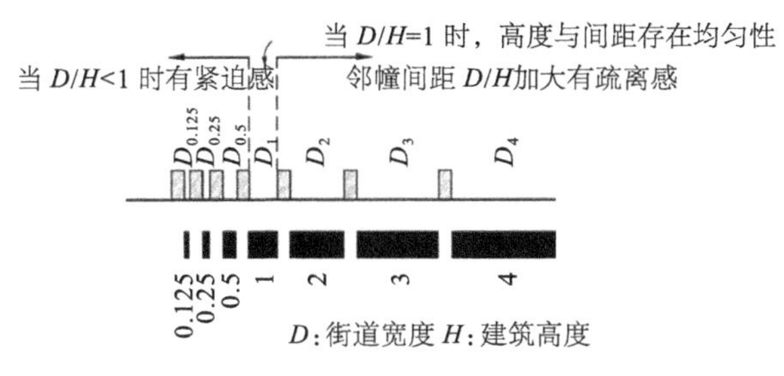

图 5-4　街道空间尺度的影响①

图 5-5　良好的广场尺度

5.3.2.2　空间衔接

点（通常是城市广场）和线（以城市街道为主）的衔接可以营造良好的公共活动空间，同时也可以使公共空间和私密空间有机衔接（图 5-6）。

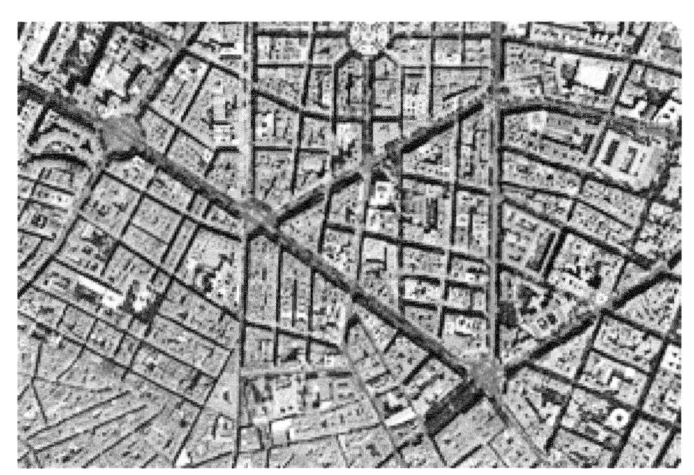

图 5-6　点与线的衔接

5.3.2.3　景观视线

旧城区人文、自然景观丰富，在设计中考虑视线通廊的构建可以丰富景观层次，而恰当的视线遮挡也能保证私密空间的需求，应当充分考虑标志物、山体的可视性（图 5-7）。

① 图片来源：芦原义信著 . 尹培桐译 . 外部空间设计 . 中国建筑工业出版社，1985.

图 5–7　丰富的景观层次

5.4　路网结构模式

旧城更新路网结构模式丰富多样，基本特点为基于现状路网进行梳理和调整，包括环形放射状、方格网状、自由式、混合式等（与城市中心区设计相同，不赘述）。

5.5　单体建筑模式

5.5.1　建筑组合

建筑的组合形式丰富多彩，在旧城更新中应考虑城市肌理的完整性，可参考旧城区的主要建筑组合形式进行现代化改进。如北京菊儿胡同旧城改造，为保护旧城围合式的城市肌理，设计了围合型的新式四合院（图 5-8）。

图 5–8　北京菊儿胡同

5.5.2　建筑体量

不同类型的建筑具有不同的建筑体量，合适的建筑体量组合能够形成良好的空间序列，一般的居住建筑体量应当与旧城区整体居住建筑相仿，而特殊建筑如火车站、展览馆等可参考相关建筑设计规范。

5.5.3　建筑高度

建筑高度的控制对于景观格局维系具有重要作用。旧城区建筑高度特点为：以 1~3 层为主、部分建筑为 4~6 层的多层建筑。旧城更新中，以不破坏景观格局和天际线为原则，新建建筑主要以多层为主，如意大利佛罗伦萨（图 5-9）。

图 5–9　佛罗伦萨城市天际线

5.5.4　建筑风格

旧城区具有许多古代风格或近代风格的建筑。在更新设计中，一方面应当注重历史建筑的保护，另外一方面历史风貌是形成城市特色的要素之一，应当研究地域建筑特点，可将特色建筑的风格、色彩等运用于新建建筑，从而形成独特的城市风貌（表 5-2）。

我国各地传统建筑风格特点　　表5–2

北方风格	集中在淮河以北至黑龙江以南的广大平原地区。组群方整规则、庭院较大，但尺度合宜；建筑造型起伏不大，屋身低平，屋顶曲线平缓。总的风格是开阔大方	

续表

西北风格	集中在黄河以西至甘肃、宁夏的黄土高原地区。院落的封闭性很强，屋身低矮，屋顶坡度低缓，还有相当多的建筑使用平顶。很少使用砖瓦，多用土坯或夯土墙，木装修更简单。总的风格是质朴敦厚	
江南风格	集中在长江中下游的河网地区。组群比较密集，庭院比较狭窄。城镇中大型组群（大住宅、会馆、店铺、寺庙、祠堂等）很多，而且带有楼房；小型建筑（一般住宅、店铺）自由灵活。总的风格是秀丽灵巧	
岭南风格	集中在珠江流域，山岳丘陵地区。建筑平面比较规整，庭院很小、房屋高大、门窗狭窄，多有封火山墙。城镇村落中建筑密集，封闭性很强。总的风格是轻盈细腻	
西南风格	集中在西南山区，有相当一部分是壮、傣、瑶、苗等民族聚居的地区。多利用山坡建房，为下层架空的干栏式建筑。屋面曲线柔和，拖出很长，出檐深远，上铺木瓦或草秸，不太讲究装饰。总的风格是自由灵活	
藏族风格	集中在西藏、青海、甘南、川北等藏族聚居的广大草原山区。牧民多居褐色长方形帐篷。村落居民住碉房，多为2～3层小天井式木结构建筑，外面包砌石墙，上面为平屋顶。石墙上的门窗狭小，窗外刷黑色梯形窗套，顶部檐端加装饰线条，极富表现力	

续表

蒙古族风格	集中在蒙古族聚居的草原地区。牧民居住圆形毡包（蒙古包），贵族的大毡包直径可达10余米，内有立柱，装饰华丽	
维吾尔族风格	集中在新疆维吾尔族居住区。建筑外部完全封闭，内部庭院尺度亲切，平面布局自由，并有绿化点缀。房间前有宽敞的外廊，室内外有细致的彩色木雕和石膏花饰	

5.6　快速设计训练：某历史文化名城中心地区旧城更新规划设计

基地位于岭南某国家历史文化名城中心地区，包括人民路南北两个地块，总用地面积为 35063m^2（净面积），南地块原为人民体育场，北地块原为低层棚户区。人民路为 20m 宽老城区次干道，基地西临 36m 宽城市主干道，其他方向的相邻地块均为传统岭南民居风貌（2~3 层建筑为主）的历史文化街区，基地东南侧已建仿古商业街（青石板巷，2 层建筑），其南边的文庙是省级重点文物保护单位，北边的文塔高 37m，是市级文物保护单位，保护规划要求保护从文庙眺望文塔的视线通廊（图 5-10）。

设计要求在不破坏历史文化街区传统风貌的前提下，开发建设安置住宅（8000m^2 建筑面积）、酒店（12000m^2 建筑面积）、特色旅游文化商业街，并设置变电站（1000m^2）、停车场、公交车站、城市广场或公共绿地（≥ 10000m^2）等，同时要求建筑限高 24m，建筑密度要求南北地块分别为 30% 和 40%，容积率≤ 1.2。

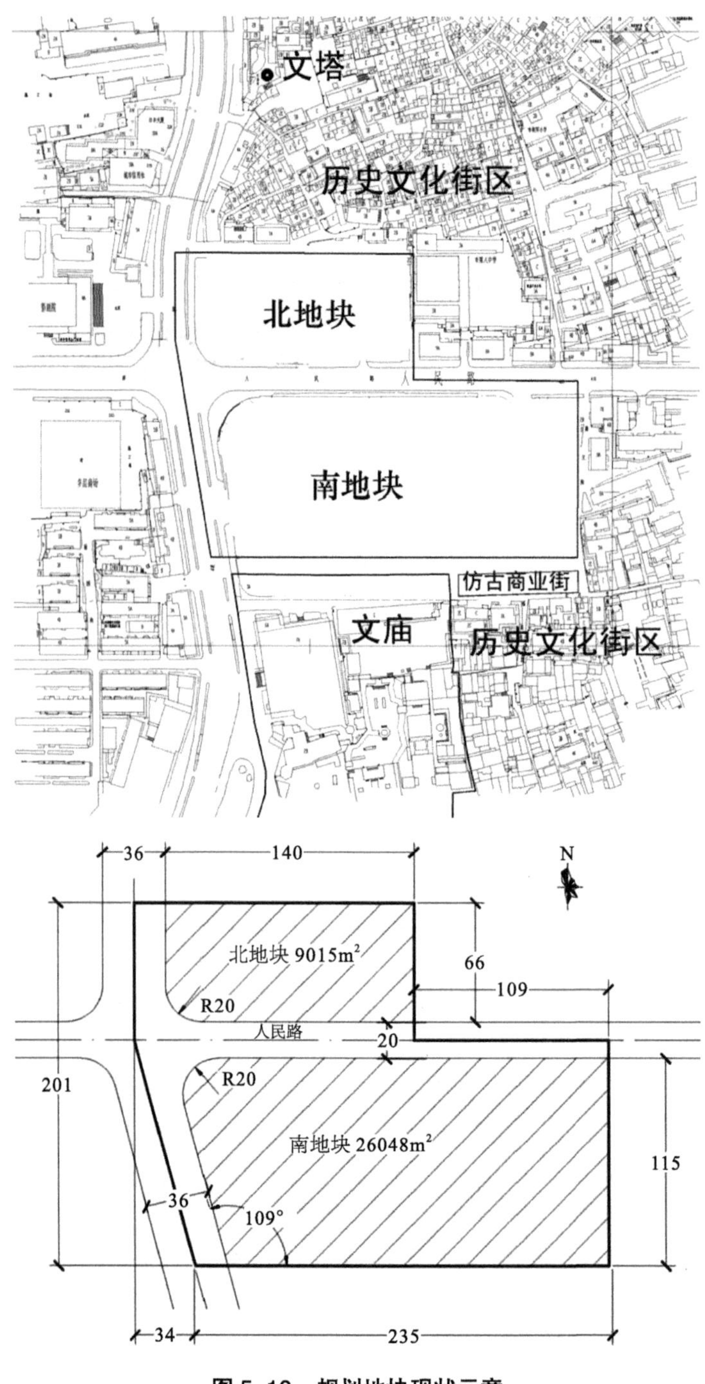

图 5–10 规划地块现状示意

5.6.1 任务解读

根据任务书的内容，可以从设计深度、功能定位、开发强度、设计重点这 4 个方面来解读本次设计任务。

5.6.1.1 设计深度解读

根据任务书的介绍，基地位于历史风貌区，周边有文庙、文塔等历史保护建筑，而基地内部没有要求保护的建筑，因此实体性保护因素较少。任务书中提到保护规划要求保护从文庙眺望文塔的视线通廊、提供不少于 $10000m^2$ 的城市广场或公共绿地、港湾式的公交车站、$1000m^2$ 建筑面积变电站等，并且在建筑风貌、建筑高度、建筑间距、停车位、建筑后退红线、绿地率、容积率等方面均有详细要求，可以看出对总体布局和景观格局要求高，并且地块被城市道路分割为两部分，总体设计深度较大。

5.6.1.2 功能定位解读

基地位于历史文化名城中心地区，四面均为历史地段，基本认定为典型的旧城更新设计。任务书要求地块功能构成包括岭南特色旅游文化商业街、面向自助游客的连锁酒店、中小型安置住宅，因此可以确定功能定位为以旅游服务为主、居住为辅的多功能旧城中心。

5.6.1.3 开发强度解读

基地总用地面积 $35063m^2$，容积率要求≤ 1.2，推算出总建筑面积≤ $42075.6m^2$；北地块建筑密度要求≤ 40%，南地块建筑密度要求≤ 30%，推算出地块的建筑基底面积为≤ $11420.4m^2$，平均层数为 3~4 层；建筑高度不超过 24m，则地块内最高建筑不应超过 8 层。

5.6.1.4 设计重点解读

历史文化风貌协调：基地处于我国岭南地区历史文化名城中心区，东、南、北三面均为传统岭南民居风貌建筑，设计中应注意建筑风格、建筑布局与周边地区相协调，建筑高度分布应当从西向东逐步降低。

明确内部功能组织：根据设计任务书要求，地块内主要包含 3 部分功能：商业街、居住小区和市民广场。其中地块东南侧已建成仿古商业街，3 大功能建筑与周边不同功能用地的有机衔接是重点。

交通流线与步行空间设计：设计中又一大重点是，通过合理的交通组织，减少商业街区对居住小区的干扰，同时通过设计精妙的步行流线为游客提供舒适的步行空间。

考虑景观通廊：任务书中要求构建北侧文塔与南侧文庙的视线通廊，因此通过建筑的组合和布局实现文庙与文塔的视线通廊也是重点内容之一。

5.6.2 场地分析

5.6.2.1 周边场地分析

基地西面为城市主干道和现代商业区，设计中可考虑布置商业功能与之衔接；东面、北面为传统风貌居住区，注重居住功能的私密性，减少商业活动的干扰；南面为旅游景点文庙，恰当的商业布置可增加景点的便捷性；地块周边存在两个历史文化建筑（文庙和文塔），必须考虑地区历史文化风貌格局的保存与利用，通过视线通廊丰富景观层次。

5.6.2.2 内部场地分析

场地内部原为低层棚户区和人民体育场，设计任务书中并未有相关保护要求，而根据任务要求地块现状建筑需基本拆除；人民路将基地分割为南北两个地块，并且任务书明确有公交站点布置要求，因此必须考虑公交站点的集散；基地地形平坦可不考虑地形因素。

5.6.3 方案构思

5.6.3.1 设计理念

根据地块的区位特点，人文景观处理是设计中的重点内容。应通过高度控制防止周边景观视线的遮挡；通过视线通廊的设计将历史文化风景引入基地内部，加强地块环境风貌的感染力。

5.6.3.2 总体布局

通过前述分析可以看出，虽然地块内部不具有保留的历史建筑，但是地处旧城中心区，应注意维护城市历史风貌格局和文化传承。因此设计中采用有机更新理念将基地植根于旧城区，生长出新的城市功能，具体包括以下几个方面：

历史文脉传承：地块应当融入旧城区整体氛围，从建筑风格、建筑色彩、建筑布局、建筑密度和景观格局等方面与旧城区相协调，体现地域风情。

唤醒城市活力：功能重构是地块城市功能复兴的关键因素，地块临近旅游景点，通过引入商业元素并结合地域文化对地块功能进行准确定位。

社区生活延续：除商业功能外，地块还承担了为安置居民服务的居住功能，应当为居民构建熟悉的居住空间环境，延续地域特有的市井文化。

安置住宅布置在北地块，一方面更靠近中学，另外一方面周边为居住区能有效减少外部干扰。

商业街对接仿古街向西延伸，在南地块建设商业中心可提升地块功能并实现与西侧商业区的衔接，另外可以解决设计任务书中广场和酒店设计要求，通过合理的建筑布局设计从文庙到文塔的视线通廊。

变电站置于南地块的东北侧以减少干扰。

5.6.3.3 交通梳理

车行交通：地块内以步行为主，车行交通主要位于安置居住小区内，但是要避免车行道路通往南侧仿古商业街内。

步行交通：分为两种类型，第一种为公共步行空间，设计任务书中明确东南侧为仿古商业街，此为步行系统的端点之一。结合商业街、市民广场等元素，公共步行空间从南侧端点出发向西北延伸，从而串联起商业街、酒店、交通站点等设施；第二种为半公共空间，主要为小区步行道路，可结合车行道设计人车混行道路。

5.6.3.4　开放空间

开放空间以市民广场为中心，布局结合文庙—文塔视线通廊，可位于通廊两侧亦可位于通廊中心。同时，开放空间应当具有连续性，从广场到南侧文庙、商业街、交通站点应当尽量通透，避免设计过于扭曲的步道。

5.6.3.5　建筑布局

建筑围绕广场布局，居住与商业衔接的部分可采用底商模式以加强建筑整体性，尽量采用岭南传统民居建筑组合形式（图5-11）。

图5-11　岭南传统民居建筑组合形式

建筑群落坐北朝南，迎接夏季风的主导风向加快室内通风，并形成一定的角度，以山墙抵御台风的侵袭。

缩小街巷道路宽度，以保证建筑之间相互遮阳，降低室内温度。

建筑群落向南北中轴线两侧横向布置。前后排建筑之间错位行列布局，以延长相互遮挡阳光的时间。

5.6.4　方案表达

5.6.4.1　总平面图与鸟瞰图（图5-12、图5-13）

总体上形成南北和东西两条轴线，在轴线交点设计中心广场；建筑布局采用围合式，形成半私密空间；建筑风格采用坡屋顶设计，以保护旧城整体风貌；酒店和变电站分别置于北地块西侧和南地块东北侧以满足功能需求，并减少干扰。

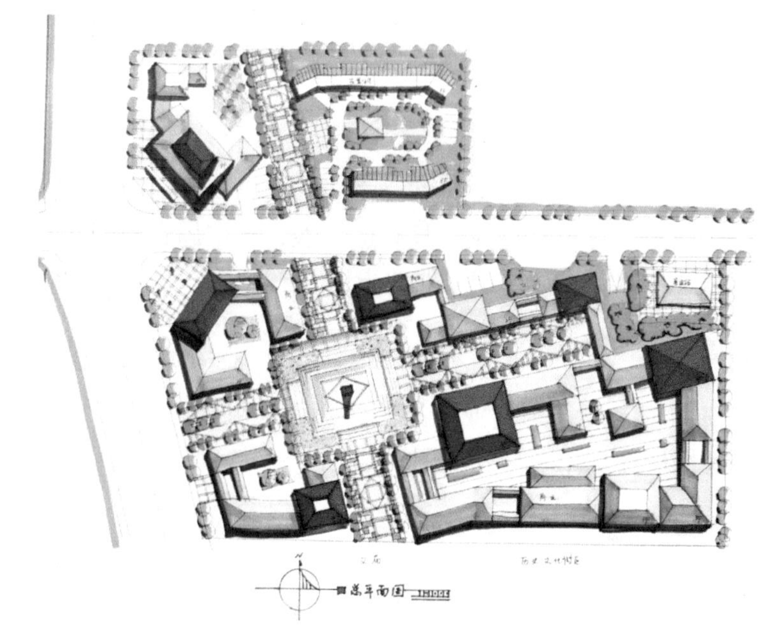

图 5-12　总平面方案设计

鸟瞰图主要从地块东南侧选角，可以整体展现方案结构和设计特色。

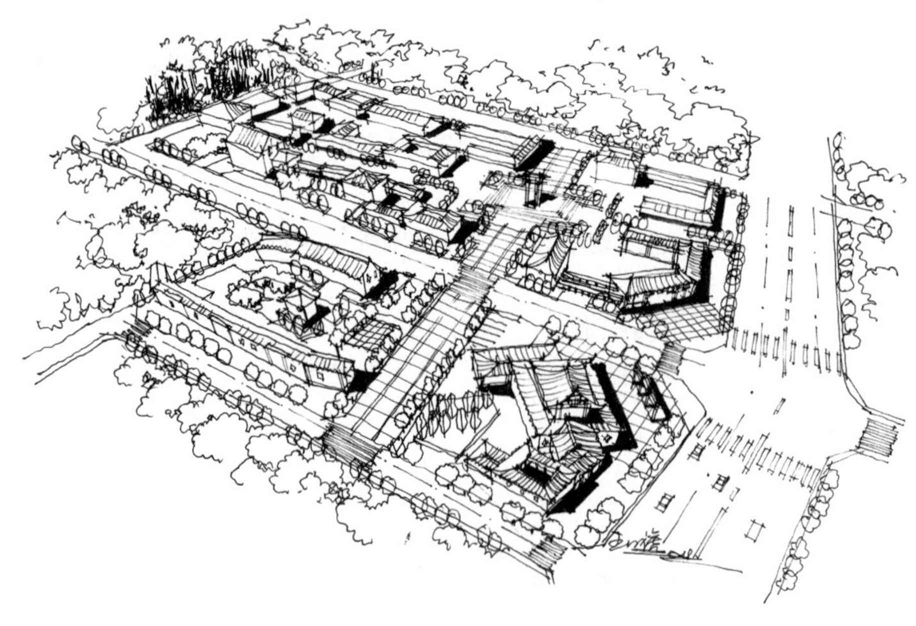

图 5-13　鸟瞰图

5.6.4.2　设计分析

1. 规划结构分析（图 5-14（*a*））

北地块分别布置安置住宅和酒店；南地块则是商业区，与南侧步行街衔接。

方案形成南北向主要轴线，在南地块中部设计广场形成中心节点，广场设计为“凸”形以增加地块在立面上的张力，同时在广场中心布置文化标志物与周边文庙、文塔遥相呼应。

2. 道路系统分析（图 5-14（*b*））

道路设计以人行道路为主，其中北地块居住区设计人车混行环状道路；地上停车场设计两处，一处位于酒店附近，一处位于南地块人民路中部，并在人民路南地块一侧设置地下停车场，满足商业区停车需求；人民路两侧设置公交车站。

3. 景观结构分析（图 5-14（*c*））

方案景观结构为“一心两轴”：一心为南地块中心广场，满足商业区室外活动场地需求；两轴为南北向和东西向轴线，其中南北向轴线形成的视线通廊可引入周边文庙和文塔景观，增添地块历史文化氛围。

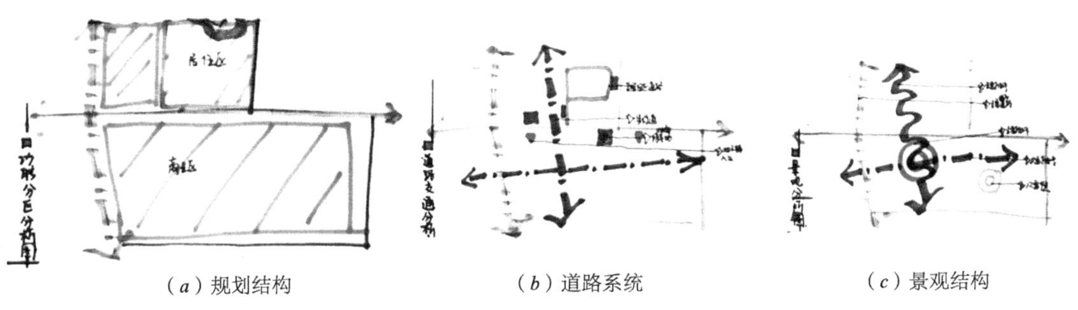

（*a*）规划结构　　（*b*）道路系统　　（*c*）景观结构

图 5-14　设计分析

5.7　项目实践详解：襄阳城南片区旧城更新设计

本项目位于襄城区，北临汉江。东环襄江，濒依襄州区，北距襄阳市飞机场和老河口机场分别为 15km、65km。项目所在地位于群山环抱的岘山脚下，西与古隆中遥相呼应，北与襄阳古城墙隔护城河而望（图 5-15）。任务要求地块承接古城风貌并以商业、居住、文化创意开发为主。

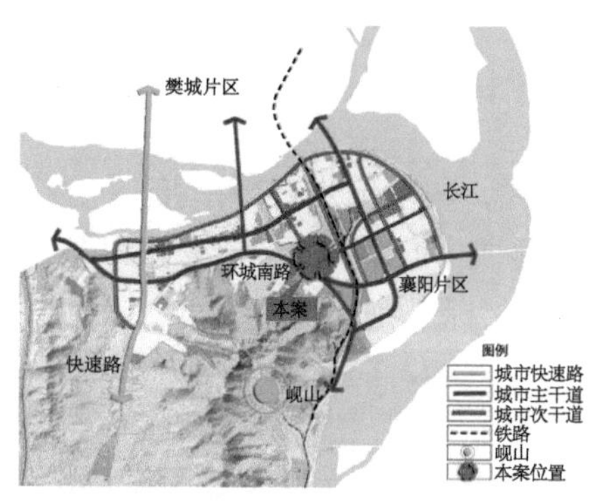

图 5–15　项目区位

5.7.1　任务解读

根据设计要求，可以从设计深度、功能定位、开发强度、设计重点这 4 个方面来解读本次设计任务。

5.7.1.1　设计深度解读

作为襄阳古城的辐射区域，本片区有着承接古城区商业拓展和襄城区现代服务业提升的天然使命。一方面，旧城的提升需要新技术、新理念的引入；另一方面，城市现代服务业的大发展则需要强大的产业支撑和战略支点。本片区拥有的良好区位优势，使其成为襄城区产业发展、功能提升、文化跨越、绿色推进的必然选择。

5.7.1.2　功能定位解读

本项目以其良好的区位优势及独特的资源禀赋，将为城市发展注入活力，成为城市和区域发展的新名片。通过宏观层面的城市认知和中观的区域关系解读，本项目的总体定位为：以创意服务产业为驱动，以特色商业为核心，以历史文化、自然山水为依托，创建代表城市区域未来形象的城市文化商务区。

5.7.1.3　开发强度解读

结合现状分析和地区实际发展条件，出于土地经济价值的预计和营造城市景观的需要，控制各地块的土地开发强度，主要分为 3 个等级。

第一等级容积率控制在 2.0 以上，主要为盛丰路南侧的商业综合体地块，以及环城东、南、西侧的商住地块；第二等级容积率控制在 1.5~2.0，主要为江华路北侧的假日 mall 地块和其他新建的居住社区；第三等级容积率控制在 1.5 以下，主要为保留的居住社区。

5.7.1.4　设计重点解读

坚持以完善功能、改善民生、提升形象为主旨。着眼城市长远发展，通过城市改造更新，改善居民生活条件、提升城市综合品质、优化市场主体创业环境。坚决杜绝城市经营中的急功近利行为和短视效应。

坚持以城市改造推进产业调整优化。通过城市规划设计、改造更新，引导城市产业布局调整，构建以现代服务业为主体的现代产业体系。

坚持城市设计优先、高水平规划指导。注重城市形象设计，加强城市整体策划，运用多维视角的规划理念引领城市发展。

坚持就地安置与全域统筹相结合。通过城中村的改造，疏解人口密集区的居住功能，统筹规划城市基础设施和功能体建设，合理布局城市公共设施，全面改善城市居住环境，提升城市形象。

坚持政府主导和市场运作相结合。用足用活政策，搭建全方位筹资平台，在规划中考虑地块整体开发效益与公共利益的平衡。

5.7.2 场地分析

5.7.2.1 周边场地分析

交通条件：本项目位于环城西路与环城东路、环城南路、渡江路共同构筑的襄城区的城市内环线内，环城东路以西，江华路以北；环城南路、胜利街穿过本地块。

山水格局：襄阳拥有“江、山、河、城、洲”的整体格局和山体水系构成的自然环境风貌特征，呈现“显山露水”的空间形态。

5.7.2.2 内部场地分析

现状用地：地块内的用地功能混杂，以工业用地和居住用地为主，土地利用效率不足，城市景观环境较差，随地区发展有调整的需要（图 5-16）。

交通条件：地块内部道路不成系统，人车混行严重，道路密度分布不均，给地块内的交通带来极大不便。另外，由于道路宽度较窄，被车辆和小摊占用之后，造成堵塞，通行困难；巷道、尽端路较多，车行困难。缺乏公共停车设施（图 5-17）。

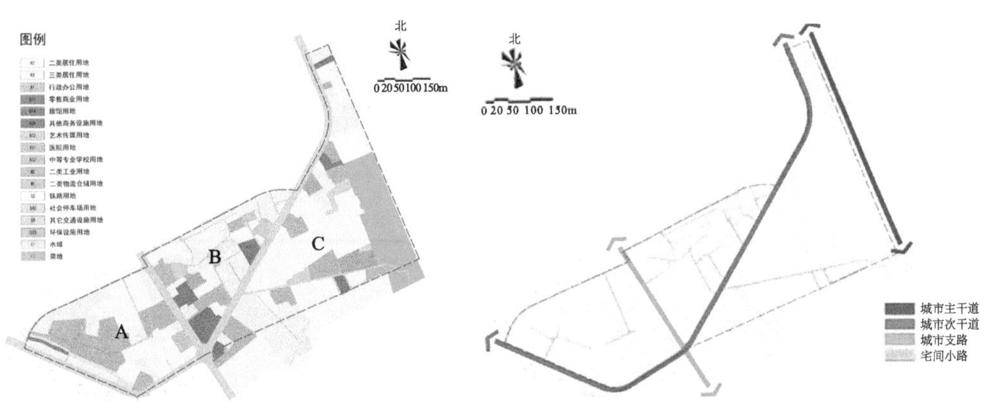

图 5-16 地块现状用地　　图 5-17 地块现状交通分析

建筑分析：地块建筑主要为单位家属楼及居民私房，无历史文化建筑。私房以低层为主（3 层以下），家属楼以多层为主，临街有少量建筑达到 9 层，总体空间缺乏序列感，高度分布参差不齐（图 5-18）。

图 5–18　地块现状建筑布局

5.7.3　方案构思

5.7.3.1　设计理念

古城风貌的延续——品鉴襄阳厚重历史，重现楚地重城、千古第一城池，唤醒城市人文记忆。

街道：宜人尺度，特色界面，活力场所。

建筑：传统符号，现代技术，多元功能。

景观：山水意象，场所精神，地域风情。

生态格局修复——揽山水之秀，得人文之胜，汲取城市山水之精华，再现护城河之气魄。

都市功能提升——从商贸服务、娱乐休闲、住宅配套三方面构筑片区功能（图 5-19）。

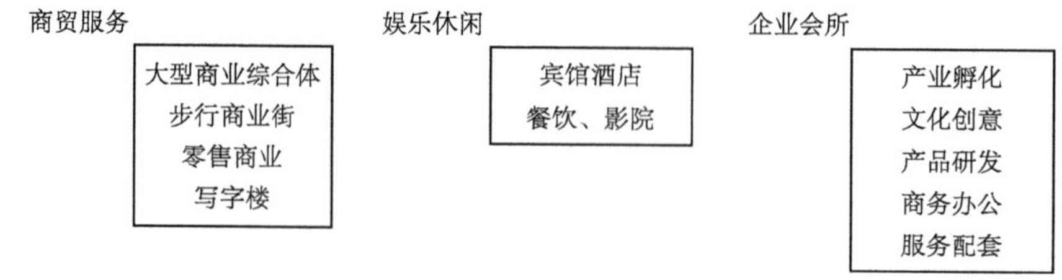

图 5–19　功能片区组成

社区生活的重构——传承地方特色，修复社区网络，营造逸趣景观，创建宜居城市（图 5-20）。

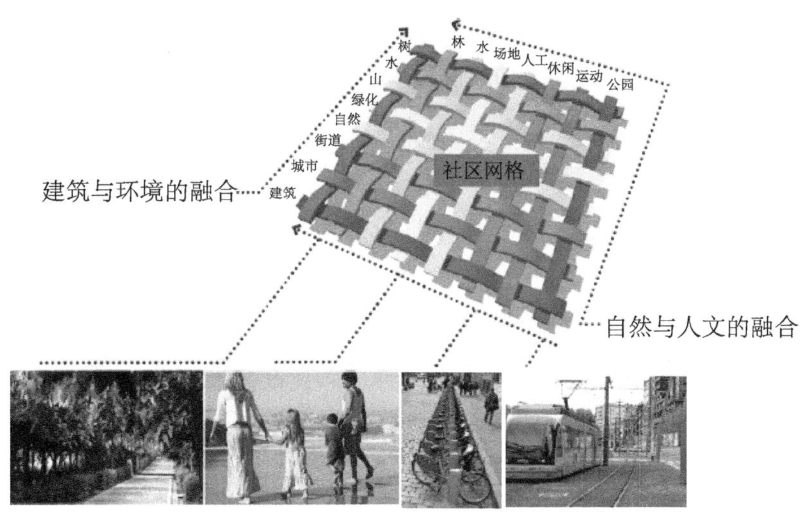

图 5-20　构建社区网络

5.7.3.2　整体布局

根据现状特点，商业和文化活动部分主要布局在地块的西南部分，沿主干道一侧可设计商业步行街；创意文化区置于地块中南部，具有较高的可达性；地块中部保留居住小区，但应与其他功能区间通过适当绿化隔离减少相互干扰；东侧带状用地基于地形特点，可布置点状高层居住建筑。

5.7.3.3　交通梳理

旧城更新，以交通现状为依托进行梳理。本项目地块内有一条城市主干道和次干道，以这两条路为轴线组织道路网络，充分利用现状道路进行整理，注意居住与商业的分离与结合。

5.7.3.4　开放空间

开放空间设计应当注重点状开放空间和线状开放空间，其中点状开放空间主要有居住小区内开放空间和商业区开放空间；线状开放空间为商业街。

居住小区开放空间结合小区中心景观，设计人性化、能满足步行要求的空间；商业区开放空间则需要特别注重景观视线塑造，用线性商业街空间衔接各点状开放空间。

5.7.3.5　建筑布局

依据之前的视线分析，从观景以及整体开发的角度出发，规划中对建筑高度进行了整体的控制。

建筑高度序列上主要分为 3 个层次。第一层次为毗邻护城河的北侧沿街建筑，主要以低层、多层为主；第二层次为沿环城东路布置的点式小高层建筑，在古城保护协调区的边缘区域；第三个层次为江华路与环城东路的几个交叉口处布置的高层建筑，既是整个区域的制高点，又与东侧的庞公新城相协调。

5.7.4 方案表达

5.7.4.1 总平面图与鸟瞰图（图 5-21、图 5-22）

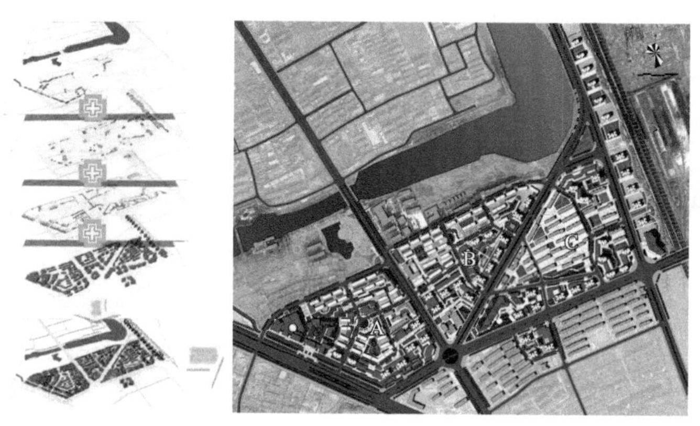

图 5-21 总平面图

图 5-22 鸟瞰图

梳理地块水系统、绿地系统、活动空间和建筑体系形成方案总平面。

A 地块通过梳理，沿西侧主干道布局沿街商业，主要商业中心位于西北角，其余为居住建筑。

B 地块将现状商业和居住分别整合，往南为底商建筑，往北则是居住小区。

C 地块除中部保留居住小区，其南侧布置文化创意建筑并通过绿化隔离带与居住小区隔离，减少相互干扰，同时对东侧带状用地进行开发建设，布置点状居住建筑。

5.7.4.2　设计分析

1. 规划结构分析（图 5-23）

整体规划结构为“三轴、四片、四节点”。

生态水轴：在古城协调区的 A、B 两地块形成内部生态功能水轴，布置沿街商业、核心绿地景观，营造亲水环境。

商业拓展轴：沿环山路及江华路形成包含商业综合体、滨水商业街、soho 办公区等在内的商业拓展轴，联系两个商业功能节点，强化区域商业服务功能。

步行功能轴：在 A、B 两地块形成步行功能轴，联系 A、B 两地块的步行系统，将景观体系与商业步行街区融为一体。

四片四节点：包括保留居住区在内形成四个居住片区，整个规划区内形成两个商业功能节点以及一个公共服务节点、一个大型绿地景观节点。

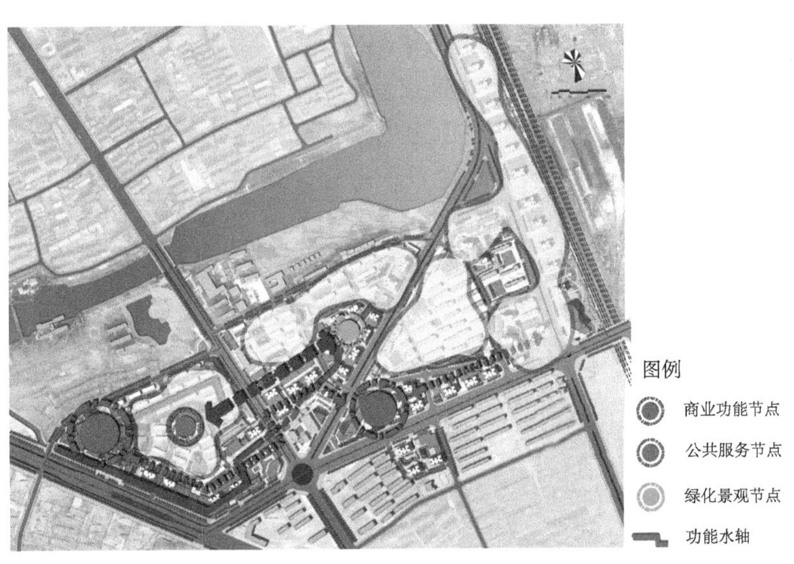

图 5–23　规划结构分析

2. 道路系统分析（图 5-24）

车行系统：依据实际发展状况，规划对现状路网进行梳理，采用中心放射型和方格网型结合的路网形式。

停车以地下停车库为主、地面停车为辅，采用适于城市密集区域、节约土地、高效的停车方式。

步行系统：通过步行街区结合街头绿地设置步行道路，为步行者提供安全、方便、快捷的步行空间。

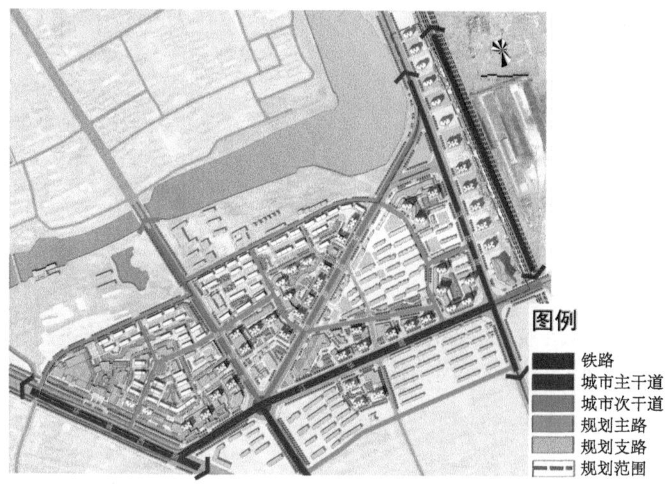

图 5-24　道路系统分析

3. 景观结构分析（图 5-25）

主要观景点：胜利街、环城南路与江华路交叉口、护城河大桥桥头、环城东路与环城南路的交叉口为地块的几处较佳观景点。

景观轴线：延续古城脉络，以胜利街为主要景观轴线，统领片区的景观系统格局。

绿化景观节点：各地块规划形成绿地景观中心，提供社区公共活动空间。

商业景观节点：在环城西路东北侧和江华路北侧的重点地段，规划形成商业综合体和商业 mall 各一座，作为片区的商业景观节点，激活社区。

游览路线：规划形成 3 条游览线路，分别为沿盛丰路往岘山方向、沿胜利街往古城方向、沿环城东路往护城河方向。

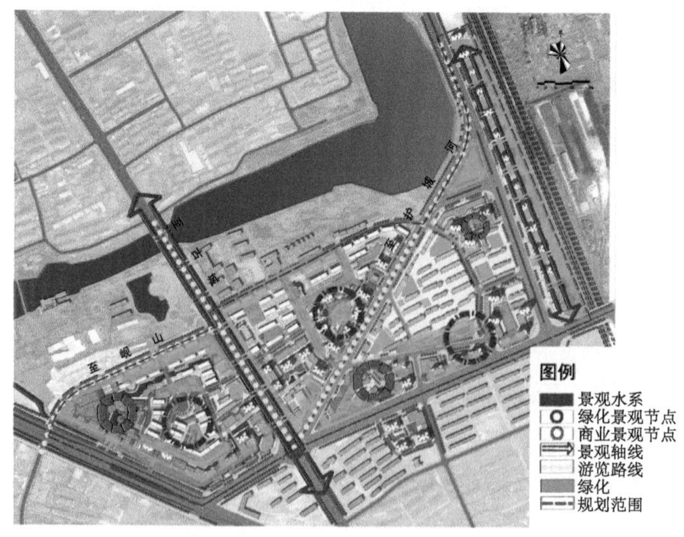

图 5-25　景观结构分析

第6章 产业园区设计

本章讲述产业园区设计的相关概念、理论以及设计方法。阅读目标为：了解产业园区的概念、特点和产业园区设计的历程，掌握产业园区的相关研究理论，在此基础上，提升区域经济发展、促进产业调整和升级，形成基础设施高度完善、产业集聚、土地集约的以新型工业化为发展方式的新兴区域。

6.1 概述

近年来产业园区的建设越来越受到重视，它是城市化水平提高的重要推力，因而其规划设计的好与坏对城市发展具有十分重要的意义。具体体现在以下几个方面：

①集聚产业：产业园区可将各类产业在空间上集聚，便于产业链的形成，加强各部门的抗风险能力。

②为城乡统筹的发展提供机遇：产业园区可吸纳大量农村劳动力，加速农村经济发展。

③是经济跨越发展的平台：加快工业化、城市化、农业农村现代化建设，实现区域经济快速发展。

6.1.1 概念

产业园区的概念不同于工业园区，其不仅包括工业园区，还包括经济技术开发区、高新技术产业开发区、特色产业园区、科技园区、文化创意产业园区、物流产业园区以及近年来各地陆续提出的产业新城、科技新城等其他类型园区。不过由于国内的产业园区绝大多数是以发展工业为主，因此国内学者基于产业园区的定论基本等同于“工业园区”。

目前，国内外专家对于产业园区仍然没有一个统一的定义。联合国环境规划署（UNEP）对“industrial park”给出的定义是“产业园区是在一大片的土地上聚集若干企业的区域”，它具有如下特征：开发较大面积的土地；大面积的土地上有多个建筑物、企业以及各种公共设施和娱乐设施；对常驻企业、土地利用率和建筑物类型实施限制；详细的区域规划对园区环境规定了执行标准和限制条件。

综上所述，我们可以认为：产业园区是由政府或企业为实现产业发展目标而创立的特殊区位环境。它是区域经济发展、产业调整和升级的重要空间聚集形式，担负着聚集创新资源、培育新兴产业、推动城市化建设等一系列的重要使命，是区域开发政策的重要工具。

6.1.2 综述

我国产业园区的发展经历了很长的一段历史。早在19世纪末期清朝开始建立现代工业的时候，就出现了产业园区的雏形；20世纪50年代，在我国恢复基础建设后，工业区开始成片式的发展并达到了一个高潮，这个时期主要是由政府引导和政策支持的；20世纪60年代卫星城镇的理论引进中国后，工业园开始结合卫星城镇来进行建设，例如嘉定的科技工业园。这时候的工业区的建设主要是为了疏解旧城区的产业，使得各个产业职能与居民生活互不干扰，指导思想是“生产第一，生活第二”。这样导致后续出现很多问题，由于工业园区的生活环境较差，缺乏对居民的吸引力，选择到新城生活的居民少之又少，造成新老城之间的通行矛盾日益严重。

而产业园区的真正实践则开始于改革开放以后，总结这个时期产业园区的发展规律，我们将其分为 4 个阶段（图 6-1）：

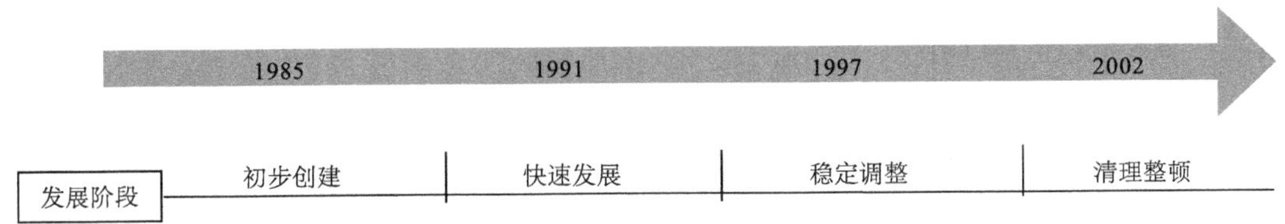

图6–1　产业园区设计理念及策略

6.1.2.1　初步创建阶段

这一阶段是 1979~1985 年经济特区的过渡之后，产业园区实践真正起步。1985 年 7 月，由中国科学院与深圳市政府联合创办了我国第一家真正意义上的产业园区——“深圳科技工业园”；1988 年国务院批准建立了我国第一个国家高新技术产业开发区——“北京高新技术产业开发试验区”。

改革开放初期，建设具有特殊性质的开发区是为了探索社会主义发展的新道路，扩大就业机会，增加国家外汇储备。这一阶段我国及时抓住机遇，获得了宝贵的经验和建设成果，为产业园区的进一步发展奠定了坚实的基础。

6.1.2.2　快速发展阶段

这一阶段始于邓小平同志的南行讲话，终于亚洲金融危机，产业园区无论是在数量上还是在质量上都得到了很大的发展。在园区建设中涌现出很多成功的案例，如江苏的苏州工业园区、北京的中关村科技一条街等。

6.1.2.3　稳定调整阶段

由于金融危机，大量产业园区因为资金链的断裂导致搁置，直到经济复苏后，部分园区才得以重新启动，但发展势头已明显不足，不过绝大多数已建成的园区在此期间得到了长足的发展。

6.1.2.4　清理整顿阶段

这一阶段起始于国务院对全国各类开发区的清理整顿。据统计，当时经国务院批准以及省级政府批准的园区仅占 1/4 左右，产业园区的建设呈现出一种混乱的局面。

针对这一现状，国家出台的政策主要有减少园区数量、提高园区环境和设施条件、调整园区内部企业的遗留及去留问题等，为产业园区的可持续发展提供了基础。

截至 2012 年底，经国家批准的高新区已达 88 家，经济开发区达 146 家，我国迎来了产业园区大力发展的时机，产业园区作为产业高度聚集的区域，已经成为地方经济发展的主要驱动力。

6.2 理念及策略

产业园区设计理念主要包含工业共生体、以人为本、循环经济、景观与环境和谐等，本节介绍各个理论的运用策略、适用特点等，并列举相关理念运用的案例（表 6-1）。

产业园区设计理念及策略 表6-1

理念	策略	适用特点	参考案例
工业共生体	1.企业相互适应：企业的多样性是构成工业共生体系的基础，也是生态工业园的关键； 2.控制运输成本：工业共生体应该控制在一定的范围内，其内部企业的空间距离十分重要，需要充分考虑各个企业的剩余产品的运输成本，尤其是能源； 3.设置环境门槛：企业是否能进入到体系中，必须满足一定的条件，能改善生态环境的优先考虑	通用	卡伦堡生态产业园区
以人为本	1.关注和改善员工的工作环境，在建筑设计中加入绿化的概念，配合相应的空气流通及自然采光； 2.鼓励员工选择自行车作为交通工具，减少碳排放		意大利法拉利工厂
循环经济	1.注重生态效率：在园区布局、基础设施、建筑物构造和工业生产过程中，应全面实施清洁生产； 2.降低产品生命周期：加强原材料入园前及产品、废物出园后的生命周期管理，最大限度地降低产品全生命周期的环境影响； 3.区域整体发展：尽可能将园区与社区发展和地方特色经济相结合		北京朝阳循环经济产业园

续表

理念	策略	适用特点	参考案例
景观与环境和谐理念	1.尊重多样的地形地貌：使景观具有丰富的变化，有景深、有阴面和阳面，做到生态、视觉景观和行为之间的相互融合； 2.道路保持环保透水性：使用有利于水循环和水土保持的透水地坪，减少路面积水，增加路面的透水性，提高土壤的蓄水率； 3.提倡建筑的生态节能：营造有机、生态循环的绿色内环境，园区建筑采用屋顶绿化、墙面绿化、室内绿化等措施	通用	成都绿科低碳环保产业园

6.3　布局形态模式

产业园区的布局形态一般较为简单，基本以产业用地为核心，以园区道路为骨架，仓储用地、公共服务设施和居住用地、绿地等作为辅助构成（图 6-2）。

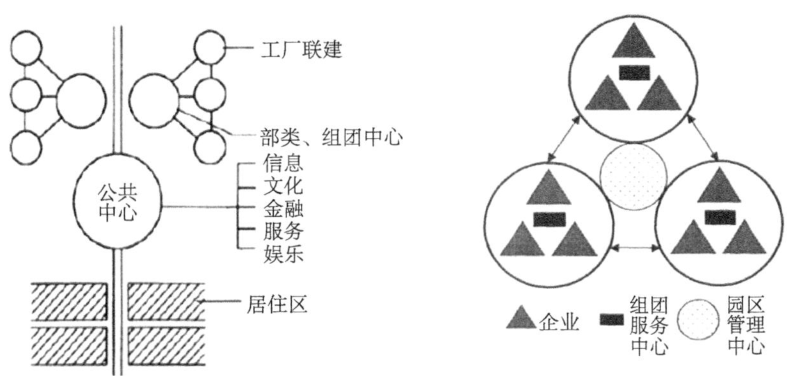

图 6-2　一般产业园区结构示意

总结起来，常见的产业园区设计总体结构布局包括带状式布局、区带式布局、放射式布局、组团式布局及混合式布局等。

6.3.1　带状式布局

带状式布局是指产业用地及仓储用地沿园区内主要交通轴线（如公路或铁路）及自然要素（如河流、湖泊、水渠等）呈直线式布局，并且相隔一定的距离配置公共服务中心，形成带状发展的格局（图 6-3、图 6-4）。

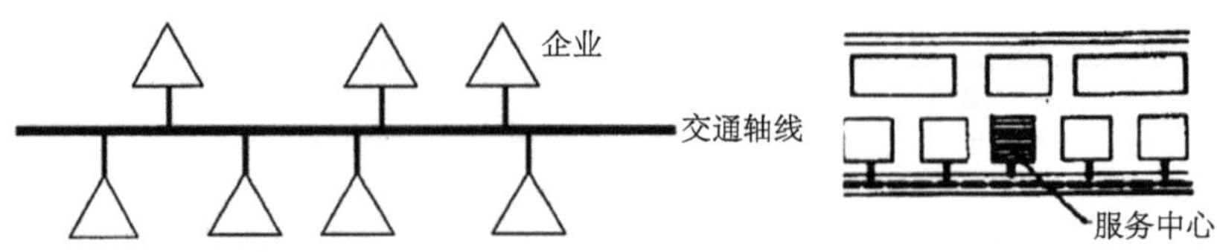

图 6–3　带状式布局形态

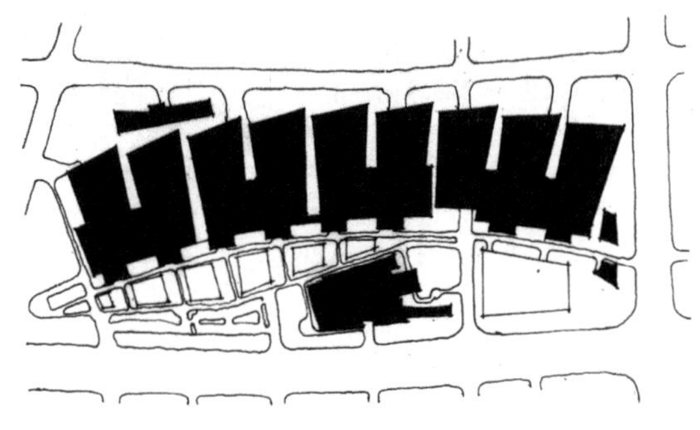

图 6–4　带状式案例

这种布局方式多用于受自然地形或城市道路限制的区域，如山地区域或滨江地区，或用于老工业基地更新的区域。这种布局方式适合规模较小的产业园区，各个建筑之间的交通便捷。但对于规模相对较大的产业园区，会造成交通线路过长、交通量过大、内部地块功能不便组织且功能或交通相互干扰等问题。

除了地形地貌特殊的地区以及小规模产业园区以外，不提倡这种布局方式。

6.3.2　区带式布局

区带式布局是在带状布局的形态上进一步改进的一种模式，即将整个产业园区按照建筑性质、要求的不同布置成不同的功能区域，利用交通轴线或景观轴线将不同功能的区域串联起来，各个区域之间相对独立（图 6-5、图 6-6）。

这种空间布局的优点是，由于区域较为分散、交通便利，利于通风采光、方便规模化管理，同时为未来产业园区的扩展提供了较大空间；其缺点与带状式布局相似，占地面积大、交通线路过长、建设投入多等，不利于产业园区经济的循环与可持续发展。

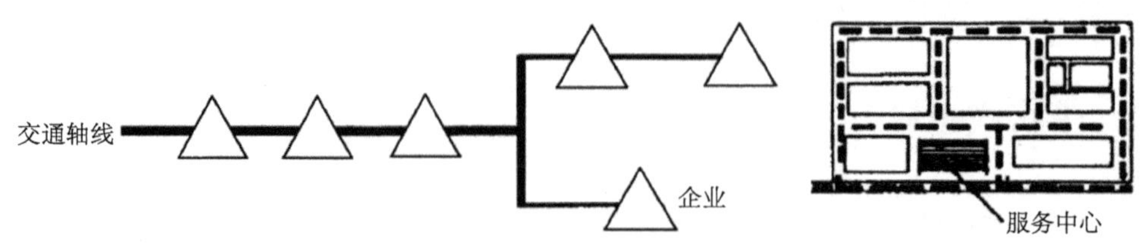

图 6–5　区带式布局形态

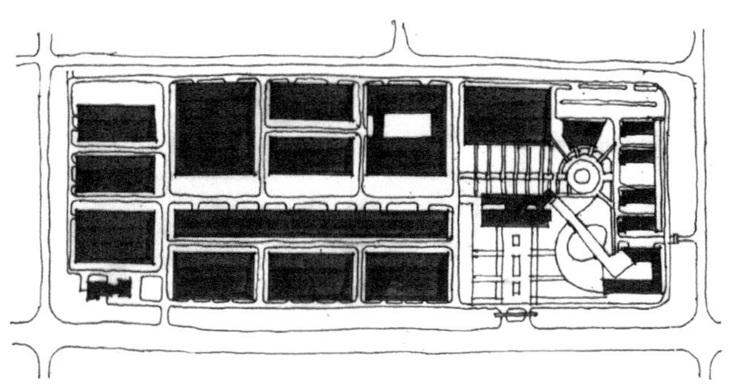

图 6-6　区带式案例

6.3.3　放射式布局

放射式布局以配套服务区为核心，生产区围绕其展开。

其优点是配套服务区服务半径均匀，组织方式较为灵活。根据产业园区规模的不同，还可以设置不同等级的配套中心，即在这个园区中设置一个集管理服务、生产、居住等功能的中心，另外在各个组团内部设置次一级的中心（图 6-7、图 6-8）。

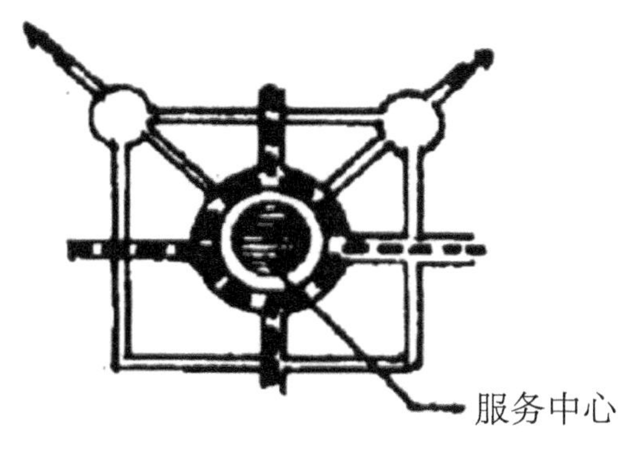

图 6-7　放射式布局形态

图 6-8　放射式案例

这种布局形式有利于产业园区内部各个区域之间均衡式的发展，提高了园区的可达性，便于服务区发挥其最大的管理效益。同时，组团之间可以相应地设置公共绿地，优化园区内部的生态环境。

6.3.4　组团式布局

组团式布局是指产业园区布局参考居住小区布局规划，将类似的或者有关联的企业以组团形式聚集在一起，整个产业园区形成“园区—组团—企业”的三级组织结构（图 6-9、图 6-10）。

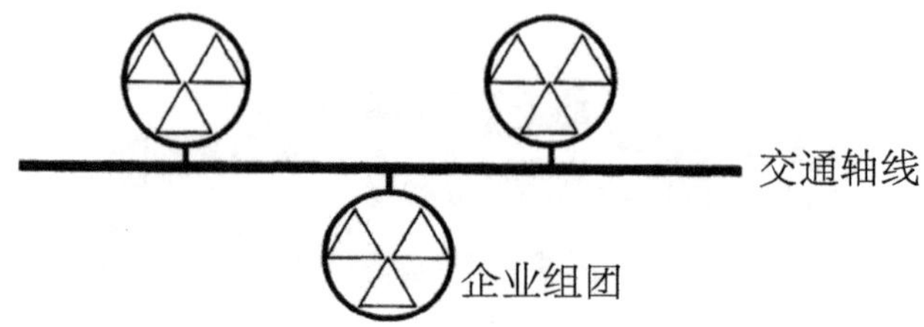

图 6–9　组团式布局形态

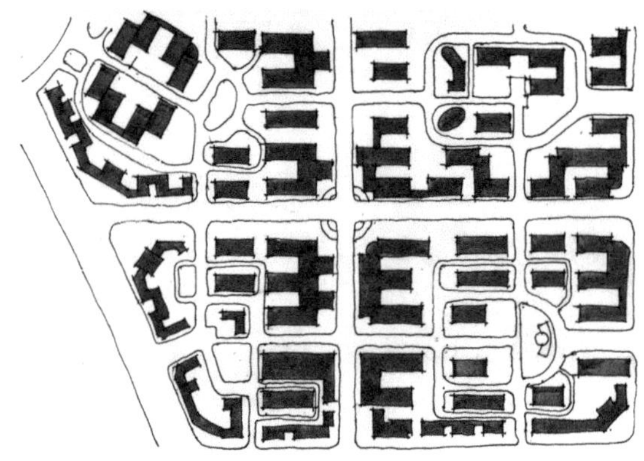

图 6–10　组团式案例

这种布局模式相对于前三种形式，在空间上更加紧凑，可以在其内部组织不同的交通体系，既有利于循环经济的发展，也有利于园区加强对各行业、各企业的管理。

这种模式现在被大力推广和提倡，是未来产业园区发展的主要空间布局模式。

6.3.5　混合式布局

混合式布局是指在因地制宜的前提下，综合上述某几种空间布局模式组合而成的布局。此布局形式结合了以上空间布局的优点，同时避开缺点，具有灵活多变、结合环境的特色（图 6-11、图 6-12）。

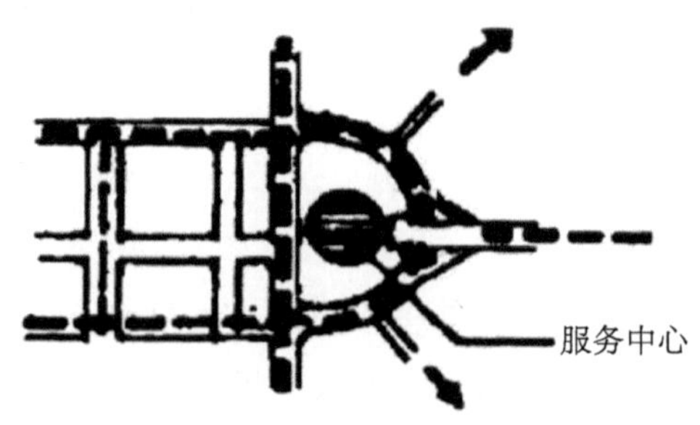

图 6–11　混合布局形态

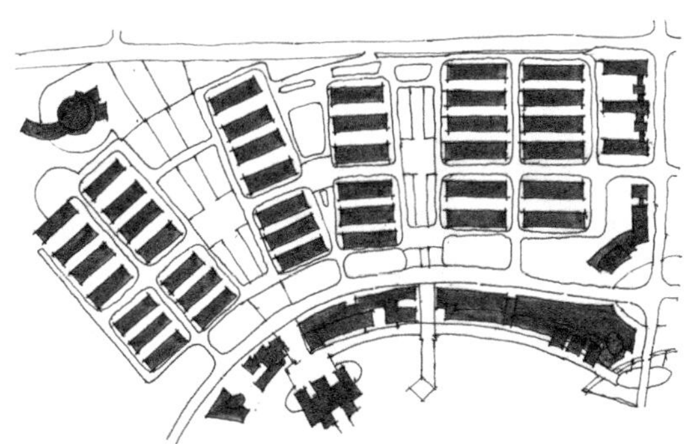

图 6–12　混合式案例

这种布局模式多用于规模比较大、产业类型比较多的产业园区，在不同的地段采用不同的空间组合手法。

综上所述，产业园区的规划要根据产业园区内各个层面的影响因素，因地制宜地选择合理的布局模式。

6.4　路网结构模式

产业园区常见的路网结构主要包括以下几种：

6.4.1　方格网式

方格网式道路适合地势平坦、受地形限制较小的产业园区。其优点是道路布局、地块划分整齐，符合产业园建筑造型较为方正的特点，有利于建筑物的布置和节约用地；平行道路多，有利于交通分散，便于交通组织。该形式路网的缺点是对角线方向的交通联系不便，增加了部分车辆的绕行（图 6-13）。

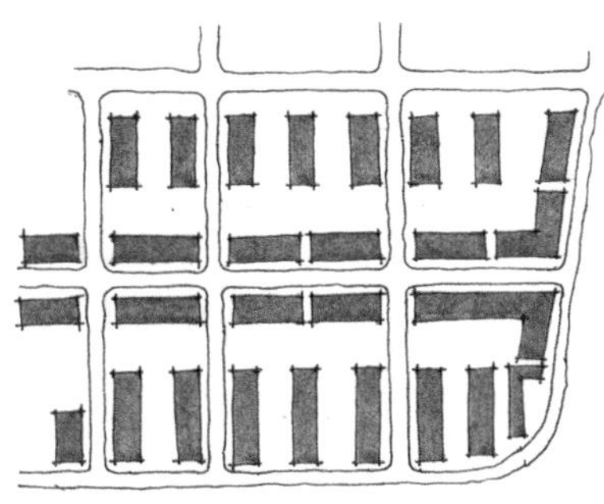

图 6–13　方格网式路网

6.4.2 自由式

自由式道路网适用于地形起伏较大的地区，道路结合自然地形呈不规则状布置。其优点是可适用于不同的基地特点，灵活地布置用地；缺点是受自然地形制约，可能会出现较多的不规则空间，造成建设用地分散和浪费。

自由式道路网规划的基本思想是结合地形，需要因地制宜地进行规划设计，没有固定的模式。如果综合考虑园区用地布局和景观等因素，进行合理的规划，同样可以建成高效的道路运行系统，而且还可以形成活泼丰富的景观效果（图 6-14）。

6.4.3 混合式

混合式道路网系统是对上述两种道路网形式的综合。其特点是扬长避短，充分发挥各种路网形式的优势。混合式道路网布局的基本原则是视分区的自然地物特征，确定各自采取何种具体的形式，使规划的路网取得良好的效果（图 6-15）。

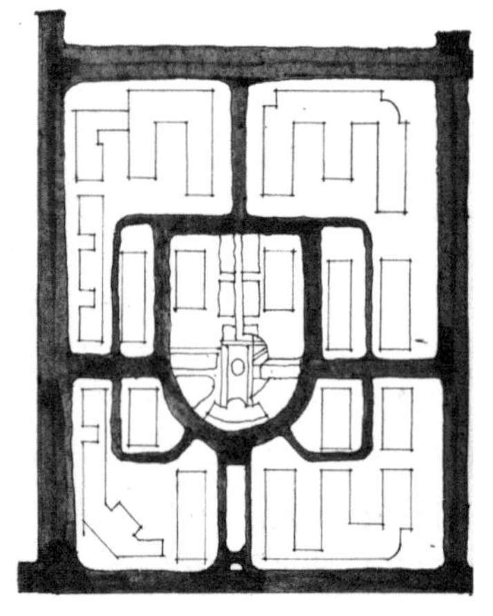

图 6–14　自由式路网

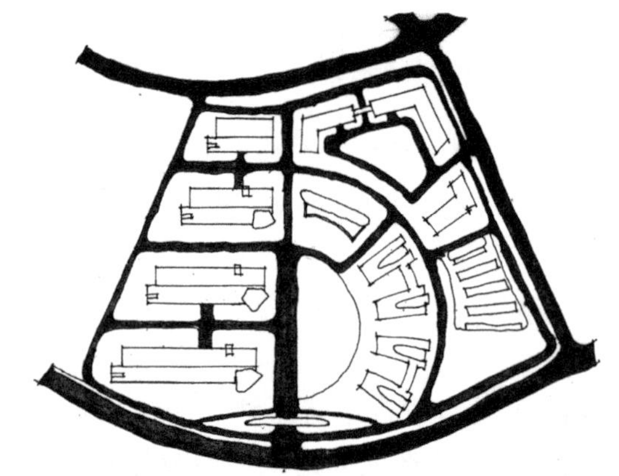

图 6–15　混合式路网

6.5 建筑形态模式

6.5.1 建筑单体形态

产业园区建筑的平面形式与生产工艺流程、生产特征有直接关系。在实践中常用的平面形式有矩形、方形、L 形、II 形和 III 形等。

矩形是最常出现的平面形式，它是构成其他平面形式的基本单位。从建筑经济角度看，近于方形或方形的平面比较优越。

在面积相同的情况下，矩形、L 形平面的周长比方形平面长。在周长相同的情况下，L 形平面比方形平面的面积少 1/4 左右。同时，方形厂房的造价也较矩形、长条形厂房低。方形平面的这些优点对冬季寒冷地区和夏季炎热地区更是有利。由于外墙面积少，冬季可以减少通过外墙的热量损失，夏季可以减少太阳辐射对室内的影响，对防暑降温也有好处，有利于节能。从防震角度，方形或近于方形也是有利的。因此，近年来方形或近于方形的平面形式发展较快。

生产特征也影响着厂房的平面形式。例如，有些车间在生产过程中散发出大量的热量和烟尘，此时，在平面设计中应使厂房具有良好的自然通风，厂房不宜太宽。当宽度不大时可选用矩形平面。但当跨数较大时，如仍用矩形平面则会影响厂房的自然通风。当产量较大、产品品种较多、厂房面积很大时，则可采用 II 形或 III 形平面。

L 形、II 形或 III 形平面的特点是厂房各部宽度不大，厂房周长较长，可以在较长的外墙上设置门窗，使室内的采光通风条件良好，有利于改善室内劳动条件。但这种形式平面纵横跨垂交，构造复杂。由于平面形式复杂，地震时易引起结构破坏，为避免这种破坏不得不设防震缝。同时，外墙长度较长，造价及维修费较高，室内各种工程管线也较长。因此，这几种平面形式，如无特殊工艺需要，在工程实践中已趋于少用。

6.5.2　建筑体量

根据产业类型的不同，其建筑体量一般也不同。本书主要以以下几种产业类型的产业园区为代表，介绍其具体的建筑层数和平面尺寸（表 6-2）：

各类型产业园区建筑体量　　**表6–2**

产业类型	建筑尺度	
	层数	尺寸（m）
生物医药类	2 ~ 5	15 × 36，30 × 60，24 × 42
机械加工类	1 ~ 3	30 × 90，18 × 60，45 × 120
轻纺类	3 ~ 6	24 × 60，18 × 48，30 × 60，
食品加工类	3 ~ 5	24 × 60，15 × 36，30 × 60
新材料类	1 ~ 3	30 × 90，18 × 60，45 × 120
电子信息类	3 ~ 9	18 × 60，24 × 54，30 × 90

6.6 快速设计训练：江苏省生命科技创新园区地块设计

生命科技产业是21世纪最具发展潜力的新兴产业之一，其已成为探讨生命科学的基本工具，范围包括医药产业、农业、食品产业、特化产业等。为把大学的智力富矿纳入一个有效的“政产学研金”大平台上，发挥南京栖霞地区高校科研创新优势明显的特点，实现科研成果真正向生产力转化的目标，栖霞区政府提出通过打造创意产业园、江苏省生命科技创新园、小型科技企业孵化园以及大学科技园四大园区，构建立足南京辐射华东的“智慧经济圈”。

作为“智慧经济圈”内四大园区之一，江苏省生命科技创新园在规划设计的过程中提出了以下要求：

（1）实现园区“生态化与可持续性”，从园区规划设计、园区布局、交通布局等多方面体现生态性。

（2）打通科技成果从实验室向生产力转化的瓶颈，以促进经济圈的综合实力，成为“智慧经济圈”的支柱园区，最终起到促进区域经济和社会发展的积极作用。

该园区位于南京市主城区东北部，占地45hm²，与大学城、高校科研产业园、九乡河景观带等邻近，国道、绕城公路二环分别从周边穿越，交通便利（图6-16）。规划要求容积率1.6。

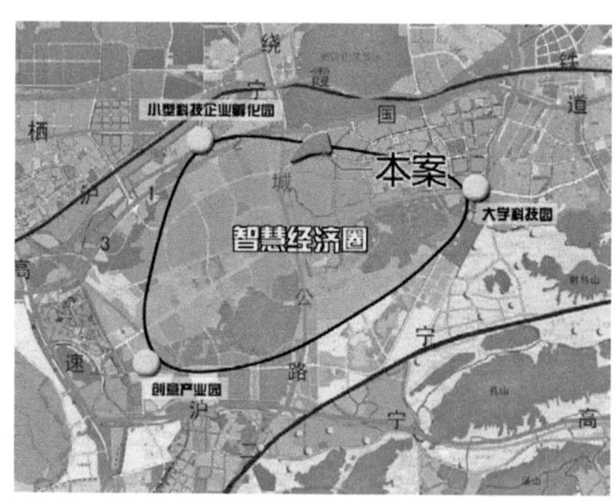

图6-16 规划地块现状示意图

6.6.1 任务解读

根据设计要求，可以从设计深度、功能定位、开发强度、设计重点这4个方面来解读本次设计任务。

6.6.1.1　设计深度解读

为了实现园区开发建设的“生态化与可持续性”，需要在项目策划、规划设计中充分运用景观生态学的原理，同时主要从整体化的结构布局、系统化的交通组织、园区生态景观的多方位营造等方面进行设计研究。

6.6.1.2　功能定位解读

目标是“体现地方特色、立足科技平台、构建文化内涵、融入城市环境”。

园区定位是以保护生态为前提，打造一个现代化的功能完善、特色鲜明、内涵丰富、空间宜人的生命科技创新园。

6.6.1.3　开发强度解读

规划要求容积率约 1.6，则在总用地为 45hm^2 的范围内，需要约 70 万 m^2 的建筑面积。

6.6.1.4　设计重点解读

参考产业园区的建设理念，按照多主体开放网络共生型生态工业园模式进行建设，走出一条中国特色发展道路：

自然与现代：给人们带来科技的同时注重对自然脉络的进一步强化，构建自然与协调的现代科技园区。

科技与人文：在追求科学进步的同时注重对人文环境的构建以及文化氛围的塑造。

均质与特色：园区建筑注意和谐性、均质性，应充分融入环境，同时体现特色和地标性。

6.6.2　场地分析

6.6.2.1　周边场地分析

周边交通：基地北侧为 312 国道，对外交通便利，同时栖霞山风景区也位于基地北侧，基地与栖霞山遥遥相望。

基地西侧为九乡河生态廊道。

基地南侧为南京大学仙林校区，充分利用高校科研人才优势，加大园区科研力度。

生态条件：规划场地周围沟渠纵横，其中有一沿渠道自西北向东南穿越基地，构成基地特有的生态环境优势和场地文脉，同时记载着历史的信息。

6.6.2.2　内部场地分析

现状用地：现状地形基本平坦，局部地段东高南低，基地内部的建筑基本拆迁完毕，用地可改造的余地较大。

6.6.3 方案构思

6.6.3.1 设计理念

充分贯彻绿地景观生态网络的思想，采用建筑形态与生态系统、交通系统相互融合的规划模式，使得人行系统与广场、休闲设施、建筑景观、绿化系统等交融起来，赋予地块旺盛的生命力。引导水系、绿带进入地块，使之形成一个完整的体系（图6-17）。

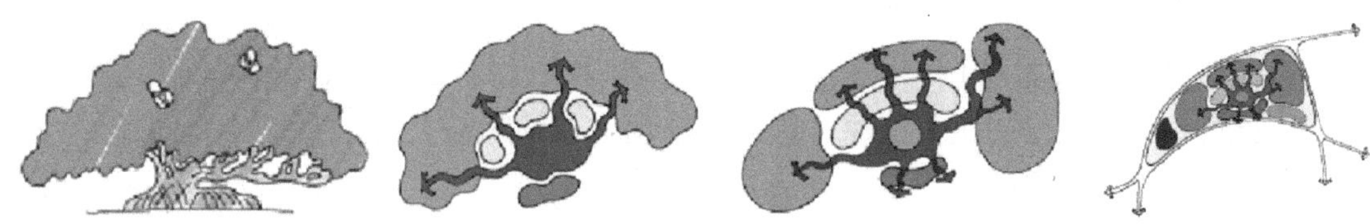

图6-17 设计理念

6.6.3.2 总体布局

生命科技创新园区整体架构主要由“一核、一中心、一平台、三片区”组成，它们相互关联、互为依存。

6.6.3.3 交通梳理

规划中园区次要道路的作用是方便园区内部各建筑之间交通联系，园区步行道路主要服务于园区内的行人步行与休闲游憩。

园区交通系统中步行景观道位于中央景观核心区，其采用部分架空的形式，围绕园区生态景观核心，串接园区中央的信息会展服务中心区与其他功能片区，形成园区的主要步行生态景观公共空间。

静态交通分为地面和地下停车场两种，在设计时充分考虑实现其“生态、舒适”的要求：地面停车场在设计时充分运用合宜间距乔木的种植、植草砖地面的铺砌与透水性地面的设置等生态方法；地下停车场在规划设计中与园区景观设计进行一体化考虑，在保证绿化率的情况下，尽可能采用局部自然采光通风，从而在地下空间使用中可节约能源。园区停车泊位布置依据就近停放的原则，集中分布在园区南面主次出入口以及各个围合的建筑组团内。南面主次出入口地面停车主要服务于对外交通的停车需求，各个建筑组团内地面和地下停车主要满足建筑内部的停车需求。

6.6.3.4 开放空间

在园区空间景观结构规划的指引下，注重整个园区重要场所空间景观设计的生态性，主要加强核心交流空间、重要景观节点以及生态景观通廊等区域生态景观的营造。

核心交流空间：园区内公共交流共享空间由核心水体与放射水系组成，水体、滨水活动空间与建筑契合，使建筑室内通廊与室外开敞空间连通，有效利用自然通风来提高建筑底部气流的贯通性，从而降低建筑能耗。

重要景观节点：利用生态手段，重点打造入口广场区、楔形水廊、地形山体等节点，形成生态化景观核心区域与人流活动集中点。

生态景观通廊：用密植林木突出生态通廊效果，展现森林廊道景观。同时，以生态持续为基本原则，通过多层级乡土植物种植，造山理水营建特色场地，彰显“生态型”园区，体现具有生机活力的绿色生态空间。

6.6.3.5　建筑布局

在园区建筑群布局的规划设计上，充分考虑了气候、风向、地貌等环境因素，引入周边山体廊道。同时，建筑体量大小、建筑形体组合、建筑高度设置应充分考虑湍流影响，以楔形与放射状生态绿化空间来和建筑结合，以发挥最大生态效能。

6.6.4　方案表达

6.6.4.1　总平面图与鸟瞰图（图 6-18、图 6-19）

规划地块建筑围绕园区中央核心放射水体呈一定的向心布局。中央水体与空中栈道相互联系，围合成规划地块的中心，外围布置形态自由的商务建筑以及信息会展中心，增加中心景观的层次感。

景观由中心通过水系或者绿带渗透辐射到外围其他地块，保证整个规划区域内都拥有较好的景观资源。

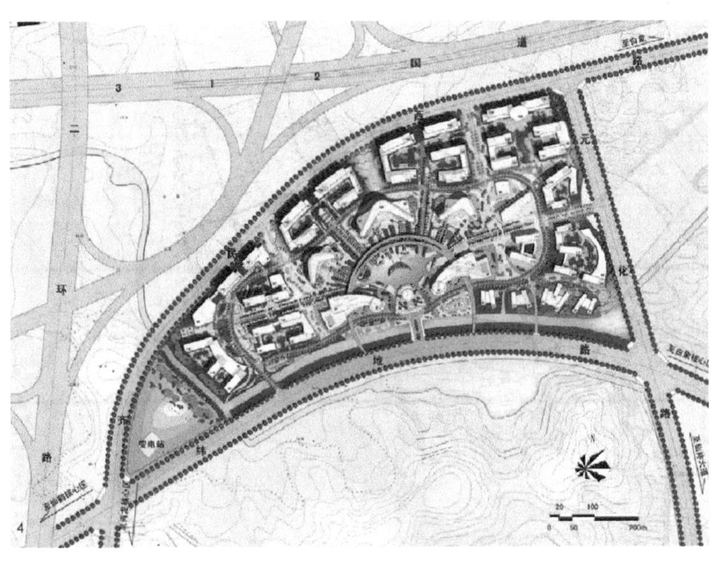

图 6-18　总平面图

图 6–19　鸟瞰图

6.6.4.2　设计分析

1. 规划结构分析（图 6-20）

一核：主题景观核，由放射状湖面、绿地和圆弧形步行栈道组成，提供服务于整个园区的核心活动场所和户外交流空间，是空间景观要素汇集的中心，也是各功能组团衔接与过渡的关键。

一中心：会展服务中心，提供整个园区的信息、金融、会议等综合服务，是园区同外界信息交流与资源整合不可替代的平台。

一平台：生物科技实验平台。

三片区：包括商务服务配套区、总部研发园区和精品 SOHO 区。

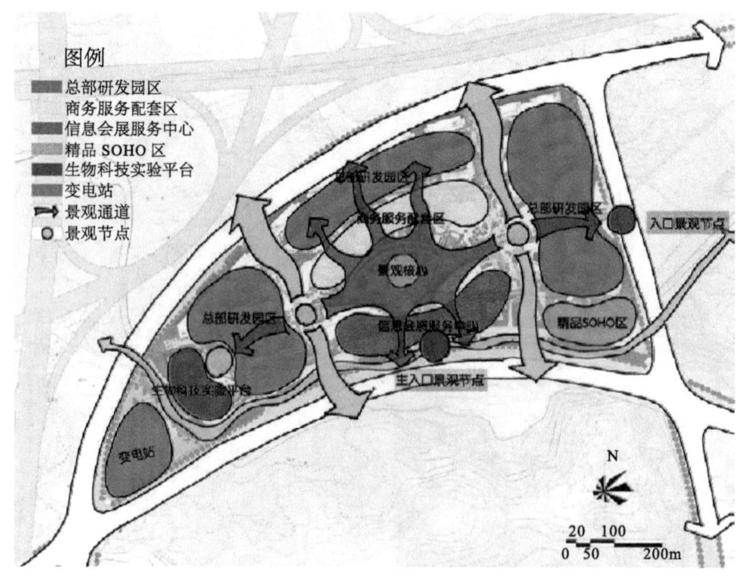

图 6–20　规划结构分析

2. 道路系统规划（图 6-21）

园区道路系统由主要道路、次要道路和园区步行道路组成，形成“一环五射”的路网格局：

“一环”：指规划地块中央的环状车行主路，是园区道路的主骨架。

“五射”：指围绕中央环状主路，呈放射状布局的 5 条园区主干道路，是园区与外围城市道路之间联系的纽带。

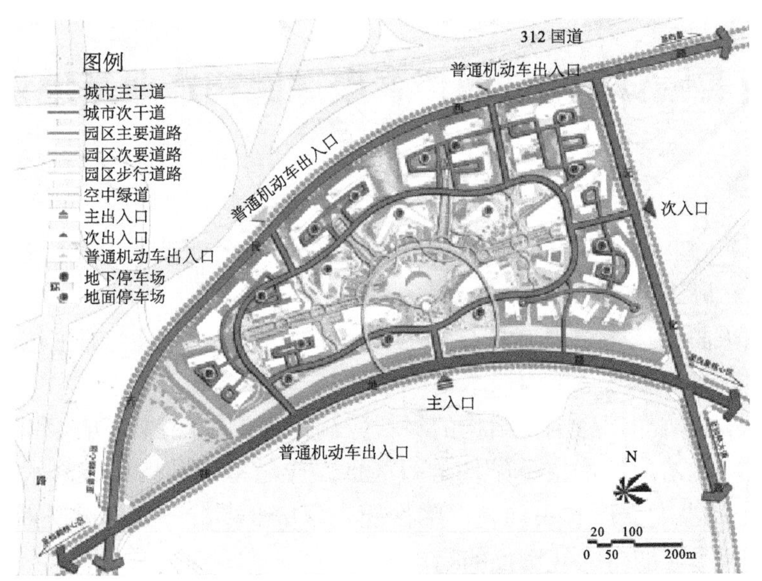

图 6-21　道路系统规划

3. 景观结构规划（图 6-22）

整体园区规划的景观空间结构为“一核一环、一带两廊、六楔多点”。

一核：生命核，由园区中央核心放射水体与空中栈道构成。

一环：珍珠环，依托园区主环路，串联各功能区中心绿化景观。

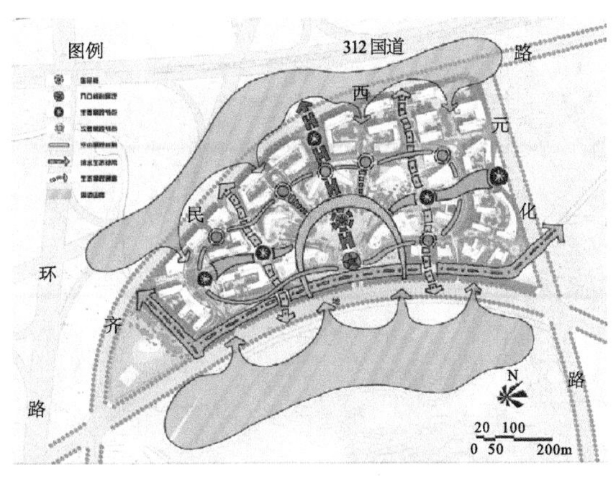

图 6-22　景观系统规划

一带：滨水生态绿带，以园区内南侧水系为主题，与内部有效沟通形成一条特色滨水生态绿带。

两廊：生态景观通廊，是两条沟通地块南北山系的贯通性生态通廊。

六楔：以生命核水体为核心，向 6 个方向放射 6 条水系伸向各功能组团，依托放射水体与绿地形成 6 条楔状景观空间。

多点：主入口广场核心景观节点、生态通廊主要景观节点、珍珠环次要景观节点等。

6.7 项目实践详解：江西青春康源医药产业基地设计

要建设一个适当医药产业长远发展的基地，首先要了解其行业的生产方式，由于医药产业的生产过程需要有固定的流程，反映在规划上就涉及各类厂房的布置方式，对于本例医药厂房建筑有以下要求：

（1）建筑平面和空间布局应具有灵活性。医药洁净室（区）的主体结构宜采用大空间或大跨度柱网，不宜采用内墙承重体系。

（2）医药工业洁净厂房围护结构的材料应满足保温、隔热、防火和防潮等要求。

（3）医药工业洁净厂房主体结构的耐久性，应与室内装备和装修水平相适应，并应具有防火、控制温度变形和不均匀沉陷性能。厂房变形缝不宜穿越医药洁净室（区）；当需穿越时应有保证洁净区气密性的措施。

（4）医药洁净室（区）应设置技术夹层或技术夹道。穿越楼层的竖向管线需暗敷时，宜设置技术竖井。技术夹层、技术夹道和技术竖井的形式、尺寸和构造，应满足风道和管线的安装、检修和防火要求。

（5）医药洁净室（区）内的通道应留有适当宽度，物流通道宜设置防撞构件。

（6）医药洁净室（区）的围护结构，应具有隔声性能。

本次项目规划的医药产业园南邻光明路、北靠阳光大道、西至纵三路、东至纵四路，总用地面积 38.90hm^2（图 6-23）。规划要求容积率约 0.6。

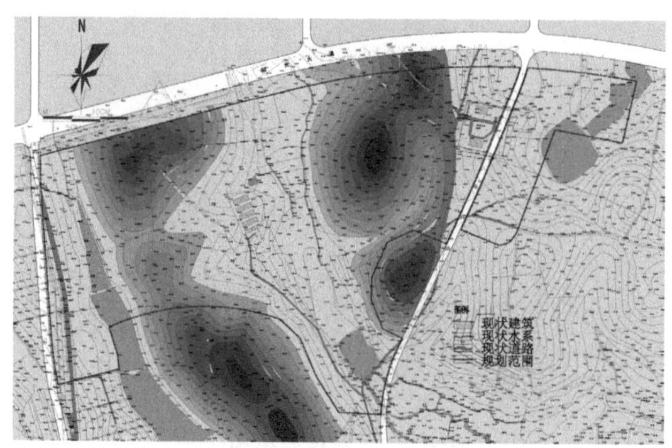

图 6-23　规划地块现状示意图

6.7.1　任务解读

根据任务书的内容，可以从设计深度、功能定位、开发强度、设计重点这 4 个方面来解读本次设计任务。

6.7.1.1　设计深度解读

新余高新技术产业开发区位于城市东北部，是新余市对外开放的窗口、经济发展的增长极、科技创新的先导、劳动就业的基地和江西省最具发展实力、发展活力和发展潜力的工业园区。

青春康源医药产业园作为高新区重点打造的生态产业示范基地，肩负提升产业能级、塑造园区形象的使命。

从宏观背景来看，医药产业园亟须调整产业定位，提升产业层次，优化产业结构，从劳动密集型制造业转向资金、技术和知识密集型产业，强调研发与创新；从发展趋势来看，医药园正逐步从城市外围向城市中心发展，功能不仅仅是满足单一产业职能，而应该是复合型现代产业新城，行政、商业、文化、体育、科技多元结合，同时要带动人居空间的开发，聚集人气和活力；从内部需求来看，现行规划缺乏对生态环境的保护，园区的开发建设活动未受到有效控制，需要转变发展思路，从开发主导下的园区建设转向对生态环境的优先考虑，充分保护及合理利用现状水系、植被等资源及肌理，突出原生特色，提升环境品质。

6.7.1.2　功能定位解读

功能定位：将青春康源医药产业园建设为新余市医药产业聚集与创新基地、新经济和开发经济的落脚点，形成产业结构高级化与创新发展的融合点；以药品、医疗器械为生产主体，打造集研发、生产、包装、物流、营销于一体，生活配套齐全，综合环境一流的生态化、集约化、专业化的省内一流、国内领先的现代生物医药产业园区。

特色定位：以山水为缘，综合组织生活、生产、服务、娱乐功能，形成青山环绕、绿水穿越、层次分明、功能完善、特色鲜明的绿色生态型片区；以医药研发为主线、以水绿空间为载体，赋予基地文化内涵与主题立意，形成体现时代风貌与未来趋势、有文化底蕴又使城市历史积淀得以延续的有韵味的片区。

6.7.1.3　开发强度解读

规划要求容积率约 0.6，则在总用地 38.90hm^2 的范围内，需要约 20 万 m^2 的建筑面积。

由于厂房建筑通常以低层 2~3 层为主，医药园区内的建筑密度需控制在 20%~30%，以满足整体的开发强度要求。

6.7.1.4 设计重点解读

蓝绿交织，生态网络：园区内拥有良好生态资源，规划应充分利用自然山水要素，摆脱传统工业园区呆板的行列式空间，以生态网络为基底，形成蓝绿交融编织的有机结构。

功能复合，多样承载：打破园区组团内部传统的功能分区方式，加强用地混合使用。在完善产业门类及功能的同时，实现研、产、贸、居、服一体化的产业链条。最大化地发挥土地使用价值，打造人性化的生产、生活空间。

技术支撑，循环发展：医药产业的研发、中试和生产环节的高效、健康的发展取决于技术支撑体系是否完善。其核心技术支撑体系分为 4 个主要的部分，即孵化单元、实验中心、仪器共享中心和公共服务平台。

6.7.2 场地分析

6.7.2.1 周边场地分析

现状基地外围毗邻 3 条城市道路。北侧的阳光大道、南侧的光明路是现状基地内部与外界连接的主要通道。另外，基地西侧虽有马洪公路，但道路均为断头路，没有贯通性。周边道路尚未形成，有待改善。

6.7.2.2 内部场地分析

地形地貌：青春康源医药产业园基地主要为浅丘陵和林地，仅有少量平整的建设用地，地形较为复杂。规划范围内平地标高 42~65m，地块内有 3 处地势标高在 57m 以上的小山包，建议给予保留。

生态条件：场地地理位置在江南丘陵内，位于第 3 阶梯，属于亚热带季风性湿润气候；规划区内有多处山体地形，植被覆盖条件良好，现状中多处生长繁茂的树林可在规划中加以保护利用；规划区内水网发达，有 3 处大面积水塘和遍布区内的灌溉沟渠，为园区景观的营造奠定了良好的基础。

现状用地：现状用地以农林用地和山体为主，其余有零星村庄建设用地和砖厂工业用地，无市政、商业等公共设施。

道路骨架：规划区整体交通骨架未形成，现状只有阳光大道的局部，地块内部通过村道连接。

6.7.3 方案构思

6.7.3.1 设计理念

对城市总体格局的回应：园区的发展要满足新余市和新余市东部高新科技园的整体利益，各类建设必须满足城市可持续发展的要求。

对自然山水脉络的回应：园区内拥有良好农林生态资源，沟渠水系纵横，生态环境十分优越。充分利用园区内外生态优势，加强山水之间的联系，打造优美的山水自然空间，塑造景色宜人的生态环境。

对园区多重功能的回应：树立以人为本的思想，合理安排各类功能，创造具有活力的产业空间，营造良好的人居环境，建立完善的信息交流网络，提高服务功能，提供无限的创新创业机会。

对空间发展时序的回应：经济发展结合产业结构升级，分期安排发展空间，保证每个时期的功能协调发展，发挥土地的最大效益。

6.7.3.2　总体布局

充分结合基地的自然生态环境、现状用地条件以及制药装备制造业的布局特征等因素，对基地的各个功能区进行优化布局，构筑多元化、相融合的空间体系。

产业区是基地的主导空间。配套服务包括研发中心、餐饮、接待会议、博士工作站、倒班楼、高管楼；景观区是基地空间的重要组成部分，由药用植物园与湿地景观共同构筑；物流仓储区配有营销中心、仓库和药品高架仓库。

基地根据园区自然地形特征布置环形主干道，将园区的各个功能区和景观融合在一起；同时布置多条园区主、次干道，与城市干道相连接，使整个基地与城市紧密联系。

6.7.3.3　交通梳理

因地制宜布置基地道路，采用“自由式”布置形式，车间、厂区四周都布置有环形道路。基地道路共分 3 级：主要道路路面宽度为 8m、次要道路为 7m 和 6m。确保生产车间地面货流通畅、运距短捷，人流组织比较方便。厂房四周设环形运输道路兼作消防通道。

6.7.3.4　开放空间

为了保证城市开放空间的尺度感受和环境质量，提升城市的整体形象，并为居民创造舒适的城市公共环境，开放空间的控制引导将从开放空间、滨水岸线、建筑界面、道路边界、绿化和步行道路等方面进行。

本方案设置了多种类型的公共空间，包含活动广场、富有趣味的亲水平台、自然生态的街头景观、开阔宜人的绿地景观等；在两栋建筑之间增加连廊，创造了具有围合感的庭院空间，丰富空间层次，增强内部空间的私密性。

6.7.3.5　环境渗透

本方案的设计理念为融合新余自然山水特色，营造出生态的产业园区。对本区域环境的考虑主要包含以下 4 个方面：

点轴布局，系统有序：规划在片区主要道路入口空间设立门户节点，并以景观绿带串联起各个开放空间，开合适度，营造一步一景的园区环境。

路景相合，珠连绿带：结合绿廊形成水绿交织的生态网络基底，并在轴线交汇处形成节点空间，局部区域放大水面，营造多层次景观场所。

多元板块，风貌协调：依托生态网络骨架，采取组团式布局形成各具特色的风貌区，包括生态绿廊、特色产业区、综合物流区等。

开放界面，显山透绿：规划强调开放空间界面和滨水界面的控制，营造显山透绿的空间效果。

规划景观系统以滨水景观带作为核心，引领景观布局，并以之作为景观轴线，串联一系列错落有致的景观节点，塑造富有特色的景观系统。各景观功能区依托生态网络的景观框架，采取组团式布局，形成富有特色的景观风貌区。

6.7.4 方案表达

6.7.4.1 总平面图与鸟瞰图（图 6-24、图 6-25）

产业区依据地形东西向布置。其中饮片厂房体量较大，并且对于用地集中布局、场地平整度要求较高，规划将其安排在基地内西侧用地较为充裕的地带，基地东侧和外围布置用地规模要求相对较小的公共平台。

配套服务适宜地布置在景观区东侧和东南侧，这样不仅有利于集约利用和共享基地公共服务设施，也缩短了园区与园区之间的距离，使基地内的人流组织更加合理。

物流仓储区位于基地东侧，配有营销中心、仓库和药品高架仓库。

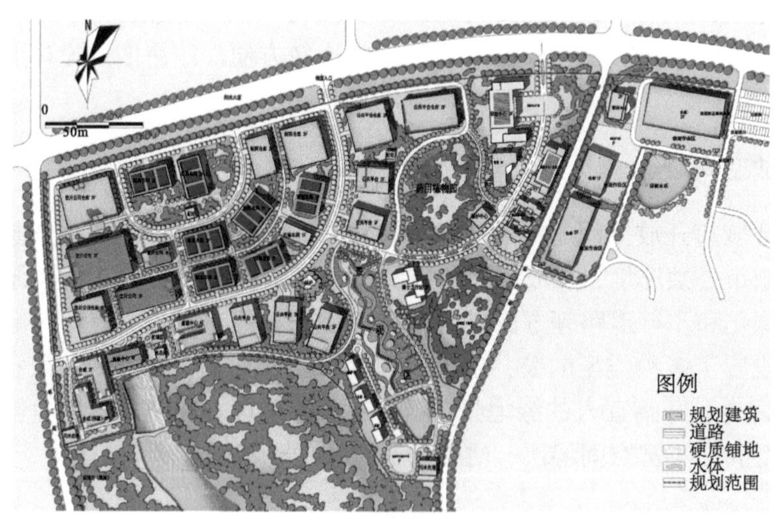

图 6-24 总平面图

图 6-25　鸟瞰图

6.7.4.2　设计分析

1. 规划结构分析（图 6-26）

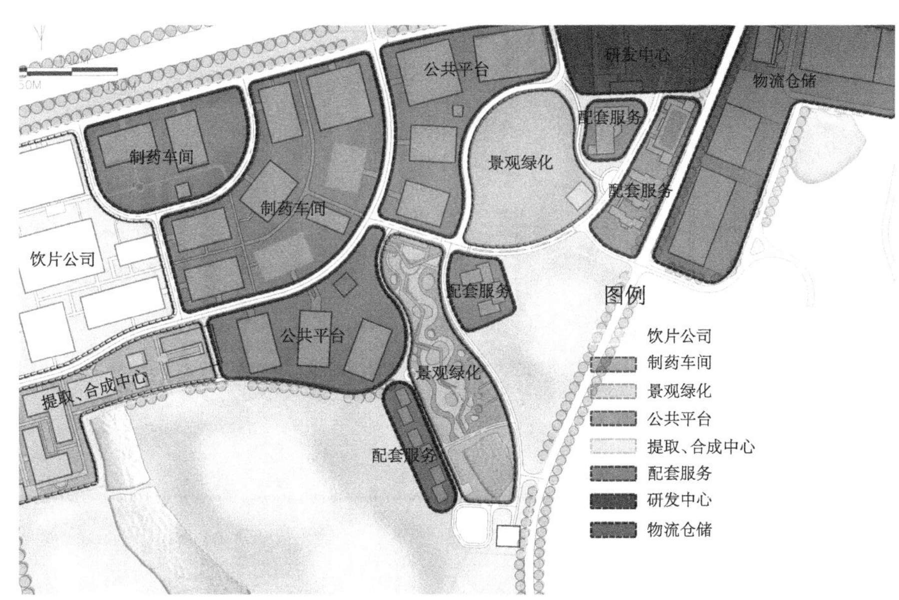

图 6-26　规划结构分析

充分考虑产业园的功能需求、路网构建以及运输成本等因素，将产业园划分为以下功能片区：

饮片公司、制药车间、研发中心、物流仓储、提取及合成中心等分别位于区域主干道两侧，交通便利，降低运输成本。

配套服务分布于基地中部位置，充分辐射到区域的每一个角落，满足设施配套要求，且起到聚集人气的作用。

景观绿化充分依托基地内的自然地形，因地制宜，创造自然、生态、宜人的园区环境。

各个功能区之间既通过道路网相互隔离，又经由景观绿化、配套设施等公共空间相互渗透，使功能的复合效应最大化。

2. 道路系统规划（图 6-27）

根据相关规划的要求，园区在阳光大道设主要交通性出入口，作为物流主入口；同时在阳光大道西侧位置设研发中心入口；另外，在纵三路和纵四路分别设置次入口。

考虑园区大型货柜通行的要求，主要道路和次要道路的道路转弯半径≥ 9m，保证不出现盲点交通。

道路系统：结合城市道路来规划与组织厂区内部交通系统，机动车道和步行道错开以达到人车分流的效果，打造高效的交通系统；部分路段为限制车行道，平时作景观步道，必要时可兼作消防通道；厂区停车结合内部空间合理布置，满足停车需求。

步行系统：营造舒适无干扰的步行空间，规划建筑设置玻璃步行廊道，增强设施的服务效果；步行道联系整个厂区的山、水、景观节点；厂区步道、景观步道紧密结合，为厂区人员提供幽美、休闲的游憩场所，增加园区的吸引力。

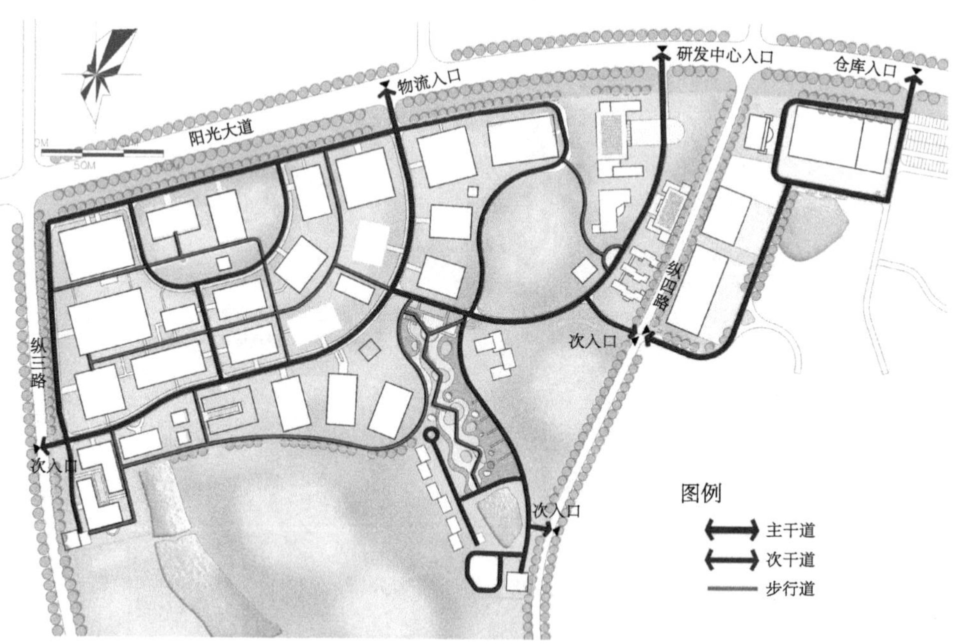

图 6–27　道路系统规划

3. 景观结构规划（图 6-28）

规划形成“两轴、一带、多节点”的景观结构，除建筑用地和必要的道路广场用地外，区内其余用地均布置绿化景观。基地中央为大型城市公共绿地，水系丰富；基地北部布置生态景观长廊，结合南部丰富的水体景观辐射，使整个园区成为绿色环保企业、“花园中的工厂”。

“两轴”：沿基地内部主要道路形成两条贯穿整个园区的轴线。

“一带”：串联起园区内部的两大集中绿地，形成南北贯通的景观带。

“多节点”：主要分为空间景观节点、生态景观节点、中心景观节点。

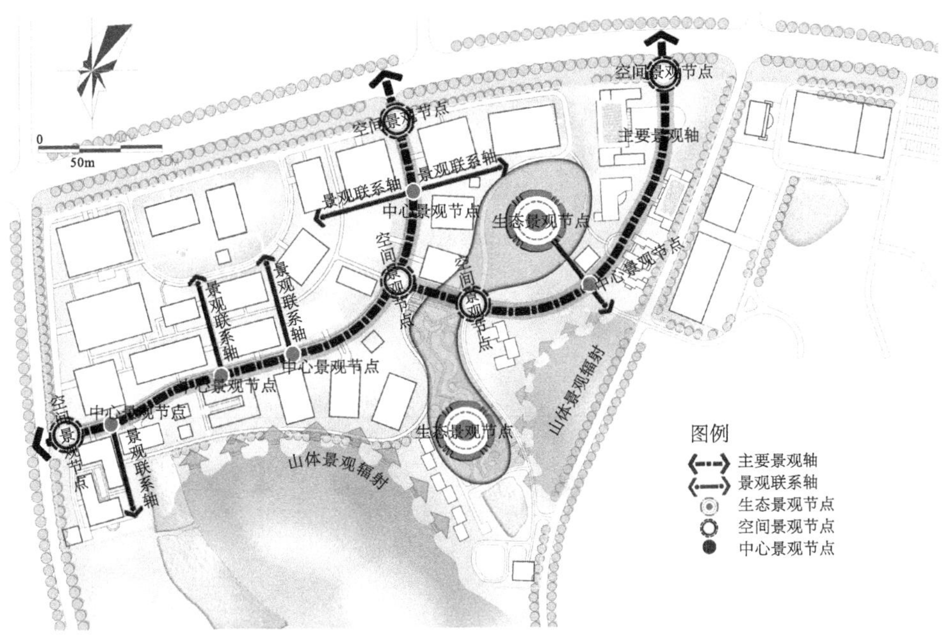

图 6–28　景观结构规划

第 7 章　校园规划设计

本章讲述校园规划设计的相关内容。阅读目标为：了解校园规划设计的发展历史，重点掌握校园规划设计中的空间结构、路网结构，熟悉各类形式的结构如何组织校园各部分功能，并学会在具体设计中结合地形与现状条件巧妙地运用。

7.1 概述

校园是教书育人和科技研究的场所，是知识和技术的集中地，同时校园在城市当中属于相对隔离的空间，对于城市和国家的发展建设具有重要意义：

①校园是知识文化的集中区域和人才的培养基地。

②校园在各个领域承担着科研重担，是城市竞争力的核心要素之一。

③校园具有城市名片作用。

7.1.1 概念

校园规划是以校园为对象，通过功能分区、交通组织、建筑单 / 群体设计和场所景观构建，为师生营造一个便捷、舒适、优雅、安全而又充满人文关怀的环境，为教学（智能和体能）、科研（以高校为主）、居住、行政办公、休憩等提供优质的空间。

7.1.2 综述

7.1.2.1 西方校园规划设计演进

在西方，中世纪大学是基于教师和学生行会基础，为教会服务的学校。其校园附属于教堂或修道院，或者是以宗教建筑为样本设计建设的（如英国的牛津大学）。在布局上，一般采用封闭式的庭院模式。院内设有教堂、讲堂、食堂以及教师和学生的宿舍。这种聚合的校园模式符合当时的社会条件和状况，不仅能够保持严肃的宗教气氛，而且由于师生共同生活在一起，便于管理，可以避免学生与周围居民发生摩擦。

19 世纪工业革命时期，美国高校将学术自由的思想和大众教育的传统相结合，并辅以灵活的教学方式，使美国的高等教育事业得以迅速发展，世界的高教中心也因此从欧洲转移到了美国。高校的校园开始向开敞式的布局方向发展，以绿地为中心、图书馆为主体，两侧排列着教授住宅、学生宿舍及教室。这种聚合的布局方式，打破了中世纪大学的修道院式四合院的封闭感，有利于师生的身心健康，并且由于学生宿舍紧靠教授住宅，师生间能够建立起一种更为亲密的关系，使得学生不仅在学习上得到教授的指导，还能够以教授为榜样，在生活、为人、处世等方面不断获益。

20 世纪后，教育体制走向多元化，教育宗旨也随着社会的发展需要而变化。大学的科研功能开始显现，促使大学的规模进一步扩张，原有的聚合式校园模式难以解决这种大规模的校园所带来的问题，迫切需要有新的校园布局模式。高校原有的比较单一的布局模式终于被打破，校园的布局以功能分区为基础，在形式上也从聚合走向了分散。通过功能分区，区分了大学的教学科研区、学生生活区、体育活动区和教师生活区，用途明确、互不干扰、便于管理，因而功能分区成为大学校园规划和建设的指导准则（图 7-1）。

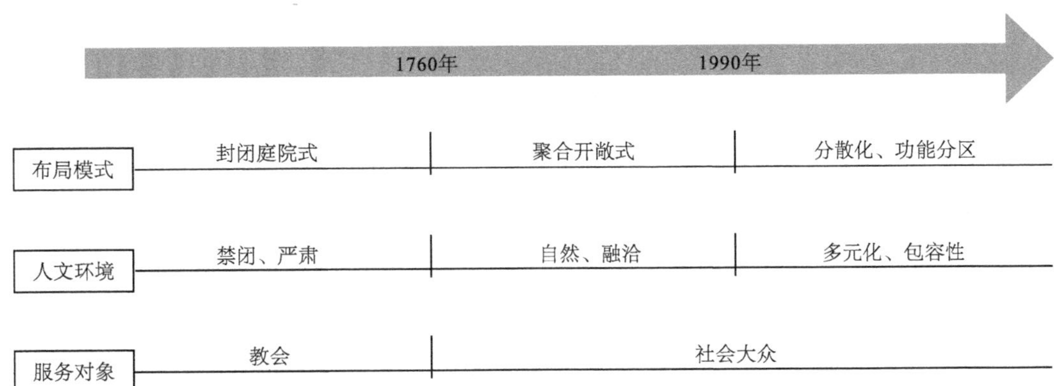

图7-1　西方校园规划设计演进

7.1.2.2　中国校园规划设计演进

我国的大学校园建设从一开始就是以西方的校园规划理论体系为指导原则的。新中国成立以后，根据实践经验，结合我国具体国情，确立了以功能分区为核心准则的校园规划理论和规划控制指标体系，指导了我国现有的绝大多数大学的建设和发展，时至今日，仍然是我国进行大学校园规划和建设的根本依据（图 7-2）。

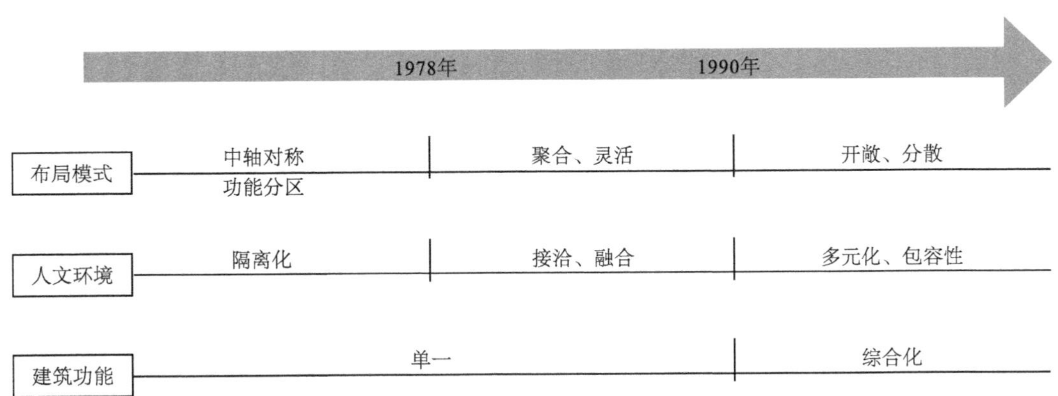

图7-2　中国校园规划设计演进

由于受到“文化大革命”的影响，1978 年之前的大学大多为 1950 年代和 1960 年代早期所建。这一时期的规划在苏联模式和中国传统格局的共同影响下，一般结构严谨、轴线明确，以对称式构图为主，教学区大多布置正对中轴线的主配楼，如北京学院路的八大学院。设计时强调四大功能分区：教学区、学生生活区、体育运动区和教师生活区，其中教学区是校园的中心区。全国校园规划大都采用这种模式，造成了千篇一律的校园形态，追求严谨的对称格局也常常给校园整体布局带来很不利的影响，校园缺乏特色，显得比较死板。

改革开放以后，我国教育进入飞速发展的阶段，这一时期对校园规划有了一些新的认识。校园规划是学校发展的框架和指导，又是一个动态调整的过程，需要具有一定的灵活性以适应未来的发展和变化。当时我国经济水平还比较落后，而且高校选址主要都在市区，用地相对紧张，因此，这一时期的校园布局都比较集中，建筑布局以“低层高密度”的布局方式为主。规划形态上，这一时期相对传统的“苏联模式”有了很大突破，既有自由的也有对称的，既有分散的也有集中的，既有明确轴线关系的，也不乏灵活变化的；校园科技园大量兴起；校园环境也为社区所共享。大学成为带动社会科技和地方建设的重要力量。社会也开始融入高校，很多高校后勤开始社会化，学生生活区主要由社会资金完成建设和管理，甚至很多社会力量参与教育的建设与管理。

20 世纪末，我国的校园布局方式开始由封闭聚合式逐渐向开敞式演变，校园建筑也由单一功能的建筑向多功能的教学综合体方向转化。

7.2 理念及策略

校园规划有一定特殊性，结合了居、教、娱、食、商等多方面的功能，相关理念包含高效、多元、开放、低碳。适用特点和策略如下表（表 7-1）：

校园规划设计理念及策略 表7–1

理念	策略	适用特点	参考案例
高效	强调根据现代化、社会化分工管理的需要，对学校用地和功能结构进行整合与优化配置，提高学校资源利用与运作的效率	1.用地规模有限； 2.从大规模建设转向整体环境的优化与改善	 香港科技大学
多元	新世纪高等教育的发展，强调多学科的交叉渗透与相互促进，校园规划也需要各专业（规划、景观、建筑等）的融合，创造多样灵活的校园环境，吸引、容纳来自不同文化、语言、宗教信仰等背景的学生、教师和职员	1.多元化的人居环境； 2.多元化的专业设置	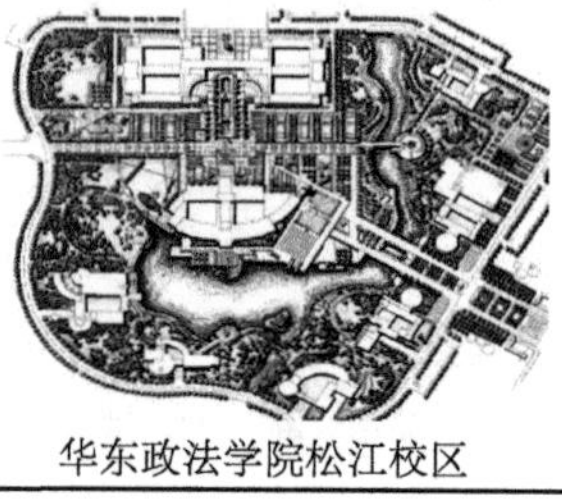 华东政法学院松江校区

续表

理念	策略	适用特点	参考案例
开放	产学研一体化和公共服务的社会化。大学与社会生活密切联系，强化大学在科技、文化领域对社会的辐射作用	1.突破传统“大单位”型校园，形成与城市密不可分的校园规划； 2.大学城规划	广州大学城发展规划
低碳	从宏观生态出发，充分考虑当地气候、水文、地质、植被等特征，把大学校园作为一定地区范围生态系统内的子系统，依存于自然环境之中。在具体的校园规划中，则以尊重低碳生态为优先，注重能源的节约、资源的再利用、减少和避免污染物的排放等	1.自然环境优越； 2.自然资源丰富	华南师范大学南海学院

7.3　布局形态模式

7.3.1　校园的功能分区

校园规划相对于其他的城市规划项目，具有功能分区明确、组团格局清晰的特点。不同功能对空间和交通的需求不同，与此同时，不同组团之间又要求有功能上的连续性。校园功能类型总结如表 7-2。

校园功能类型　　**表7–2**

区类型	功能项目
教学区	教学楼、实验楼、图书馆
学生生活区	宿舍、食堂、超市、浴室、商业服务设施
体育运动区	运动场、体育馆
后勤服务区	锅炉房、仓储、维修车间、汽车库
行政服务区	行政大楼、图书馆、国际交流中心
教工生活区	教师公寓
生态景观区	景观轴线、核心景观区、主入口景观区

校园不同功能区在布局时的组织原则如下：

①教学、科研、住宿、生活、运动、行政管理、后勤等不同使用功能用地各得其所，动静分离，避免干扰。

②教学、实验楼群作为校园功能的首要体现，应处于校园的核心区域，要有利于学科交叉、文理渗透和灵活调节，有利于公共教室、实验室的充分利用。

③教学科研实验设施和体育设施可以考虑承担部分城市功能，布局时注意既要联系便捷又要有利于对外开放。

④生活配套区应靠近宿舍区，方便学生使用。

⑤校园建筑力求南北向，争取良好的自然通风、采光以节约能源。

7.3.2 空间格局

当代大学校园整体空间组合应因地制宜、因校而异，有着不同的空间特征。其中空间组合模式有传统式、核心式、线性鱼骨式、方院式、网格式、组团式、簇群式和混合式多种，可以归纳为集中式、线性式、组团式、网格式和综合式的空间组合关系（表 7-3）。

校园空间结构类型 **表7–3**

空间结构	主要特征	案例
集中式	集中式校园空间模式一般有一个明确的核心，由此向外扩张，空间结构体系十分清晰，校园规模可大可小	哈佛大学校园平面
线性式	校园线性布局体现为，整体校园由一条清晰明确的径向轴线所控制，用校园中央干道将这些设施串联起来，向两端延伸。线性发展的校园一般受地形的限制	广州大学城华南理工大学校区平面
组团式	有一定功能关联的建筑群体布局往往集中成组团状，不同的组团通过一定方式的组合最终构成校园的整体形态	浙江大学紫金港校区平面

续表

空间结构	主要特征	案例
网格式	网格式布局易于进行标准化建设，并适应灵活性和生长性的要求	北京科技大学校园平面
综合式	综合式一般适用于较大型的校园规划以及复杂地形的设计	安徽大学新校区平面

7.4　路网结构模式

交通体系对于大学校园来说具有关键性的结构作用，是整个校园的骨架和脉络，对用地性质划分、功能分区具有决定性的影响。校园交通体系担负着校园与城市周围环境的联系、校园内部各区与各建筑之间的交通联系的功能，同时又是重要的景观构成要素。合理的交通体系有利于划分出尺度适宜的组团，并建立起彼此之间良好的功能关系，同时也为师生提供丰富的交流场所。

校园往往具有瞬时人流密集的特征，设计时除了要考虑车行交通顺畅外，还要着重考虑人行交通的安全可达性。校园车行交通规划，应优先选择环形路网，有利于各个功能组团之间的联系，提高校园整体可达性。保证院院通车，每栋建筑都能连接机动车道。在混合交通的组织上，应尽量把机动车、自行车、步行道适当地区分开来，创造良好的步行环境，通过建立连续完整的步行体系，实现教学区、运动区、生活区、宿舍区之间的步行可达。

7.4.1　校园车行道规划

校园车行路与城市道路不同，应以避让学生上课人流、保障安全为主，不应追求宽度与速度，遵循通而不畅、顺而不穿的规划原则。

校园车行路的流量与学校的性质、办学方式、学生人数、课程设置以及与周边城市功能区的距离和联系方式均有关，需进行估算及预测。

车行道路的规划形态可分为环形、树枝形、网络形以及综合型几种：

7.4.1.1 环形

外环为车行区，中心为步行区，如上海大学。各庭院车行道连通或不连通，可部分利用地区或城市道路，需注意避免城市车辆的穿行（图 7-3）。

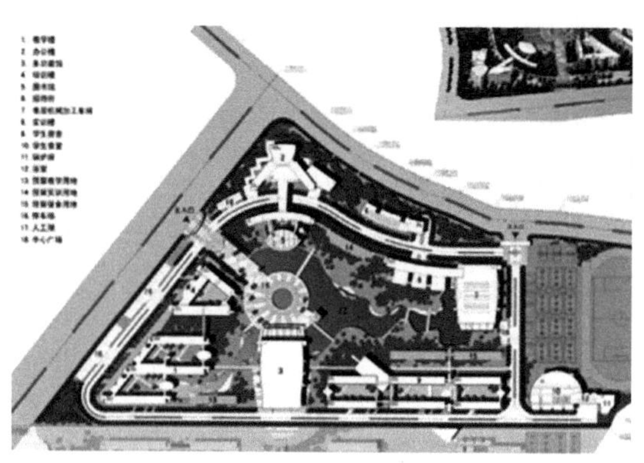

图 7–3 环形路网

7.4.1.2 树枝形

树枝形干道形成交通脊，通过小路与各功能建筑连接，一般为人车共存路（图 7-4）。

图 7–4 树枝形路网

7.4.1.3 网络形

通行量最大，交通对环境安静与安全影响面大，有时可采用立交形式（人行在上，车行在下），车行易直达建筑（图 7-5）。

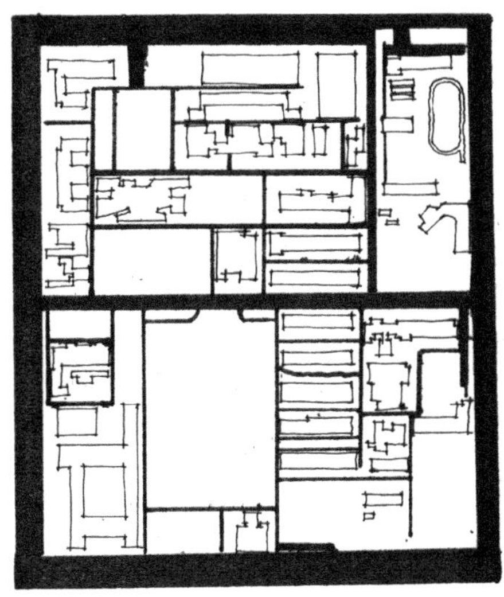

图 7–5　网络形路网

7.4.1.4　综合型

综合以上形式，有机组合（图 7-6）。

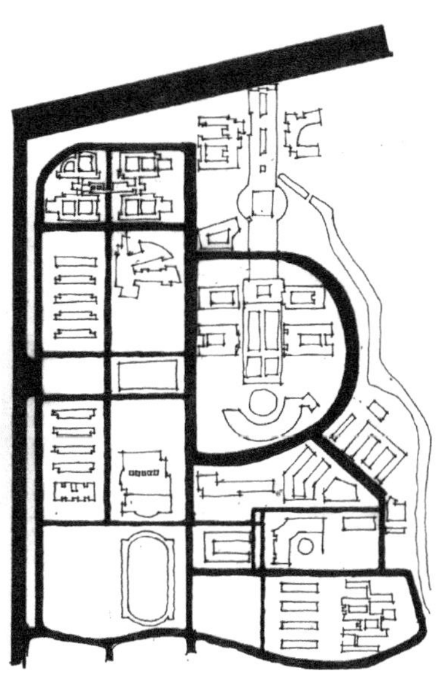

图 7–6　综合型路网

7.4.2 校园人行道规划

校园内步行交通特点，一是在上下课时人流呈阵法式；二是步行活动常常伴随着交谈、切磋、休憩、观望等多种行为。非课间则伴随着休闲、漫步、观赏等活动；三是步行的自然惯性是愿意抄近道,走捷径。因此,步行路的规划应符合人们的行为方式,达到流畅与便捷，也是保护环境与植被不被乱踏的有效措施。校园人行道规划具体要点如下：

①满足人们走捷径的要求，合理规划步行路线。恰当地估算各区位步行的人流量，以确定适宜的路面宽度。一般情况下（非高峰期）学生也喜欢 2~3 人结伴而行，边走边聊。因此步行路的宽度不宜小于 2.5m，可容 3 人并行。

②步行路与主要的车行路尽可能分开，减少交叉和相互干扰，构成相对安静及安全的步行空间。

③创造宜人的步行环境，夏季有绿荫蔽日，冬季背风向阳，沿途有花木相伴，随处有椅凳可憩。

④步行路与交往空间相结合，好的步行空间，除了交通的职能外，还可诱发休闲与交谈、交往的行为。同时还可以创造不同层次的滞留与交往空间，使师生在流动中可有多种行为选择。它不仅丰富了校园的动态景观序列，更有利于营造浓厚的人文氛围，有助于营造求知、研讨的学术氛围。

⑤注意步行路与校园景观及生活中心的联系。步行路线有意识地与校园景点及重要建筑相结合，既可提供优美的视觉走廊，又可鼓励人参与校园的人文活动，融入校园生活之中。

此外，应注意在如教学建筑群、行政楼、体育馆等大型公共建筑前，设置机动车停车场，并尽量做到地面停车；在主要的教学、住宿区域合理安排自行车停放场地。

7.5 单体建筑模式

校园规划设计中建筑主要从功能方面考虑。建筑类型有教学建筑、行政建筑、宿舍建筑、生活配套建筑、体育建筑等，这些建筑的功能性很强，形体也相对固定。

校园规划中建筑处理上要注意对重点建筑单体和建筑群的着重刻画，如行政楼、图书馆、体育馆等标志性建筑单体和教学楼、实验楼等主体功能建筑组群等，在建筑形式上可以选择有地方文化特色的建筑元素，以此奠定校园建筑主体风格。

7.5.1 行政建筑

行政建筑可以考虑从体量和高度上突破其他建筑，作为标志性建筑之一，但建筑风格上建议简单大方，以对称式为主，体现教育事业的庄重典雅（图 7-7）。

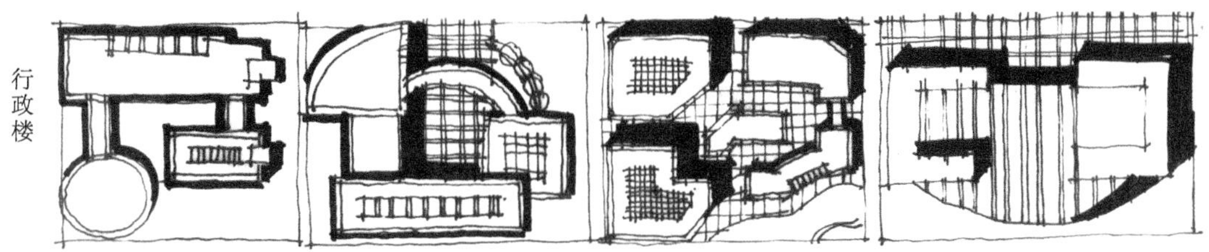

图 7–7 行政建筑典型模式

7.5.2 图书馆

图书馆最简单的设计手法就是对称性设计，如果规模较小就设计成一栋以长方体为基本形状的现代风格建筑；如果规模较大可以考虑设计成三面围合甚至四面围合的建筑，形成一个内部院落。图书馆前侧或旁侧宜有广场，方便人流疏散、师生交流（图 7-8）。

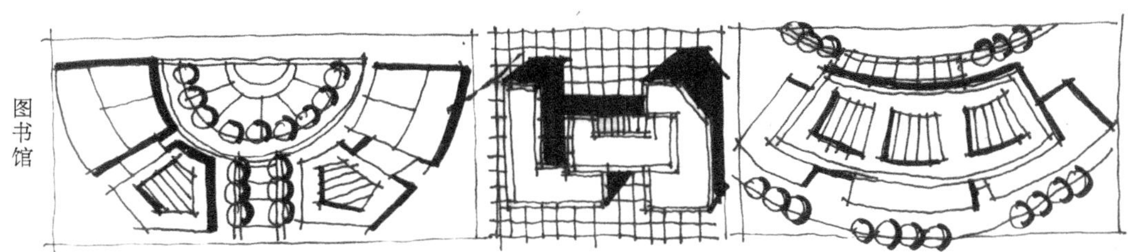

图 7–8 图书馆典型模式

7.5.3 教学楼

教学楼是校园内的功能主体建筑，对朝向、通风、采光有严格要求。在建筑选型上，教学楼以组合建筑的形式居多，由多组形式类似的外廊、内廊或内天井式建筑通过行列式或围合式组合而成，通过连廊将独立的建筑单体联系起来，既显得建筑组群协调统一，又为师生提供了多层次的交流空间（图 7-9）。

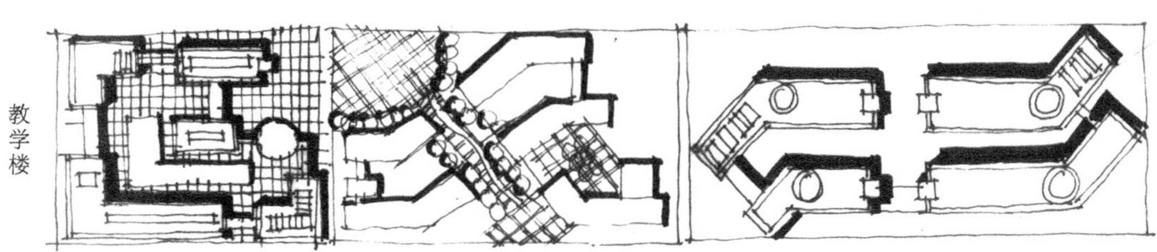

图 7–9 教学楼典型模式

7.5.4 体育馆或风雨操场

体育馆或风雨操场的设计重点在于对体量的把握，一般校园体育馆是由标准足球场或组合篮球场以及围合式观众席组合而成，形式上可以采用活泼的椭圆形或方形建筑（图 7-10）。

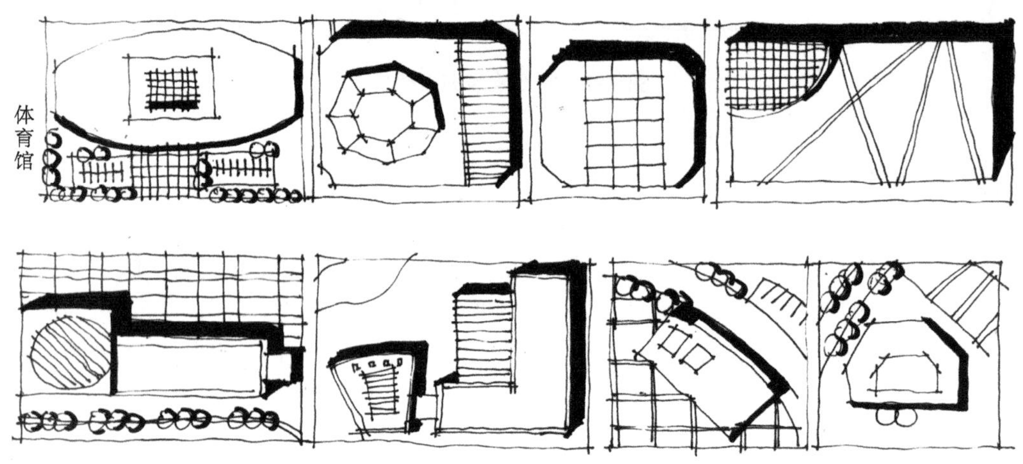

图 7-10 体育馆典型模式

7.5.5 学生宿舍楼

学生宿舍楼造型相对简单，以长方形板式为主，建筑内部采用内廊式布局。应注意的是建筑群体的组合，应在建筑之间预留一定的广场、庭院等开敞空间，作为大量学生交流休息的场所。生活区应靠近学生宿舍布置，方便学生日常使用。教师公寓设计类似普通住宅小区，应区别于学生公寓独立设置（图 7-11）。

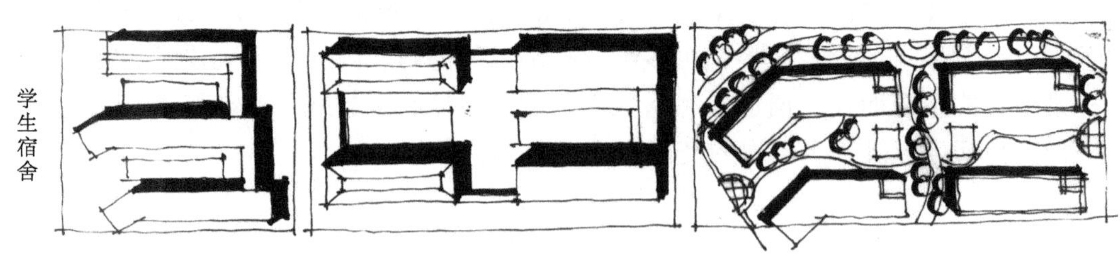

图 7-11 学生宿舍典型模式

7.6　快速设计训练：北方某医学院新校区规划设计

北方某医学院规划建设其新校区，基地位于大学所在城市的新区中，东西长 700m，南北宽 240m，东侧有河流经过，地势呈西高东低之势，基地中部有一陡坎，两侧高差约 12m，新校区总用地面积 16.8hm²（图 7-12），校园主入口拟设于用地北侧。

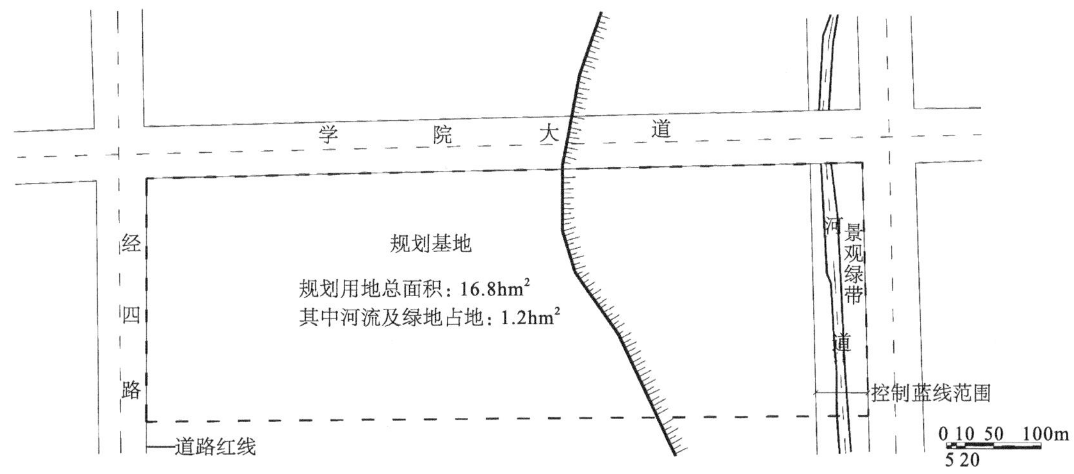

图 7-12　规划地块现状示意图

设计要求总建筑面积达到 156000m²，满足办学规模达到教职工 500 人、在校学生数 6000 人的需求。容积率为 0.9，建筑密度不大于 30%，绿地率不小于 40%。

要求设计教学主楼（15000m² 建筑面积）、行政用房（7600m² 建筑面积）、图书馆（10000m² 建筑面积）、实验用房（50000m² 建筑面积）、学生宿舍（39000m² 建筑面积）、学生食堂、会堂、风雨操场、教室、公寓、运动场（标准运动场 1 个、篮球场 4 个、羽毛球场 6 个）等。

7.6.1　任务解读

根据任务书的内容，可以从设计深度、功能定位、开发强度、设计重点这 4 个方面来解读本次设计任务。

7.6.1.1　设计深度解读

本案例位于北方某城市，基地位于城市新区，不用考虑现状建筑要素对规划的影响，降低了审题的难度，有较大的设计自由发挥空间。地块总用地 16.8hm^2，用地整体成狭长形，规模不大。设计时需要注意各功能分区的布局，着重知识殿堂空间序列的营造，重点考虑公共开敞空间的布置，在建筑细节和景观结构上也应多加注意。作为校园规划的作品，师生交流场所的营造及基础设施的共享会成为出色的闪光点，为设计增添光彩。

7.6.1.2 功能定位解读

新校区不仅应当注重校园各项功能的完善，也应注意功能的提升。任务书要求建设的项目有教学主楼、校行政用房、图书馆、实验用房、系行政用房、学生宿舍、学生食堂、教工食堂、会堂附属设施、风雨操场、教室、公寓、学术交流（培训）中心、运动场地、机动车和非机动车停车场。规划时应当注重各个功能建筑的布局，使其功能得到更好的利用。同时校园除了教学以外，还承担着一定的社会职责，在规划中可以开放一部分设施与社会共享，设计中要注意出入口的安排以利于社会人士使用。

7.6.1.3 开发强度解读

设计任务书里要求容积率为 0.9，建筑密度不大于 30%，绿地率不小于 40%。新校区总用地面积 16.8hm^2，要求总建筑面积达到 156000m^2 ，办学规模达到教职工 500 人、在校学生数 6000 人。计算可得平均建筑层数最低约 3 层，在规划时要注意楼层的设置以平衡整体开发强度要求。

7.6.1.4 设计重点解读

地形环境协调与利用：用地东部为线性水域和景观绿带，拥有良好的自然景观资源，方案如何体现与周边环境的互动、如何利用现有自然资源打造景观节点、如何利用与处理 12m 的高差是设计的重点。

用地内部功能组织及比例：校园用地的功能大致可分为教学区、学生生活区、体育运动区、后勤服务区、行政服务区、教工生活区、生态景观区这 7 个部分。如何合理地进行不同功能分区的布局是本次设计的重点内容。

交通流线组织及步行系统：多种功能复合的地块内，如何处理人车交通问题，以及不同目的的人群活动流线与各个开放空间的联系是重点内容。

特色开放空间及细节处理：创造大气、美观，同时又别具特色的公共绿地。开放空间与建筑之间的细节处理也是其中一个重点。

7.6.2 场地分析

7.6.2.1 周边场地分析

景观资源：用地东侧有一沿河的景观绿带，在设计时可考虑内部水系与东侧河流之间的水系连通，从而形成活水景观。

周边用地：周边都是拟建大学城用地，要考虑基地与周边地块之间的步行联系，注意开口的位置选择。

7.6.2.2　内部场地分析

地形：从整个用地范围来说，地形较为平坦，地势呈西高东低之势，基地中部有一陡坎，两侧高差约 12m。在设计中应当注意高差对基地内道路规划的影响，同时可以考虑通过高差来制造特色空间。

现状用地：用地目前未进行开发建设，因此不需要考虑现状建筑及道路的影响。

7.6.3　方案构思

7.6.3.1　设计理念

根据上述分析，用地周边及内部拥有较好的自然景观资源，对地块内部的高差及小河的处理利用可作为整个方案的亮点。校园规划的重点在于公共空间的创造，设计中应创造不同尺度的公共活动空间以满足师生不同的需求，同时要将人文和生态因素融合在内。

因此，“绿色生态，开放人文，功能齐备”是我们应当体现的设计理念：

绿色生态：借助高差和水体资源，作为设计的绿色背景，充分发挥地理优势，打造优美景观。

开放人文：注重公共空间的设计，给师生、同学间创造共享交流的场所。

功能齐备：创造教学、科研、实验具备的多元校园。

7.6.3.2　总体布局

校园的功能分区明确，分为教学区、学生生活区、体育运动区、后勤服务区、行政服务区、教工生活区、生态景观区。根据地块特色，教学区宜正对地块主入口设计，形成明晰的景观轴线，行政大楼也可以成为校区入口的标志性景观；宿舍区宜靠近地块次入口，方便学生进出，但与教学区和运动区也不宜过远；生态景观区可以结合现有水资源布置。

7.6.3.3　交通梳理

方案充分考虑大学校园的人车分流，车行道为环路，连接校园内各大功能区用地。步行系统结合景观布置，连通生活区与教学区等主要用地。

7.6.3.4　开放空间

各空间以轴线连通，形成贯通全局的景观廊道，这一廊道成为联系全局的脉络。在地块中心设置全局的景观中心，形成视觉上的焦点，并考虑与周边用地的联系，在轴线入口处设置小型广场。各分区内也形成各具特色的中心绿地，然后通过绿化与步行系统串联起来形成连续完整的景观系统。

7.6.3.5 建筑布局

整体建筑布局呈西高东低之势，使地形的剖面起伏得到进一步的加强，突出了地形高差的特征，形成逐步跌落的空间序列，使天际线更加优美。

建筑多进行围合布置，通过各种连廊进行连接，加强建筑群的整体感，增强空间层次，形成丰富的院落广场空间。

7.6.4 方案表达

7.6.4.1 总平面图与鸟瞰图（图 7-13、图 7-14）

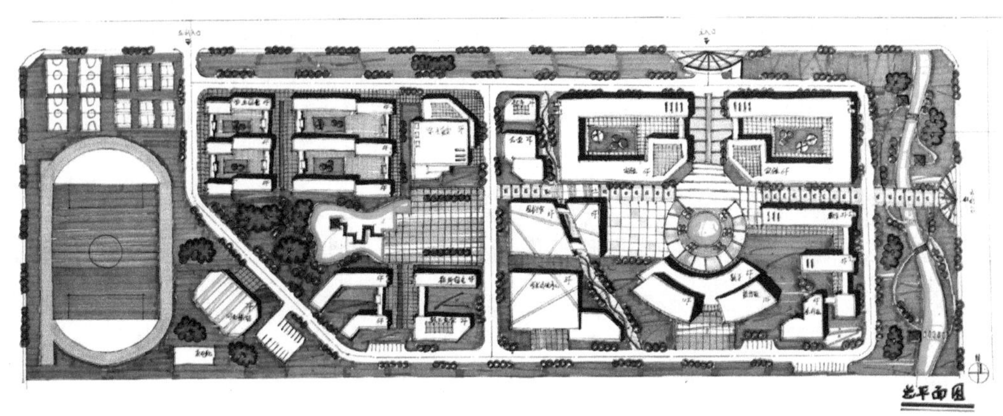

图 7-13 总平面图

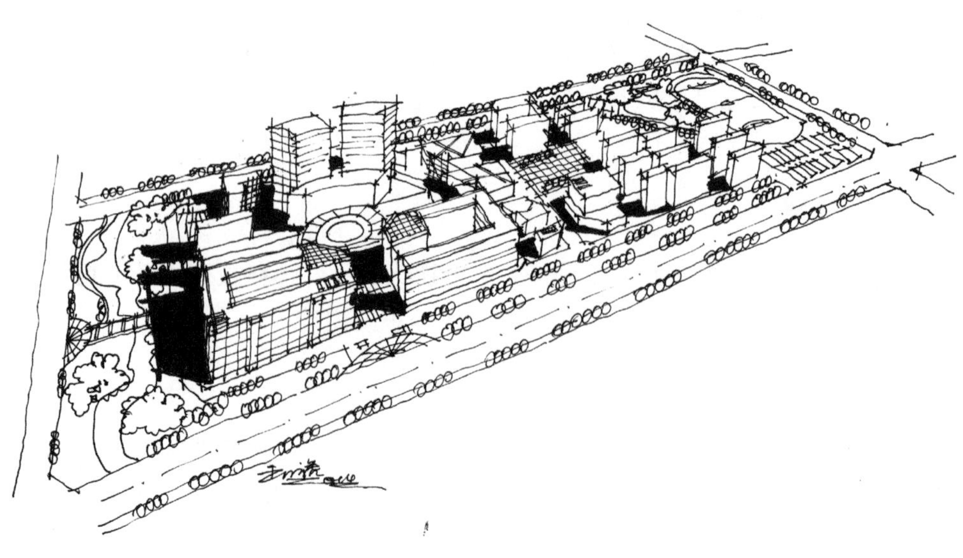

图 7-14 鸟瞰图

依据设计要求将主入口设置于学院大道东侧，并在学院大道西侧设计次入口；在东侧道路设计步行入口并在北侧道路和东侧道路一侧设计绿地以减少外界对学校的干扰，并增强学校生态感；按照要求在各个功能区布置各类功能建筑。

7.6.4.2　设计分析

1. 规划结构分析（图 7-15 左）

规划学校为"一心、两轴、三区"的结构。

"一心"：位于教学区的中心部位设计圆形广场，广场正对主入口并通过弧形建筑呼应强化入口空间。

"两轴"：分别为南北向和东西向步行轴线。

"三区"：从西向东分别为运动区、生活区、教学区。运动区布置各类运动场地和建筑；生活区主要为学生公寓、食堂以及附属设施；教学区则为教学建筑和行政建筑。运动区与教学区分开可减少相互干扰。

2. 道路系统分析（图 7-15 中）

车行道路系统采用外环式道路网以减少汽车对学校的干扰，在环路两侧设计地面停车场。

步行道路以两条轴线为主，串联各个功能片区。

3. 景观结构分析（图 7-15 右）

景观结构依然围绕两条轴线展开，在焦点处形成景观节点，并在生活区设计次要景观节点，提升学生居住的景观层次和人居环境水平。

东侧设计条形绿地强化人行入口景观。

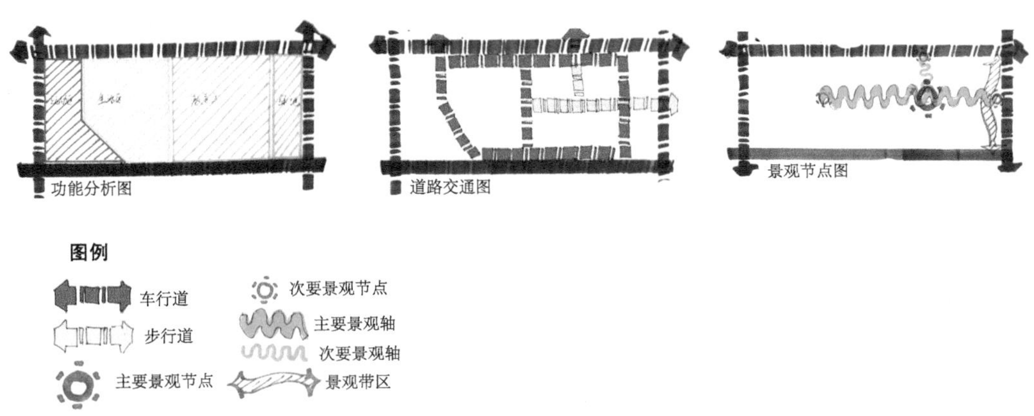

图 7–15　设计分析

7.7 项目实践详解：信丰二中规划设计

信丰二中是江西省重点中学，市三星级学校。学校位于江西省赣州市信丰县，紧邻波光潋滟的桃江河、景色秀丽的南山岭。地块北侧为城市主干道，西侧为次干道，其余方向为支路。

设计要求对中学进行扩建，从80亩扩建为196亩（图7-16），预计班级数达到90个，在校生4500人，住宿率75%，教职工309人，设计应当满足以上规模的居住和教学要求。

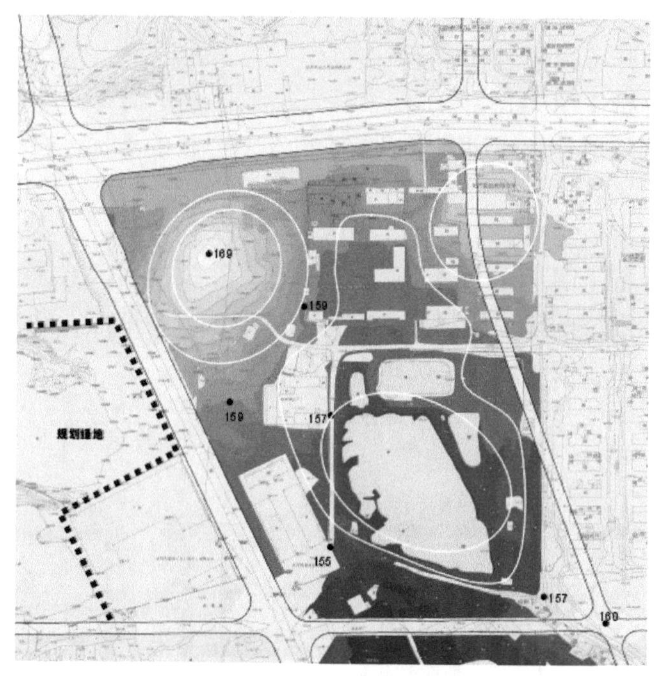

图7-16 信丰二中地形

7.7.1 任务解读

根据任务书的内容，可以从设计深度、开发强度、设计重点这3个方面来解读本次设计任务。

7.7.1.1 设计深度解读

规划区西侧用地为公园用地，可提升校园周边环境，同时也对基地中绿化的整体区域结构提出要求。

用地整体地形北高南低，最高点位于西北部，高程为 169m，最低点为水面和南侧入口处，高程为 152m。校园规划设定入口位于南面，南面道路规划高程为 155~160m，地下管网为 152~154m，比北面现状用地高程高，对规划竖向形成一定障碍。

7.7.1.2 开发强度解读

中学原来占地 80 亩，64 个教学班，学生 3900 余人，其中初中 1700 多人，高中 2200 多人。规划中学占地面积 196 亩，班级数达到 90 个，教职工 309 人，在校生 4500 人，住宿率 75%，以人均建筑面积 $6m^2$ 计算应当建设 $20250m^2$ 的学生公寓。学校应设立美术室、音乐室、舞蹈室、多媒体教室等。

7.7.1.3 设计重点解读

依山理水：结合地形水体的利用，形成特色的生态山水园林的校园环境。

历史新解：塑造人文主义特色的校园文脉，将客家传统文化融入设计中。

人本流线：根据中学教学规律和学生流线分布，明确合理的功能布局形态，使交通流线更加符合师生的生活习惯。

扩大庭院：通过庭院的分层处理，形成合理的组团布局形式，增大庭院的面积，营造更多供人娱乐休憩的开放空间。

人文秩序：具有标志性的学校入口轴线。

离散交通：形成安全便捷的交通系统。

意趣场所：创造丰富的空间形态。

7.7.2 场地分析

7.7.2.1 周边场地分析

新信丰二中用地东临经二路、南临纬二路、西邻中侨路、北临站前大道。

规划区西侧用地为居住区公园用地，在校园的规划设计中，应当考虑到公园对绿地景观系统的影响，采取对景、借景等景观设计手法，充分利用周边环境。

7.7.2.2 内部场地分析

地形：用地整体北高南低，中部地形平坦，最高点位于西北部，高程为 169m，为一处小山坡；最低点为水面和南侧入口处。在建筑布局时，应当考虑地形的影响，依坡度摆放建筑。

水：用地内部有 4 个零散的水泊，其中一片水泊略大，其他略小。水泊占据整个基地约 1/4 左右，形状略规整。规划中应当将水泊作为地块中占据视野中心全局的一个非常重要的景观资源和开放空间，可以根据设计方案，对线形进行处理。

现状用地：现状有零散的建筑分布在基地中，建筑普遍质量较差，保留意义不大。在规划中可根据方案进行拆除。

7.7.3 方案构思

7.7.3.1 设计理念

区域协调：校园建设是百年大计，必须立足长远，放眼未来，结合周边规划和城市发展趋势，设计校园空间和结构。功能分区合理，总体规划布局有利于学生、老师交流，体现时代特色。

诗意人文：塑造诗意、人文化的校园氛围，形成鲜明的校园个性特色；打造行为心理与环境空间高度和谐的校园环境。

动态持续：规划布局具有可持续发展性。按照动态体系规划，形成弹性生长的规划脉络，做到宏观可控，微观可调，适应今后素质教育建设的不断发展和更新。

塑造校风：塑造有利于创造高效率的学习工作环境，突出山水园林特色，力求营造一种理性、典雅、富有文化教育内涵的氛围，通过环境引导学生学习、认知。

7.7.3.2 总体布局

合理进行功能分区，从而达到资源优化、教学效率提高的目的。校园建设是百年大计，必须立足长远，放眼未来，综合考虑院校远近期的发展和长期的合理使用，教学区和生活区相对集中。

规划整体布局把握功能区块的关系，根据“高效”的原则，合理分布教学区、学生生活区及运动区。教学区集中在中间，适合体现学习氛围，尤其是有利于学科交叉；生活区位于北面，处于运动区和教学区的等距区域；运动区靠近基地东侧，可以单独对外设出入口出租使用，有利于实现资源社会共享。

规划中有意将教学区建筑围湖而建，有利于形成校园主入口立面，形成校园面貌，充分展现校园建筑特色。

生活区和运动区在北面，比较有生活氛围，同时也为社会化管理留有余地。

教学区分为 4 组，即教学主楼与科技综合楼、图书馆与报告厅、美术馆整体建筑群、行政楼，相对集中，整体离散，便于分期建设。

7.7.3.3 交通梳理

交通组织分为车行交通组织和人行交通组织。在总体规划中分区组织、动静有序、疏导控制，合理组织人流和车流流线。整个校区在交通规划中形成以环状路网为交通主干道的交通组织形式，同时各级次要交通道路与主体干道相联系，形成一个便捷、快速、高效的交通路网系统。

车行交通：整个校区的交通系统通过环状的交通道路进行联系，根据不同功能区对交通服务的不同需求，主要交通性道路沿人流、车流量较大的功能区设置，同时保证各个功能区组团周围也有交通性道路进行联系。

机动车停车场结合校园入口布置，采取就近集中停放的方式，减少对校区内部的干扰，所有的露天汽车停车场地面铺设植草砖，采取生态式设计。非机动车的停放则是结合绿化带，在各个功能组团外侧设置集中的非机动车停车场所，这样不仅可以避免校区内不同的交通流线的混杂，同时也便于校方统一集中管理。

步行交通：结合校区内的功能布局以及路网形式，在教学区、生活区、运动区，结合山水园林景观形成步行区。各个步行区又与各级交通道路相联系，这样便可通过车行道联系各个不同的功能区，而在各个功能区内部则可形成良好的步行交通环境。

7.7.3.4　开放空间

交往空间是校园文化氛围的要素，设计中有意识地塑造了多个交往空间：如规划改造山体形成清幽的读书空间、水体景观相互围绕形成休闲空间、宿舍区及教学楼组团院落式布局形成的对话空间以及教学楼环绕的开阔空间；同时，在单体设计中可注重内部空间的营造，如图书馆内部多重空间渗透、教学楼的连廊空间等均适用于课间交流。

人文空间结合人文景观设计。沿校园中轴线布置表现学校主题的雕塑小品，如教育名人；沿教学区山体布置以表现校史为主的纪念小品；沿湖边水体布置亲水平台、文化墙、文化廊、文化亭，展现当代学生文化活动及精神面貌。

绿化格局：绿化总体格局以一线多点统领，即主要围绕中轴线布局山体、水面。中轴线以大型几何形态草坪为主，两侧种植高大常绿乔木，形成中心景观走廊，强化校园主题；围绕山体则以自然植被为主，形成茂密的树林，成为校园的绿肺，并形成清幽的读书空间；沿湖开阔地带则以草坪结合观赏性树木为主，着重体现自然、休闲；此外，在各个功能区内部均围合形成各具特色的绿化空间，如教学楼间的院落小景、宿舍楼间的灌木林等。

规划强调了自然景观的重要性，在教学区建造山体，高度为教学楼一层高，地势由低到高具有韵律变化。山体坡度力求平缓，使之成为自然景观，依山就势进行场地平整，力求整体空间顺势自然。

水体利用：在原基地内有大面积的鱼塘，本案采用因地制宜的设计理念，利用鱼塘进行水体改造，减少土方量。水面周围形成大面积绿化空间，将内部园林相互融汇、渗透，发挥最大限度的资源效益。

改造水体既改善了内部环境气候，又具有生态意义；同时各水面相互贯通，雨季水面处于流动状态，加强了水体自洁能力，在旱季则可为校园绿地系统提供灌溉用水，形成真正意义上的生态校园。

7.7.4　方案表达

7.7.4.1　总平面图与鸟瞰图（图 7-17、图 7-18）

整体上分教学、生活、运动 3 个片区布局各类功能建筑，整体建筑风格为现代化的建筑。

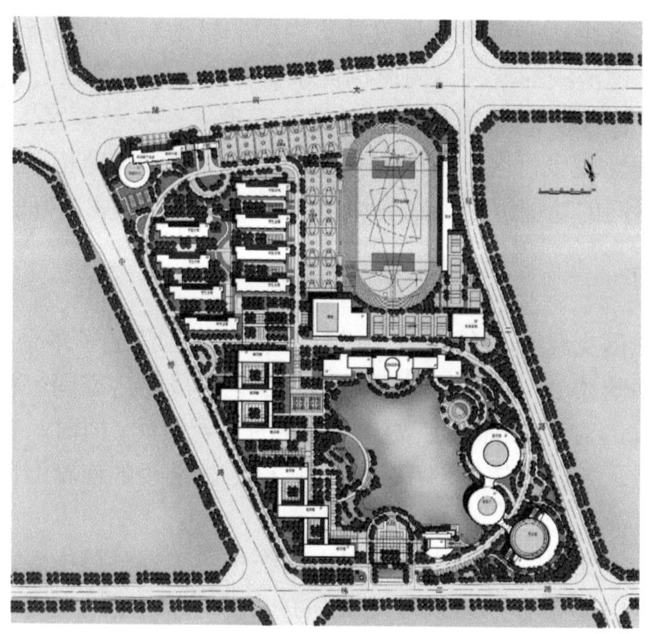

图 7-17　总平面图

图 7-18　鸟瞰图

7.7.4.2　设计分析

1. 规划结构分析（图 7-19）

主要结构为 3 大区：运动区、生活区、教学区。

运动区：基于地形考虑，设置于地块东北侧，以体育场为中心组织各类体育场地。

生活区：设置于地块西北侧，以排列式布局学生公寓。

教学区：设置于地块南侧，可减少城市主干道对教学活动的干扰。内部空间布局围绕湖展开，西面设计两组板式教学楼，北部布置对称式综合楼（行政办公为主），东侧则结合湖岸线特点设计圆形艺术楼、图书馆等，有效增加空间灵活度。

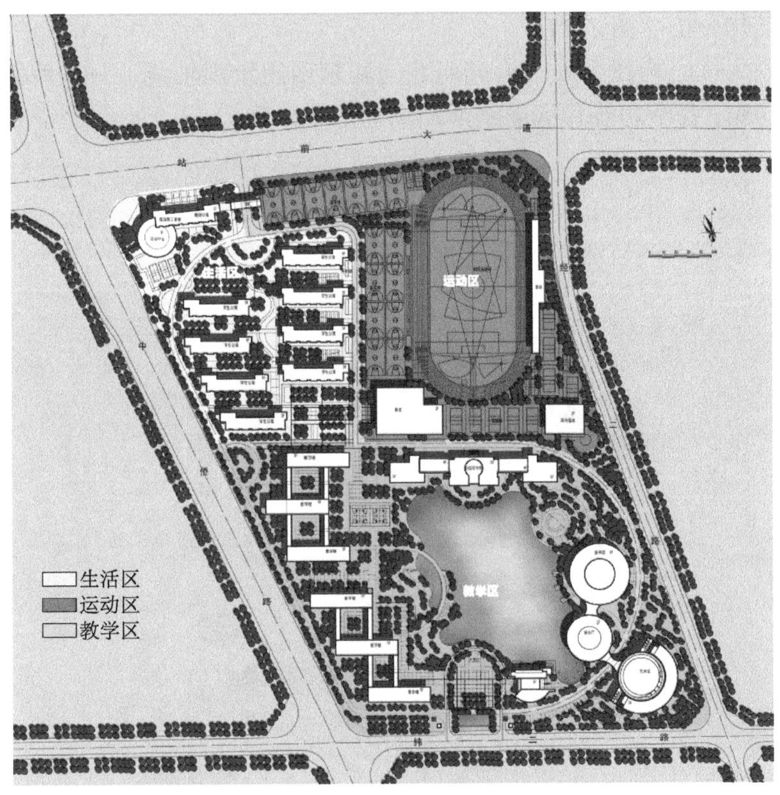

图 7-19　功能分析

2. 道路系统分析（图 7-20）

车行道路采用外环式道路网，围合了生活区与教学区。车行入口主要有两处，分别位于北侧和南侧。

步行道路串联各功能区建筑，并设计适当的滨水道路。

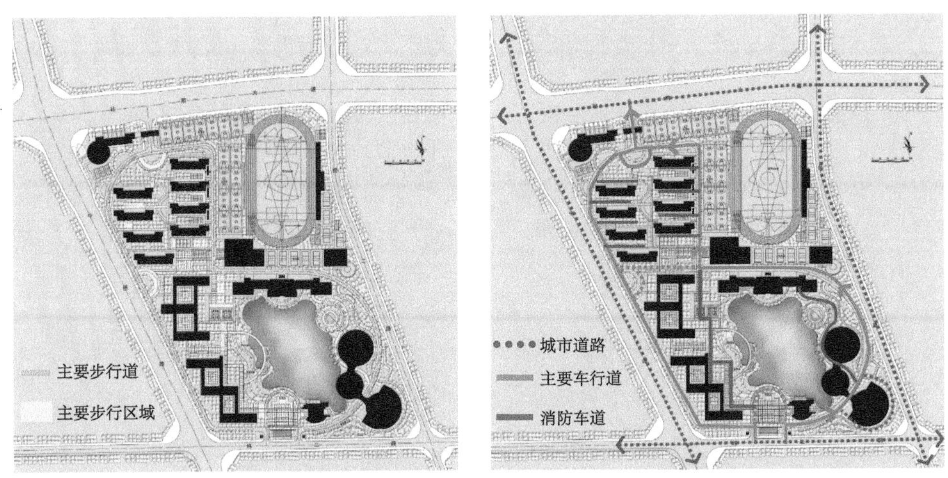

图 7-20　道路系统分析（步行系统 + 车行系统）

3. 景观结构分析（图 7-21）

规划以湖为核心构建景观，形成南北向和东西向景观轴线，并从南侧主入口处设计两条视线通廊；各个功能片区围绕活动场地形成景观节点。

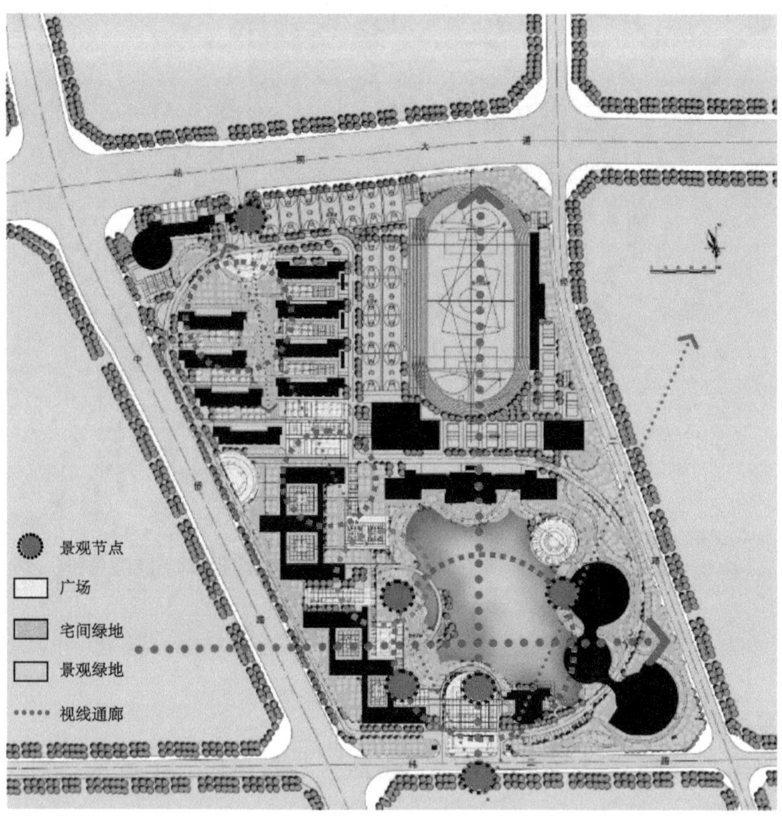

图 7–21　景观结构分析

第 8 章　城市滨水区设计

本章讲述城市滨水区设计的相关概念、理论以及设计方法。阅读目标为：了解城市滨水区的概念、特点和城市滨水区设计的历程，掌握城市滨水区的相关研究理论。作为城市的重要公共空间，通过对亲水空间的营造、重视其空间可达性与整体性，创造出满足人们需求的滨水空间。

8.1 概述

城市滨水区的发展是人类城市文明发展的起点与重要依托，在当前我国城市快速发展的背景下，城市滨水区在城市发展中更是扮演着特殊的角色：

①滨水区是城市非常珍贵的资源，是改善城市人居环境的重要手段之一。

②滨水区是城市的黄金地带，提供了土地开发的新机会。

③滨水区的开发能显著提升或者重塑城市形象，成为城市的名片。

8.1.1 概念

城市滨水区是指“城市中陆域与水域相连的一定区域的总称，其一般由水域、水际线、陆域 3 部分组成。”根据毗邻水体的不同可以分为滨海、滨江、滨河、滨湖等区域。城市滨水区既是陆地的边缘，又是水体的边缘，包括一定的水域空间和与水体相邻近的城市陆地空间。

滨水区空间范围包括 200~300m 的水域空间及与之相接的城市陆域空间，其对人的诱致距离是 1~2km，相当于步行 15~30min 的距离范围，并且城市滨水区具有导向明确、渗透性强的空间特质，是自然生态系统与人工建设系统交融的城市公共开放空间。

8.1.2 综述

城市滨水地区有多重功能，例如：供水与排水功能、生态与环境保护功能、交通功能、防洪与排涝功能、景观功能和游憩功能等。滨水区的建设与城市的发展阶段密切相关，其主要功能的演变经历了 3 个时期（图 8-1）：

	前工业化	工业化	后工业化
开发强度	弱	中	强
人水关系	和谐共生	冲突矛盾	和谐共生
水体环境	优质	劣质	良好
主要功能	农业和生活给排水	工业和生活给排水	游憩和景观，兼有城市供水

图8–1　滨水区规划演进

①前工业化时代：水为居民的生活创造了必要条件，其最基本的功能是灌溉、生活供水与排水，因此成为大部分城市选址的首要考虑因素。这一时期，人与水是和谐的共生关系，人类活动对水环境造成的影响尚未超过水的自净能力。

②工业化时代：水的首要功能是交通运输功能、工业供水和排水功能，滨水地区成为工业、港口的聚集区，人类狂热地追求经济效益使水环境的自身平衡遭到破坏。

③后工业化时代：水的首要功能是游憩和景观功能，随着"以人为本"的价值回归，滨水地区成为环境优美、城市公共活动集中的城市核心区域，人类需要通过努力重新达到社会、经济、环境效益的平衡与统一。

在步入后工业化时代之后，随着物质与精神生活水平的提高，城市居民对游憩休闲、娱乐交往的需求不断增大，滨水地区成为理想的公共开放空间；同时，随着城市规模的扩大，城市开始跨河、跨江发展，滨水地区也由城市边缘转变为城市中心。在这两种因素的同时作用下，滨水地区开发和改造的动力不断增强，其根本原因在于功能调整前后的地价差，往往是数十倍的差别，这使得开发商有足够强烈的意愿开发或改造滨水地区；同时对城市来说，这类项目无疑能够快速提升城市的形象。

近 10 年来，与国外发达国家城市曾经出现的情况类似，我国城市也出现了滨水地区的"再开发热"。滨水地区的再开发也反映了社会价值观的转变，即从工业化时期单纯追求经济效益的价值观向后工业化时期的可持续发展观转变，这体现在：

人性回归：更强调"以人为本"，政府有义务为市民提供优美的公共开敞空间，滨水地区濒临水面，视野开阔，是旅游、体育锻炼和其他户外活动的良好场所，将滨水地区辟为公共空间能够体现"以人为本"的精神。

文化复兴：市民在物质生活水平得到提高后，在精神生活上有了更高的要求。自 20 世纪 70 年代起，发达国家对历史和地方特色的保护热情开始上升。一般来说城市中心的滨水地区发展历史悠久，拥有一些历史街区、历史建筑、历史遗迹或者体现场所特征的纪念物，它们均可以作为滨水地区改造和再开发的基本元素。

环境改善：随着工业、码头的搬迁和政府环保意识的上升，水体环境治理的成效逐渐显现，水体变清洁使"近水"重新成为一种吸引力。

精神、文化消费的增加：市民以文化娱乐、旅游休憩为目的向滨水地区集聚，必然导致"人气"的上升，商业机会也随之产生；同时由于开敞、优雅的视觉景观效果，滨水地区也是房地产价格较高的地区，经济价值凸显。

8.2　理念及策略

城市滨水区设计理念主要包含设计结和自然、文化协调共生、有机聚和等，本节介绍各个理论的运用策略、适用特点等，并列举相关理念运用的案例（表 8-1）。

滨水区规划设计理念及策略　　表8–1

理念	策略	适用特点	参考案例
设计结合自然	1.保护滨水区周边山体、自然植被和自然景观形态，避免对滨水区进行破坏性的建设； 2.在建设中应尽量与周边的公园、水系和地下空间结合起来，尽量保持原有的水环境特征，减少建设工程量； 3.使滨水区形成向水域开放的态势，充分显露基地滨水区的特色； 4.绿化基地，创造郁郁葱葱的滨水环境，开发连续的有树荫遮蔽的开阔地段，与水域相连，与绿带相连； 5.空间和景观的设计应充分体现出整体的山水特色，做到“显山露水”； 6.局部地段可规划混建各种类型的建筑，通过建筑的朝向和排列形成最佳布局，达到通风消暑、遮阳蔽日的效果，避免形成单调的建筑环境	适用于周边自然山水元素丰富并且具有可利用条件的地区	 厦门海沧大桥西桥头片区城市设计
文化协调共生	1.挖掘本土文化的内在特质，注重人的地域行为尺度，塑造多层次的场所和领域感的空间，形成地域场所精神； 2.强调视觉和使用的舒适度，提高空间使用效率和频率； 3.充分考虑滨水空间的共享性，表达人文精神，其中，岸线的共享和滨水公共步道是重要手段； 4.适应消费方式的转变，对行为模式进行适应设计，如把“购物式消费”模式开发转化为“体验式消费”模式； 5.公众参与和合作，利用各方面力量，产生社会共识，形成整体城市意向和社区意识	适用于能够凸显城市特色文化的区域，或者传统文化氛围浓厚的旧城区	 纽约南街港区开发
有机聚合	1.高效紧缩，以可持续发展为目的，通过高效集约的土地利用方式和集中化的生活方式实现城市的高效运营，强调集中与控制、公交与步行； 2.多元复合，在城市的组织和建构上注重各种功能活动的均衡混合； 3.生态网络，通过将不同规模的生态廊道层次化、网络化，按照层级结构构成生态网络，为城市可持续发展提供具有基础性支持功能的资源和服务； 4.时空拼贴，通过时间和空间要素拼贴，将地方文化记忆和未来城市规划融合在城市景观的塑造中，延续城市历史	适用于用地较为紧缩、地形复杂、可建设用地较少的区域	 合肥市滨湖新区概念性规划及核心区城市设计

8.3 布局形态模式

8.3.1 空间形态布局模式

城市滨水地区的空间类型根据城市板块与水体的相对关系，一般有以下 3 种模式：

8.3.1.1　沿水型的滨水空间

该类滨水空间主要特点是城市板块位于水面的一侧或两侧，陆地与水面的边沿呈带状展开。根据水的性质不同，又有沿河、沿湖、沿海以及夹江等类型。例如：纽约炮台公园区、上海沿黄浦江两岸地区、三亚亚龙湾地区、沈阳浑南新区滨水地带等（图 8-2）。

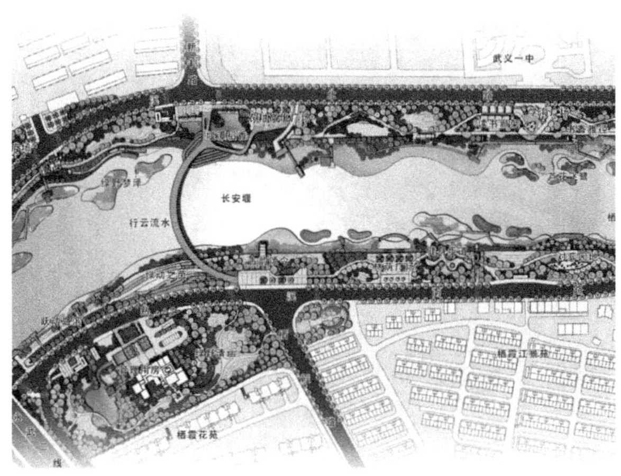

图 8–2　沿水型空间

8.3.1.2　环水型的滨水空间

即城市板块包围水面或者接近包围水面，陆地与水面的边缘大致呈环状。根据水的性质不同，又有环湖、环海湾等类型。例如：巴尔的摩内港区、杭州环西湖地区、北京什刹海地区等（图 8-3）。

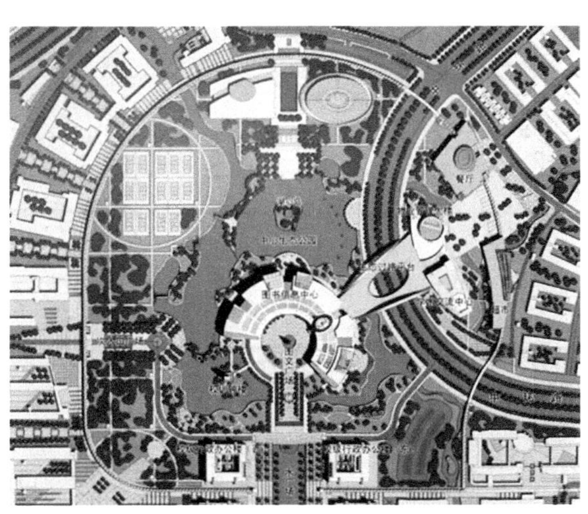

图 8–3　环水型空间

8.3.1.3 水网型的滨水空间

即大量水道呈网状相互交错，将城市板块切割成若干块，陆地与水面的边缘也呈网状分布。例如：水城威尼斯（图 8-4）、苏州古城等。

图 8-4 威尼斯水城

8.3.2 滨水建筑布局模式

滨水建筑空间形态划分有以下几种：

8.3.2.1 跌落型

滨水建筑大都以中心公共建筑组群作为标志，控制整个组团的高度和形象，滨水建筑高度和密度由中心至水岸依次下降（图 8-5）。

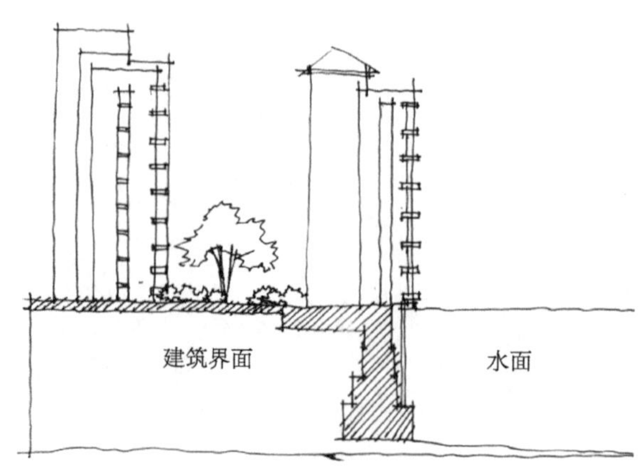

图 8-5 跌落型

8.3.2.2　退让型

滨水建筑红线退水岸一定距离，一般是 20~50m，作为绿化开敞空间，形成过渡区域（图 8-6）。

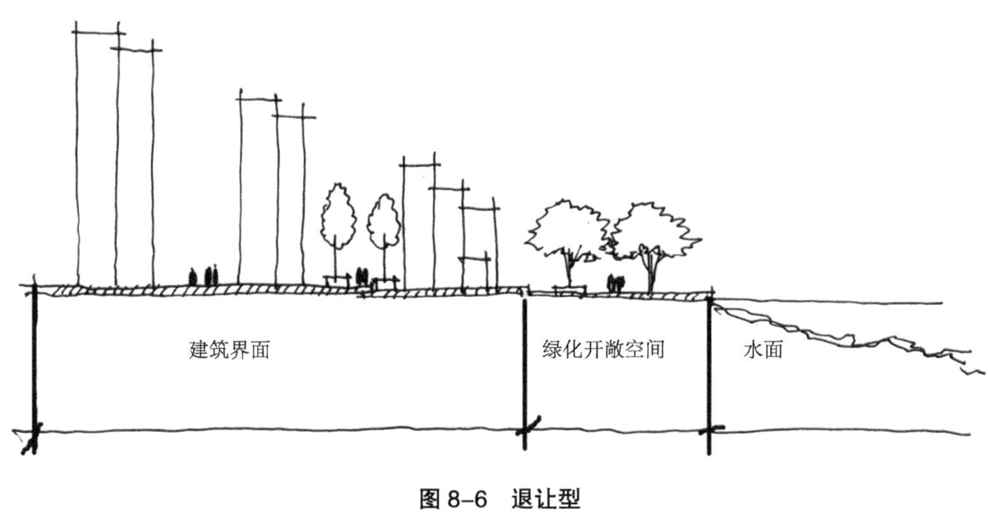

图 8–6　退让型

8.3.2.3　亲水型

滨水建筑临水卧波或挑出水面，形成城水交融的景观环境（图 8-7）。

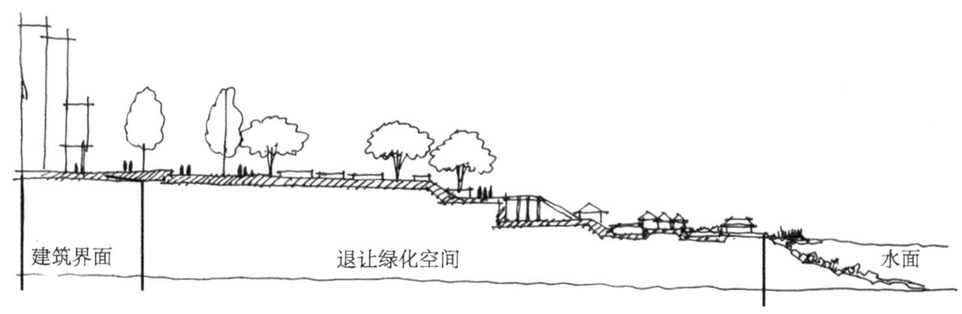

图 8–7　亲水型

8.3.3　组成要素布局模式

滨水空间布局形态设计，在很大程度上取决于是否能处理好滨水空间要素之间的关系。就一般意义而言，滨水区主要包含以下几个组成要素（图 8-8）：

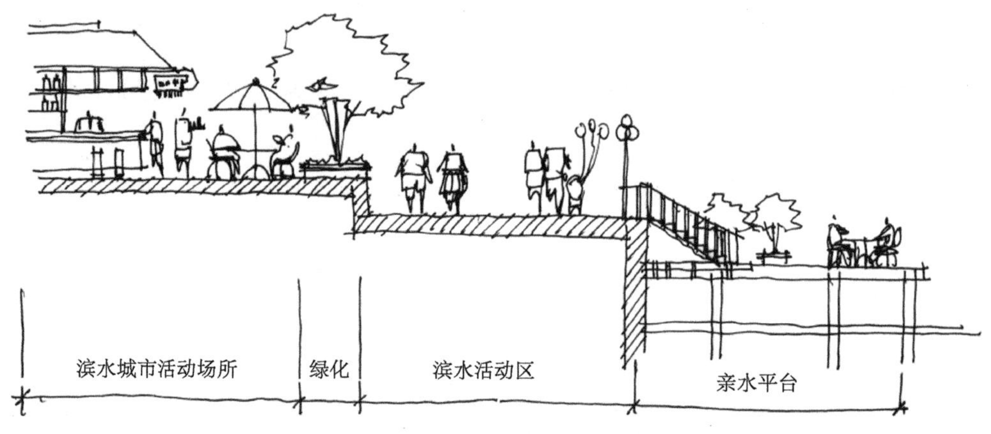

图 8-8　滨水空间四要素示意

水体边缘：水体及亲水空间；滨水步行活动场所：游憩空间；滨水绿化：自然空间；滨水城市活动场所：滨水区的职能空间。

各要素之间的组合形式可分为以下 3 种类型：

8.3.3.1　紧凑型

各滨水空间要素以简练、紧凑的形式组合，通常其组成要素会简略到只有城市活动场所和滨水步行场所两个要素。然而其往往以最经济的用地和空间，求得最大限度的环境效益。例如澳大利亚悉尼展览中心以一条较宽的滨水步行道作为滨水空间的主体而获得了很好的空间效果（图 8-9）。

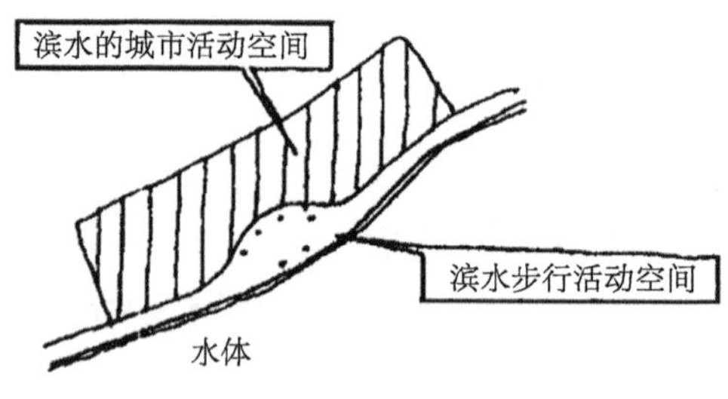

图 8-9　紧凑型结构示意

以紧凑型出现的滨水区一般有两种情况，一种是因为水体位于城市中心，地价高昂、用地紧张，使得其不得不局限在有限的空间范围内。另一种情况是水体为流动水体，河流的运动要求稳定的岸线。紧凑型滨水空间最大的特点是将四要素以最简练的形式结合，尤其是绿化空间往往被微缩到仅仅成为一种点缀。这种紧凑可显现出城市活动区的活力和繁荣。

8.3.3.2　集约型

对于代表一个城市景观风貌的滨水区，往往因其标志性的建筑群体和较大规模的滨水开敞空间而引人注目，此时各要素得以充分的展现，相互映衬，并以其高度的集约而形成非常具有凝聚力的开敞空间，它不仅使这个滨水空间充满活力，也使其成为城市的象征（图 8-10）。

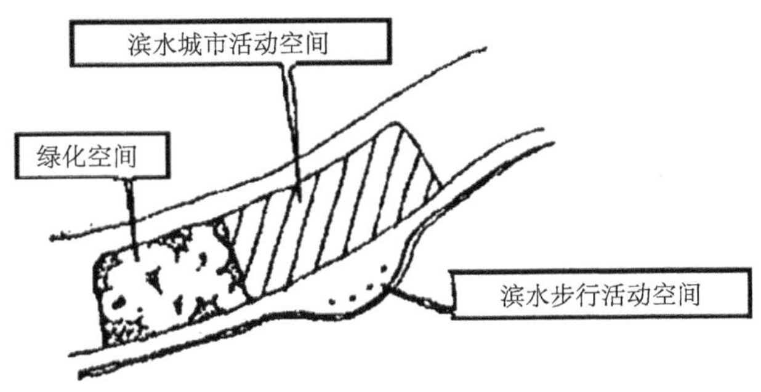

图 8–10　集约型结构示意

集约型的特点是滨水区的职能成为主导因素，绿化空间以城市中心绿地的职能而成为其依托，标志性成为其最为显著的特点。

8.3.3.3　松散型

各滨水空间要素以相对活泼、自由的方式组合，滨水空间融于自然之中，风景名胜和湖光山色成为滨水空间的主体。松散型的滨水空间多出现于以游憩功能为主的滨水区。例如大型的城市公园、风景旅游区等。其主要特点是四要素的关系由于其地域的广阔而得以充分延展，体现出宁静、开阔的空间特点（图 8-11）。

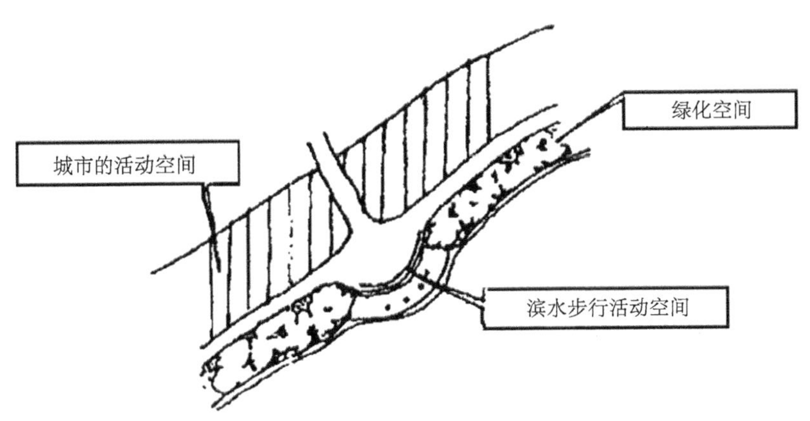

图 8–11　松散型结构示意

8.4 路网结构模式

城市滨水区的交通路网设计应该旨在创造一种有机的交通网络，促使城市滨水区形成利于市民进行健身、交流等行为的物质环境和空间形态，进而改善城市、社区与个人的健康状况，形成可持续发展的滨水区环境。

8.4.1 交通模式

总体而言，可将城市滨水区按照距水体步行 5 分钟距离（约 500m）、距水体步行 10 分钟距离（约 1000m）分别定义为滨水核心区和滨水扩展区。滨水核心区内可适当限制地面机动车辆通行，步行、自行车等非机动交通方式出行率应不小于 70%；而滨水扩展区以公共交通系统为主导，并做好公交车与自行车的换乘、地铁与公交车的接驳等工作，限制私家车辆通行（图 8-12）。垂直水体方向的道路应与夏季盛行风向平行，延伸至滨水景观大道并与滨水低密度缓冲区有机结合，合理安排相应开放空间。

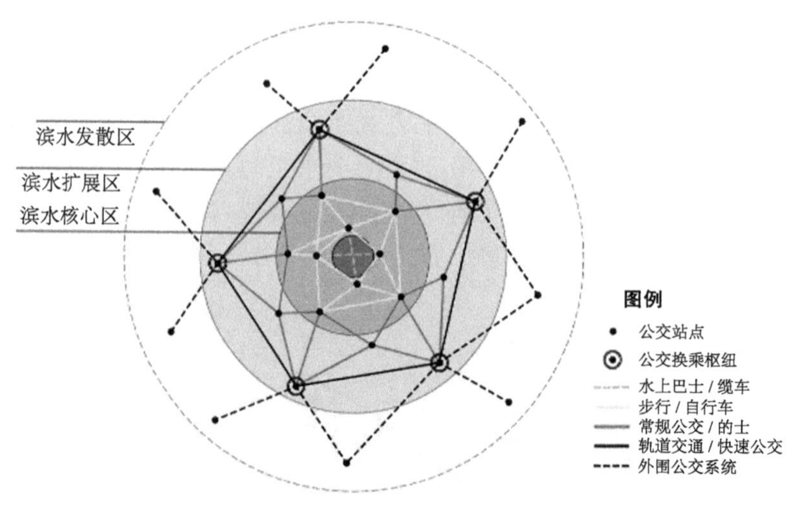

图 8-12 滨水区整体交通模式

8.4.1.1 整合多种公交资源

滨水区内整合不同的公交资源，在减少环境负担的同时可以提高交通效率。滨水扩展区可采用地铁、轻轨等大运量轨道公交或快速公交系统（BRT）连接城市内陆；滨水核心区可采用公共巴士、电车或公共的士等方式抵达，也可直接步行或租赁公共自行车完成换乘的路径；水体两岸通过公共水上巴士或公共缆车相互连接，使滨水区形成完整健康的城市“绿肺”（图 8-13）。

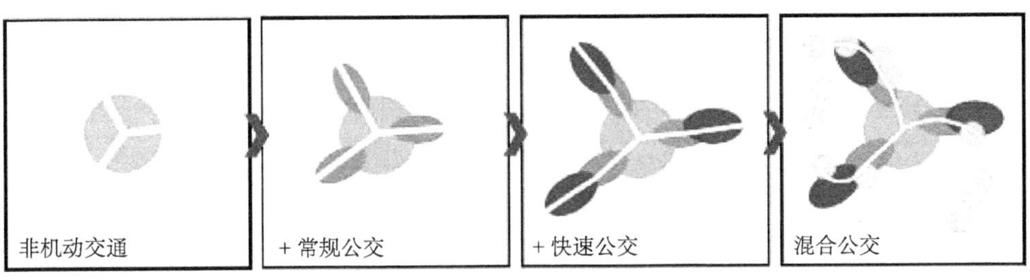

图 8-13　滨水区多种公交资源的整合

8.4.1.2　建立慢行交通体系

滨水核心区内可以建立以步行和骑车为主导的慢行交通体系。非机动车的专用道路系统应满足休闲健身与日常通勤的双重需求，实现滨水区交通模式由传统的机动车主导型向以步行、骑车为主导的慢速交通型的转变。

8.4.1.3　融合滨水公共活动

结合景观设计合理的交通“绿道”引导市民从内陆抵达滨水区，提倡使用集交通、观景、社交功能于一体的尺度宜人的生活性街道，并结合集中的滨水绿地、广场、公园等开放空间形成绿色网络（图 8-14）。点状滨水地标、线状景观绿廊、面状滨水缓冲区应联系成为统一整体，承担散步、慢跑、轮滑、游玩、展览等一系列有益身心健康的户外活动。

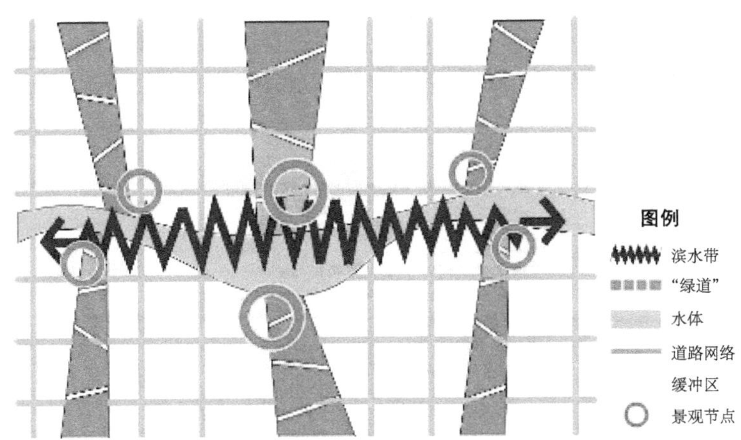

图 8-14　滨水区绿色空间体系

8.4.2 布局模式

8.4.2.1 环状放射式

环状放射路网是一种至今，尤其是欧洲仍广泛采用的道路设计形式。这种形式的路网有助于营造出精致的、高质量的公共空间，从而促进丰富多彩的城市活动。滨水区的交通组织应考虑环境的整体性，通过疏理路网格局，以环水道路为基础打造公共步行区，可建设环状放射式路网，从而建立导向性明确的多层次道路空间（图 8-15）。

8.4.2.2 自由式

自由式路网以结合地形为主，道路弯曲无一定的几何图形。现有自由式路网随城市规模的发展，通常采用在局部与方格网布局结合的方式（图 8-16）。

图 8–15 环状放射式路网

图 8–16 自由式路网

8.4.2.3 混合式

混合式也称综合式，是上述路网形式的结合，既发扬了各路网形式的优点，又避免了它们的缺点，是一种扬长避短较合理的形式。路网布局规划的合理性直接关系路网功能，合理规划布局可以发挥各路网形式的优点，也利于城市的扩展和过境交通的分流(图 8-17)。

图 8–17 混合式路网

8.5　单体建筑模式

8.5.1　建筑布局

滨水区建筑布局主要有围合式、排列式、点状式等，其主要特点如下（表 8-2）：

滨水区建筑布局模式　　表8–2

布局模式	布局图示	布局特点
围合式		1.有较强的向心性，聚合性； 2.提供丰富的公共、半公共空间； 3.较好的可达性； 4.较好的景观轴线和不同的景观层次
排列式		1.易形成良好的滨水景观，有一定的秩序感； 2.有助于形成有序的滨水景观
点状式		1.点状建筑自由分布，有较好的景观； 2.提供自由的场所； 3.体现灵活的滨水布局和现代城市气息

8.5.2　建筑体量

滨水区内临水建筑体量不宜太大，大体量建筑如影院、大规模的商业卖场等应布置在离水较远的位置，在建筑的高度和体量上应向河岸渐次跌落。反对单体建筑遮挡看水视线，看与被看应同时兼顾。必需的临水会所以及大型餐饮等商业建筑可在形体上化整为零，对于大体量建筑可以采用增加水平及横向的体量分隔和形体错动达到分隔单一形体的目的，在不同体量的形体单元间加入多种形式的屋顶，遮阳处理也是建筑化整为零的有效方法之一（图 8-18）。

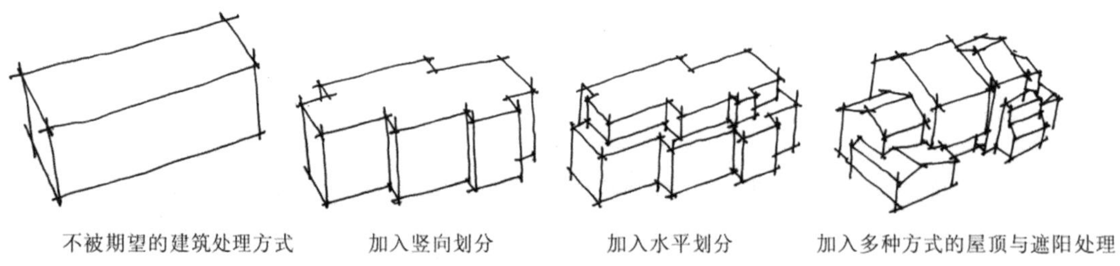

图 8-18　建筑体量化整为零示意

8.5.3　建筑色彩

为烘托滨水开敞区的纯净空间氛围，滨水建筑应当以色彩调和为主、色彩对比为辅，宜采用低明度、低纯度的颜色，用高明度、高纯度的色彩点缀局部，形成醒目、热闹的商业气氛。

8.5.4　建筑界面

临水建筑宜采用柔性界面以及人性化材料，不宜采用金属板材等反光强烈的材料。建筑亲水部分应谨慎使用玻璃，防止炫光。

滨水空间的主建筑界面要有独特的魅力吸引游客，整体开发时注重建筑界面整体性的塑造，在建筑体量、位置、立面的材料以及相似形体的使用上达到统一的效果。

8.5.5　建筑断面形式

根据滨水断面的开敞度，以滨河双侧的商业步行街为例，分析滨水建筑临水断面控制的空间模式（表 8-3）。

滨水断面形式　　　　**表8-3**

断面图示	描述	空间特征
（1）	水系两侧被商业建筑利用	水系空间呈封闭状态，滨水商业项目对水资源的利用率较高，但是由于空间封闭，外界对商业建筑的可见性差，步行街未获得滨水景观

续表

断面图示	描述	空间特征
（2）	水系一侧为开敞空间，另一侧被商业建筑利用	水系空间呈开敞状态，滨水空间在此处放开，滨水广场获得良好的滨水景观，外界对商业建筑的可见性高
（3）	水系两侧为商业步行街	水系呈开敞状态，两侧商业步行空间均获得良好的滨水景观，营造了舒适的休闲购物氛围
（4）	水系一侧为商业步行街，另一侧被商业建筑利用	水系呈半开敞状态，一侧为步行街，获得临水景观，另一侧被商业建筑利用，外界对商业建筑的可见性高
（5）	水系一侧为开敞空间，另一侧是商业步行街	水系呈开敞状态，两侧视野开阔，滨水空间在此处放开，水系被容纳在开敞空间中，水资源的公共利用率高

8.5.6　建筑高度

建筑高度主要是为了形成优美的天际线以及良好的空间尺度。界面高低起伏、分段处理，每个阶段内有一个较高点的突出，其他保持平齐或有微小的错落，有利于丰富滨水区竖向空间景观。

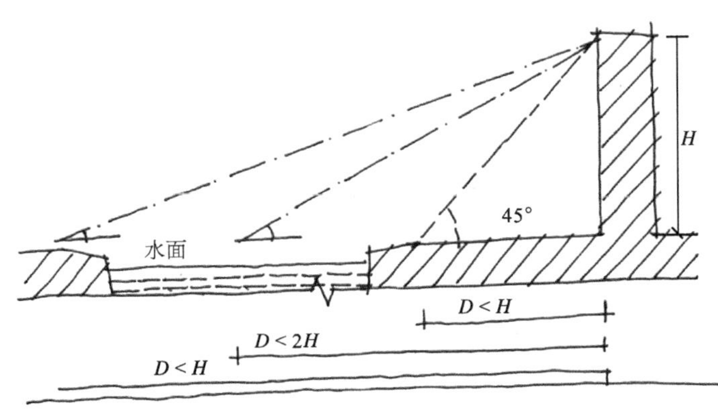

图 8–19　观看建筑视角示意

对建筑高度的控制可以形成良好的空间尺度。首先建筑高度的控制要以滨水区原有建筑、水的尺度、景观视线分析等为依据，通过滨水建筑高度的控制使建筑向水面空间逐次跌落，因而水面获得一个视线开阔的空间。根据视觉与欣赏效果的关系，一般认为高度控制应保证 $H/D_1 < 1$、$H/D_2 < 2$、$H/D_3 < 3$ 为宜（图 8-19）。

8.6 快速项目训练：江南某大城市新城中心区设计

本案基地位于江南某大城市的新城中心区，用地总面积为 6.6hm^2，基地西侧和北侧为城市主干道、东侧临湖，基地内平坦（图 8-20）。

设计要求在理解和尊重场地的基础上，营造一个功能结构合理、交通组织便利、具有现代气息的滨水商业街。商业街区内主要考虑商店、餐饮、休闲、娱乐设施，也可适当考虑一些小型展示空间。建筑宜为 3 层，充分考虑停车和消防的要求，地上停车位不少于 30 个，绿化率不少于 30%。规划范围如下图所示，建筑红线后退主干道 10m、后退次干道 5m、临湖部分后退 15m、其他部分后退用地红线 3m。

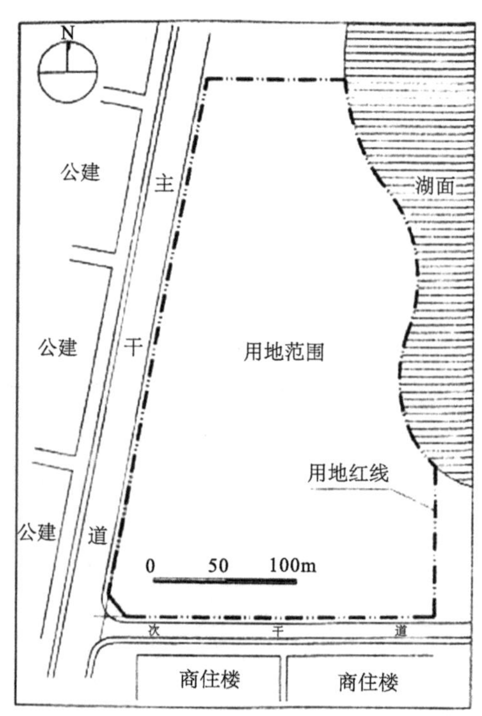

图 8-20　基地地形

8.6.1 任务解读

从设计深度、功能定位、开发强度、设计重点这 4 个方面来解读本次设计任务。

8.6.1.1 设计深度解读

根据设计要求，本案位于新城中心区，因此对现状的保留因素考虑较小，整体设计自由度较大。地块总面积为 6.6hm^2，地块面积较大，因此对建筑细节、景观、铺地等方面的设计深度要求较大。

8.6.1.2 功能定位解读

设计要求指出片区位于新城中心区，定位为商业街区。因此，建筑类型应当包括办公建筑、文化展览建筑、商业建筑等，而设计应当围绕滨水区域展开，布局各功能建筑，从而形成城市活力中心。

8.6.1.3 开发强度解读

滨水区为不可多得的开发空间，本案要在 6.6hm^2 的基地面积上完成 2.0 容积率的城市设计任务。作为城市滨水商业街区，应当适当保证室外场地需求，在建筑密度上予以控制，以 20% 左右为宜。

8.6.1.4 设计重点解读

本项目设计重点主要为两大方面：

第一，商业街区。如何设计舒适有趣味的商业空间，并以水为核心组织各类建筑，是构建整个片区有序空间的重点。

第二，水系运用。东侧滨邻湖面，如何有效利用水体景观是使设计富有灵动性的关键所在。

8.6.2 场地分析

8.6.2.1 周边场地分析

基地西侧和北侧是城市主干道，东侧是河道，南侧是商住楼。整体而言，东侧的湖面是主要景观点，而西侧和北侧主干道是人流的主要来向，相比之下南侧也会有少量人流进入商业街区。

8.6.2.2 内部场地分析

内部场地方面，由于属于新城开发并且地势平坦，因此考虑因素不多。沿湖岸的滨水空间是影响基地内部的主要因素，应适当予以保留，借助湖岸线创造亲水灵动空间。

8.6.3 方案构思

8.6.3.1 设计理念

自然生态思想：设计应当体现自然生态理念，充分利用滨水优势，挖掘滨水绿地和城市湖泊的生态景观价值。

合理开发强度：规划设计应全面考虑片区开发的经济效益，并保证足够的室外活动空间需求，综合权衡确定开发强度。

人本主义观念：以人为本，从人性化的角度安排各类空间，满足人的需求。

8.6.3.2 总体布局

以城市滨湖空间为中心，有序组织建筑，通过建筑细节设计实现建筑与场所的呼应。同时要注重水系的利用，实现建筑布局、广场设计与水系利用的巧妙结合。

8.6.3.3 交通梳理

基地内部交通应当以步行交通为主，通过合理的入口布置与路网设计，实现人流的快速集散。车行系统以自由式道路为宜，但要注意道路贯穿场地内部时应当防止其割裂整体步行空间。

8.6.3.4 开放空间

设计中考虑的主要开放空间包括入口空间、广场空间、水岸空间三类。

入口空间结合道路等级布置，其中主要人行入口设于主干道一侧，通过优美的入口景观设计加强整体美感。

广场空间既要沉稳又要灵活，可通过建筑围合形成连续而不突兀的空间，同时引入水体，既能丰富景观层次又能体现广场空间的灵活性。

水岸空间重点在于滨水步道设计，以弯曲的小路为主要线形，在适当区域设置滨水平台可有效满足人们亲水需求。

8.6.4 方案表达

8.6.4.1 总平面图与鸟瞰图（图 8-21、图 8-22）

方案设计围绕半圆形商业广场展开。北侧是一组以娱乐功能为主的商业建筑；南侧布置一组商业建筑，主要用途是零售和大型商业；西侧主体为半圆形商业广场，主要功能是娱乐和商业；东面则通过一组连续的文化建筑和商业建筑形成商业街，与弯曲的滨水步道呼应，最后以滨水旅馆收尾。

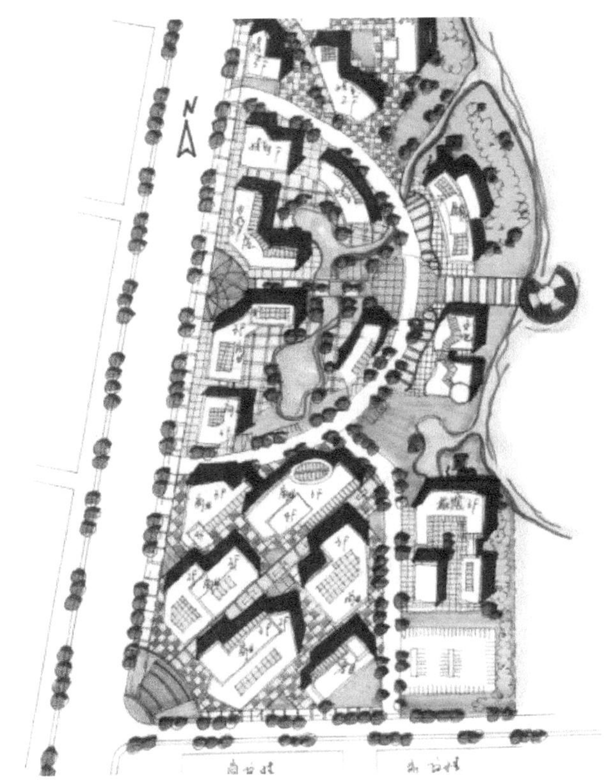

图 8-21　总平面图

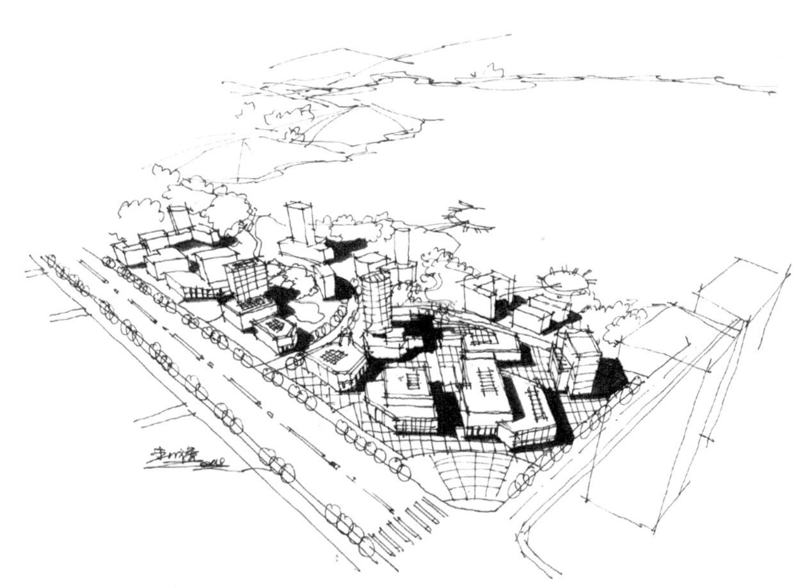

图 8-22　鸟瞰图

8.6.4.2 特色界面分析

1. 规划结构分析（图 8-23）

整体结构为“一心、两轴、一带”：

一心：中心商业广场。

两轴：东面滨水区主入口与商业广场之间连接的线性空间构成主轴线，西北侧次入口与广场连接并延伸至河岸形成内部纵向轴线。

一带：沿岸绿地形成滨水绿带。

2. 道路系统分析（图 8-24）

车行道路采用自由式从南侧城市主干道延伸至基地内部，可有效减少对步行的干扰，同时减轻主干道交通压力。

步行道路沿轴线设计，并在绿带处设计滨水步道。

静态交通方面以地下停车为主，出入口设置于旅馆建筑南侧，同时在旅馆南侧沿道路一侧布置适量的地面停车场，以满足使用需求。

3. 景观结构分析（图 8-25）

方案以广场为主要景观节点，以两条轴线为主要景观轴线和视线通廊，并串联起滨水绿带构建整个景观体系。

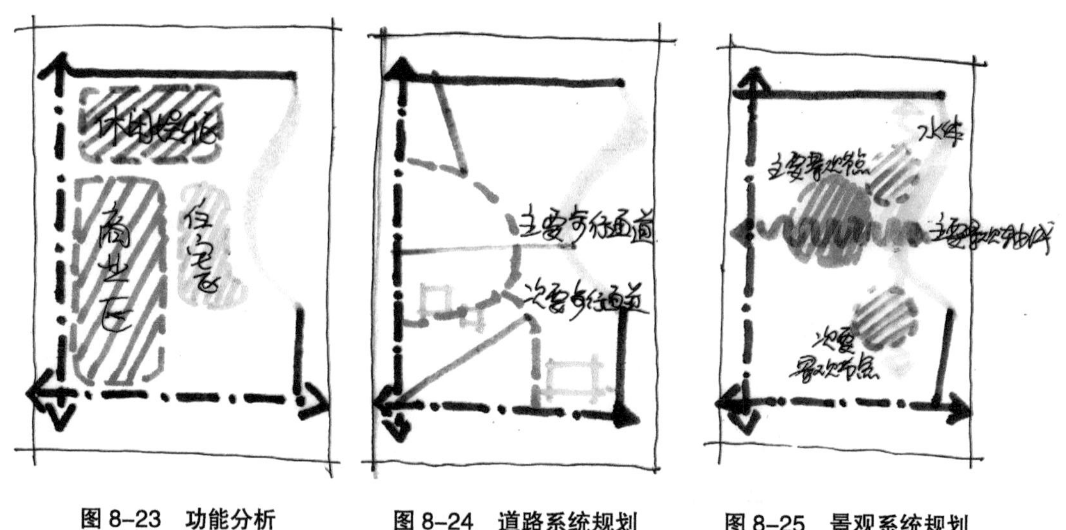

图 8-23　功能分析　　图 8-24　道路系统规划　　图 8-25　景观系统规划

8.7　项目实践详解：龙沐湾雨林海岸城市规划设计

位于海南岛西南部的龙沐湾，依山傍海、地势平坦，拥有中国唯一的“落日海滩”、尖峰岭热带雨林、黎苗地域文化等特色资源优势，是一个极具潜力、尚待开发的海滨地区。

《龙沐湾国际旅游度假区总体规划》将整体旅游区划分为岭头、栖霞、佛罗三个片区，本规划区属于总体规划的核心区——“栖霞高端度假区”，南至丹村河、北至白沙河、东至丹岭大道、西至北部湾海岸，规划面积 15.3km^2（图 8-26）。《龙沐湾雨林海岸控制性详细规划》对规划地块进行了用地性质划分和路网设计（图 8-27）。

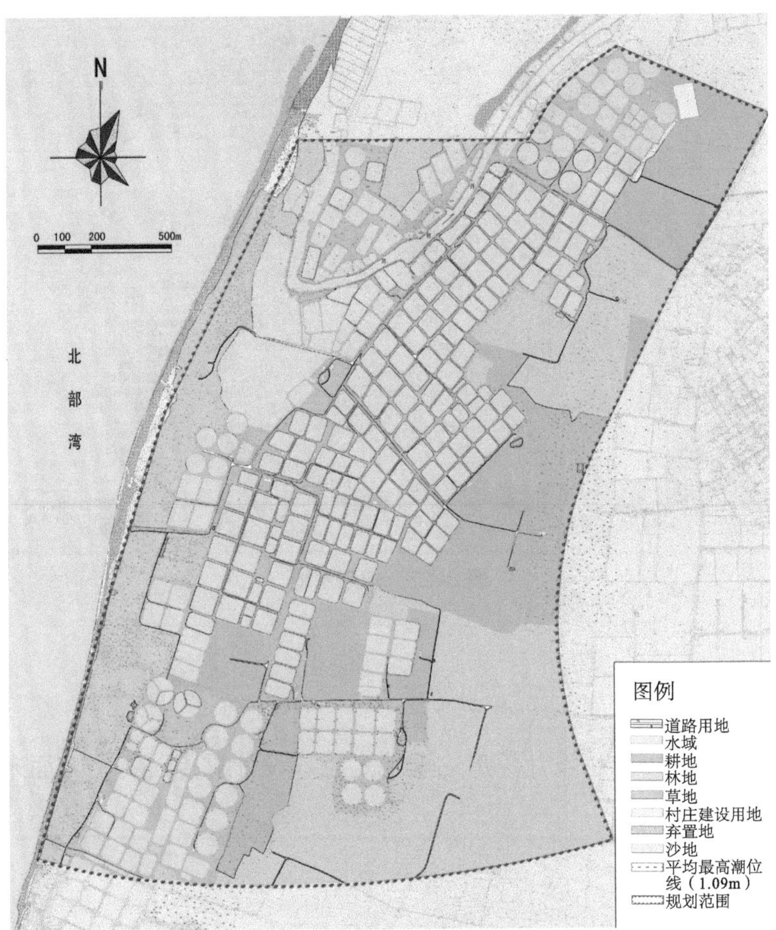

图 8-26　现状用地

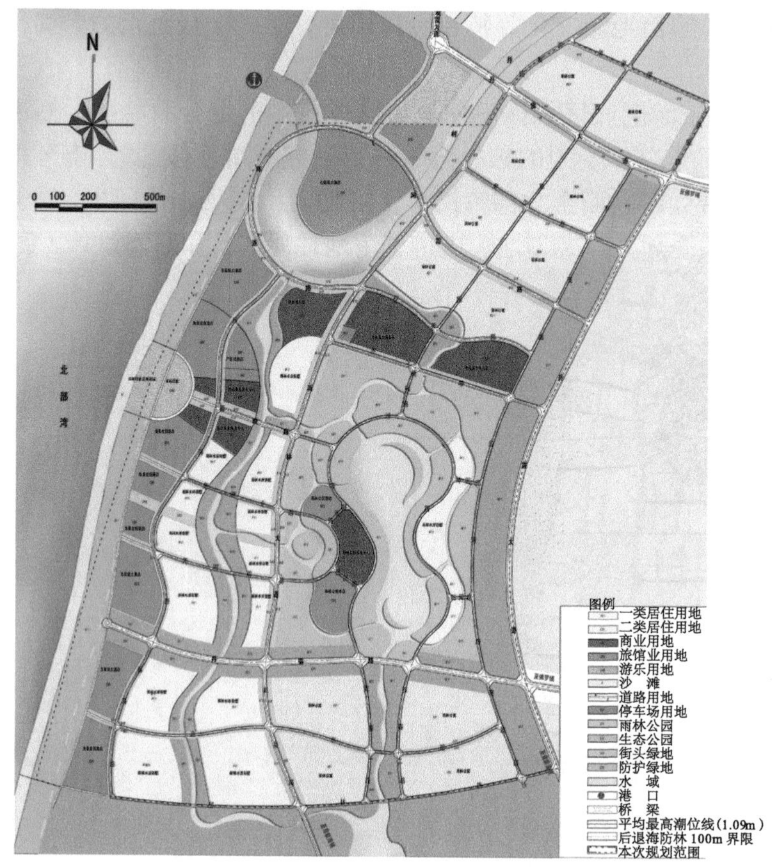

图 8–27 规划用地

8.7.1 任务解读

根据设计要求，可以从设计深度、功能定位、设计重点这 3 个方面来解读本次设计任务。

8.7.1.1 设计深度解读

《龙沐湾国际旅游度假区总体规划》将本地块定位为“栖霞高端度假区”，确定了设计的内容是居住为主，应当以“水”为主题加深对水的理解和运用，创造优美的度假旅游环境。

8.7.1.2 功能定位解读

国际化、复合型、多元化的中低密度生态居住型旅游度假区：

国际化：具备国际化的视野、开发水准和影响力。

复合型：承载滨海度假、山地探秘、会议疗养和生态居住等功能于一体。

多元化：不同特色文化有效遴选和组合，塑造和谐共融的多元文化风貌。

中低密度：相对于亚龙湾、大东海等中高密度而言，降低开发密度。

生态居住型：与中低密度相对应，体现本案“游居合一”的大旅游思想。

8.7.1.3　设计重点解读

生态保护优先：正确处理自然资源的保护与旅游开发之间的关系，坚持生态保护优先原则，在有效保护培育的基础上实施适度开发。在规划建设中，保持景观资源及其环境风貌的完整性，保护自然景观的原生性，保护生态环境的多样性，走可持续发展之路。

彰显地域文化特色：彰显地域文化特色，丰富人文环境，将别具特色的黎苗民族文化和传统文化融入规划设计的各个方面与开发建设的各个阶段，打造具有地域特色的国际性旅游度假区。

区域协调发展：按照科学发展观的要求，统筹兼顾、合理布局，妥善处理核心区与周边区域发展、生态环境保护与开发建设、岸线保护与开发利用、旅游区建设与社会经济发展、分期开发与总体布局的关系，走区域协调发展之路。

可操作性：通过建立一套科学的控制性详细规划指标体系，适应规划的弹性变动，提高规划的可操作性。

8.7.2　场地分析

8.7.2.1　周边场地分析

铁路：西线铁路在度假区东侧经过，在本区域内没有设站。

港口：规划区北侧 5km 处有岭头渔港一座，是规划区以后发展海上交通的出海通道。

高速公路：西线高速公路从规划区东侧经过，距规划区 4km。

国道：225 国道从规划区的东侧边缘经过，向南可到达三亚，向北可通向东方、海口。

8.7.2.2　内部场地分析

1. 地形地貌

①高程：规划区总体地势东北高、西南低，局部略有起伏，从内陆向海岸大致分为 2 个台地，以东的台地高程为 10~21.19m，以西的台地高程 0.48~10m。规划区东北侧最高处海拔 21.19m，是片区制高点；最低点高程 0.48m，最低点与最高点高差 20.71m，场地内用地较为平整。

②河滩地：白沙河、丹村河分别从规划区的北侧与南侧经过，形成了两片河滩地，丰富了区内的地形地貌，有利于打造地势富于变化的海滨旅游区。

2. 气候与环境

规划区地处热带季风海洋性气候，南有丹村河、北有白沙河两处湿地，水草丰美，与其周边的河滩地可以一起定义为湿地，是区内宝贵的生态资源。规划区东侧 10km

处就是尖峰岭热带雨林，有丰富的旅游资源。山高林密，周围寂然无声，尤其是海拔800m的天池，四周天然林环抱，年平均气温19~24.5℃，是疗养避暑度假胜地。

3. 道路现状

区内大部分道路为乡道与村道，路面硬化率较低，交通联系不便利。观霞大道已经修建了长2000m、宽14m的泥土路面，通过它可以从225国道直接到达海边，是落日海滩对外联系的主要道路。沿海边有长7000m的滨海路，从海防林中间穿过，是区内现状的纵向联系道路。村镇道路大部分宽3~5m，为泥土路面。

4. 现状用地

规划区内现状用地主要以耕地、林地、虾塘、村庄建设用地为主。规划区总用地面积15.3km^2。村庄建设用地有71.11hm^2，占总用地面积的4.65%；水域及其他用地1458.97hm^2，占总用地的95.35%。

8.7.3 方案构思

8.7.3.1 设计理念

点轴布局，系统有序：规划在片区主要道路入口空间设立门户节点，并以景观绿带串联起各个开放空间，开合适度，营造一步一景的园区环境。

路景相合，珠连绿带：结合绿廊形成水绿交织的生态网络基底，并在轴线交汇处形成节点空间，局部区域放大水面，营造多层次景观场所。

多元板块，风貌协调：依托生态网络骨架，采取组团式布局形成各具特色的风貌区，包括生态绿廊、特色产业区、综合物流区等。

开放界面，显山透绿：规划强调开放空间界面和滨水界面的控制，营造显山透绿的空间效果。

8.7.3.2 总体布局

规划区是整个龙沐湾国际旅游度假区的核心区，设计有高端的滨海度假海岸、国际化的综合服务区、高品质生态居住与运动休闲区。规划综合体现滨海度假、康体疗养、运动休闲、生态居住、商业服务等旅游服务功能。

8.7.3.3 交通梳理

对外交通：规划建立海、陆、空相结合的对外立体交通体系，满足龙沐湾核心区对外交通快速、顺畅、便捷的需求。海上交通：结合岭头渔港设置近海岸旅游航线，联系三亚旅游区的三亚湾、亚龙湾、海棠湾等，并通过三亚国际邮轮码头开辟国际海上航线；陆上交通：对外交通系统由西线铁路、西线高速公路构成，通过它们可以联系海南岛的所有景区与交通枢纽；空中交通：通过西线高速公路、西线铁路联系三亚凤凰国际机场，开辟空中航线。

区内交通：路网调整：延续总体规划的道路网络，部分道路线形结合城市设计调整。

8.7.3.4　开放空间

以“人与自然和谐相处”为目标，加强热带滨海绿化特色的营造，合理组织公园绿地、街头绿地、生态防护绿地等的布局，做到点、线、面相结合，建立多类型、多层次、多功能的绿色空间网络。

8.7.4　方案表达

8.7.4.1　总平面图与鸟瞰图（图 8-28、图 8-29）

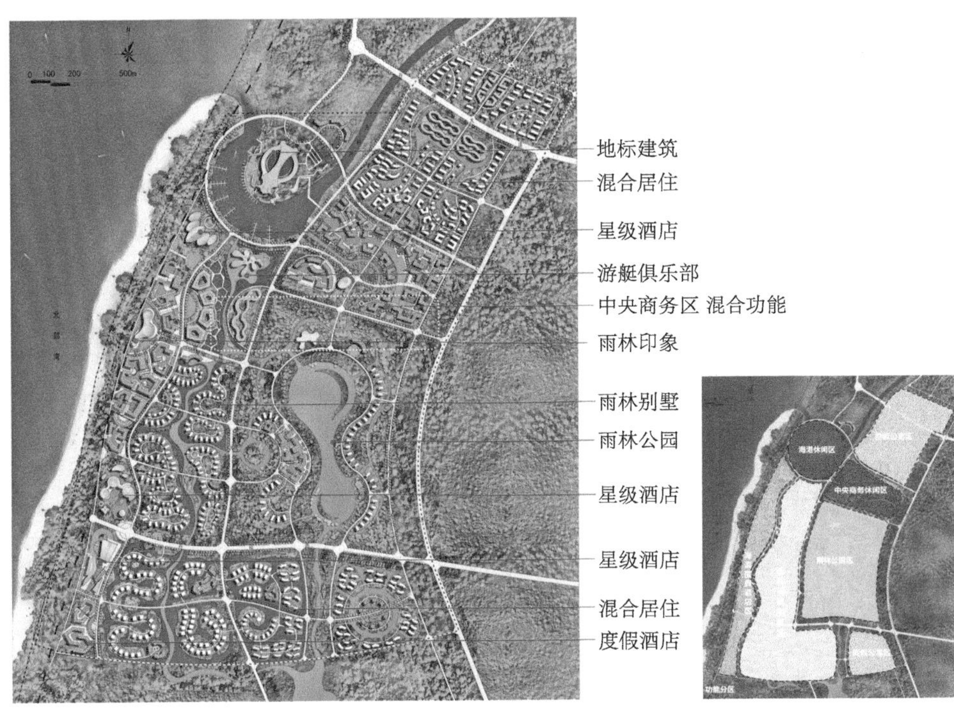

图 8-28　总平面图

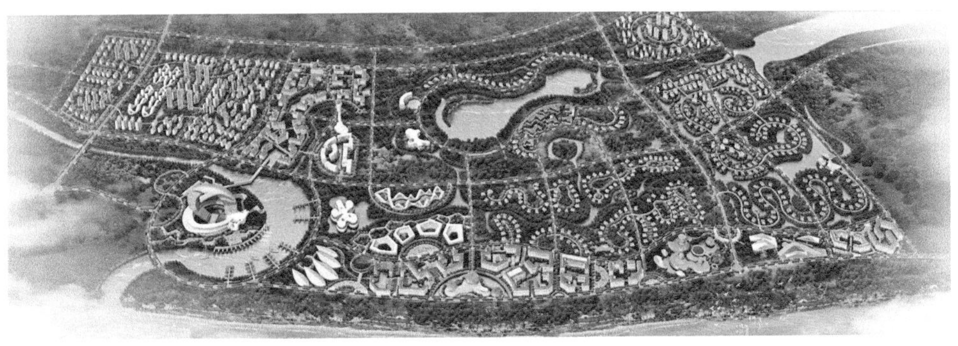

图 8-29　鸟瞰图

规划区内自西北向东南大致形成海港休闲区、度假公寓区、中央商务区、海滨度假酒店区、雨林河畔别墅区、雨林公园区等 6 大功能分区。

1. 海港休闲区

位于规划区西北部沿海地带，综合酒店、剧院、休闲功能建筑打造规划区的地标地段。

2. 度假公寓区

多层及高层居住区分布在规划区东北及东南侧，可有效避免过多机动车辆进入中心区，并可依据南北及东西干道形成本规划区开发的门户，形成怀抱大海之势，获得绝佳的向海景观。

3. 中央商务休闲区

商业区结合海港地标区及水系，形成蜿蜒龙形之势，为区域性商业中心。

4. 海滨度假酒店区

呈滨海带形布置，5 个星级酒店金、木、水、火、土序列布置。

5. 雨林河畔别墅区

该区位于规划区中部沿河地带，主要为低密度的别墅，极力呈现海景、河景和绿色景观，为居住者营造优美、安静、私人性的生活空间。

6. 雨林公园区

结合中心大面积的雨林公园，同时提供俱乐部、健身、疗养、SPA 以及高端别墅等功能，形成依雨林公园景观而居的中心雨林公园区。

8.7.4.2 设计解析

1. 规划结构分析（图 8-30）

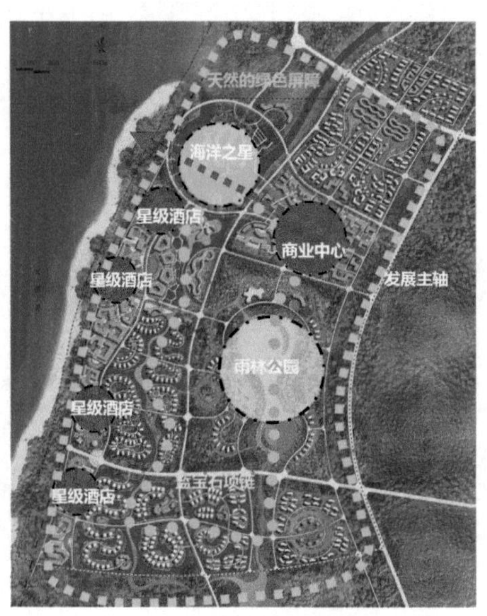

图 8–30 规划结构分析规

划形成“一轴、双核、双链、多节点”的结构模式：

一轴：串联港口休闲及中央商务区的发展主轴，是规划区建设发展的核心内容，以地标提升形象，通过商业商务形成配套，先期开发带动整个规划区发展。

双核：港口休闲地标核——海洋之星、雨林公园区——大野之境。

双链：水系构成的蓝宝石项链串联规划区各功能组团，外围防护绿带构成天然绿色屏障。

多节点：中央商务区及各星级酒店有机串联在蓝宝石项链上，犹如颗颗珍珠，熠熠生辉。

2. 道路系统分析（图 8-31）

延续控制性详细规划道路系统，对其进行微调。

路网等级：道路系统分为主干路、次干路、支路。

主干道形成两纵两横的路网结构。两纵：栖霞大道、丹岭大道；两横：丹福路、丹佛大道。

次干道加强各功能区之间的交通衔接。

支路主要为各功能区内部设计需要，满足各区内部建筑的交通需求。

景观大道为北部湾沿岸自行车道，为游客提供悠闲的慢行空间。

图 8-31　道路系统分析

3. 景观结构分析（图 8-32）

依据“以山为尊、以海为荣、以湖为心、以河为脉、以林为魂”的设计理念，以雨林公园为基础设计雨林景观核心；北部“海洋之心”和商业中心为建筑景观序列，交相呼应形成主要景观轴线；西侧滨水部分结合岸线设计建筑景观节点；围绕内河设计生态水景轴串联整个规划区。

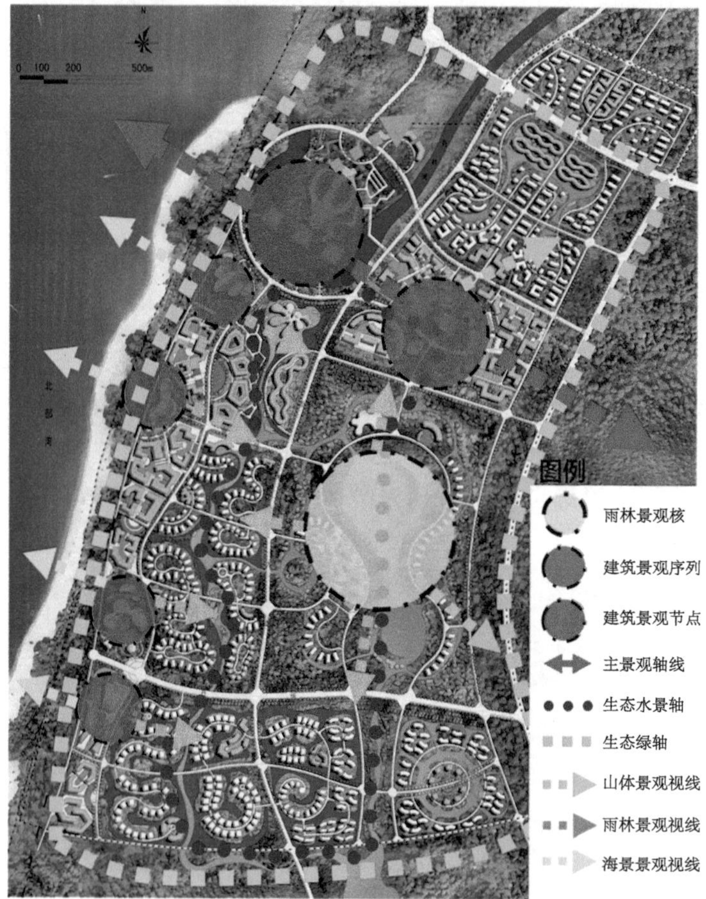

图 8-32 景观结构分析

参考文献

第 1 章

[1] 城市规划基本术语标准（GB/T50280–98）.

[2] 王建国 . 城市设计 [M]. 第 1 版 . 南京：东南大学出版社，2004.

[3] 贝纳沃罗著 . 薛钟灵等译 . 世界城市史 [M]. 北京：科学出版社，2000.

[4] 王瑞珠 . 国外历史环境的保护与规划 [M]. 台北：淑馨出版社，1993.

[5]（美国）埃德蒙· N· 培根 . 城市设计 [M]. 黄富厢等译 . 北京：中国建筑工业出版社，2005.

[6] 金广君 . 图解城市设计 [M]. 第 1 版 . 北京：中国建筑工业出版社，2010.

[7]（英国）柯林· 罗著 . 童明译 . 拼贴城市 [M]. 北京：中国建筑工业出版社，2003.

[8]（英国）埃比尼泽· 霍华德著 . 金经元译 . 明日的田园城市 [M]. 北京：商务印书馆，2000.

[9]（芬兰）埃罗· 沙里宁著 . 顾启源译 . 城市：它的发展衰败与未来 [M]. 北京：中国建筑工业出版社，1986.

[10]（英国）拉斐尔·奎斯塔等著 . 杨志德等译 . 城市设计的方法与技术 [M]. 北京：中国建筑工业出版社，2006.

[11] 张剑涛 . 简析当代西方城市设计理论 [J]. 城市规划学刊，2005，（2）：6-12.

第 2 章

[1]GOSLING D.&B.Maitland.Concept of Urban Design[M].London：ACADEMY EDITIONS/ST MARTIN'S PRESS，1994.

[2] K Lynch.The Image of the City[M].MIT PRESS，1958.

[3]（美国）不列颠百科全书公司 .《不列颠百科全书》国际中文版编辑部译 . 不列颠百科全书 [M]. 第 1 版 . 北京：中国大百科全书出版社，2007.

[4]（美国）肯尼斯· 科尔森著 . 游宏滔等译 . 大规划—城市设计的魅惑和荒诞 [M]. 北京：中国建筑工业出版社，2006.

[5]（英国）拉斐尔· 奎斯塔等著 . 杨志德等译 . 城市设计的方法与技术 [M]. 北京：中国建筑工业出版社，2006.

[6] 中国大百科全书建筑· 园林· 规划卷 [M]. 第 1 版 . 北京：中国大百科全书出版社，2009.

[7]（英国）卡莫纳著 . 冯江等译 . 城市设计的维度 [M]. 南京：江苏科学技术出版社，2005.

[8] 金广君 . 图解城市设计 [M]. 第 1 版 . 北京：中国建筑工业出版社，2010.

[9]（芬兰）埃罗· 沙里宁著 . 顾启源译 . 城市：它的发展衰败与未来 [M]. 北京：中国建筑工业出版社，1986.

[10]（英国）弗· 吉伯特等著 . 程里尧译 . 市镇设计 [M]. 北京：中国建筑工业出版社，1983.

[11]（美国）埃德蒙· N· 培根著 . 黄富厢等译 . 城市设计 [M]. 北京：中国建筑工业出版社，2005.

[12]（美国）凯文·林奇著.方益萍译.城市意象[M].北京：华夏出版社，2001.
[13]（日本）卢原信义著.尹培桐译.外部空间的设计[M].北京：中国建筑工业出版社，1985.
[14] 邹德慈.城市规划导论[M].第1版.北京：中国建筑工业出版社，2002.
[15] 吴志强等.城市规划院里[M].第4版.北京：中国建筑工业出版社，2010.
[16] 阮仪三.城市建设与规划基础理论[M].第1版.北京：中国建筑工业出版社，1992.
[17] 徐思淑等.城市规划导论[M].第1版.北京：中国建筑工业出版社，1991.
[18] 王建国.城市设计[M].第3版.北京：中国建筑工业出版社，2011.
[19] 王建国.现代城市设计理论和方法[M].第1版.南京：东南大学出版社，2001.
[20] 中国城市规划设计研究院，住房和城乡建设部城乡规划司.城市规划资料集[M].第1版.北京：中国建筑工业出版社，2011.
[21]（德国）迪特尔·普林茨著.吴志强译制组译.城市设计[M].北京：中国建筑工业出版社，2010.

第3章

[1] 李军.城市设计理论和方法[M].第1版.武汉：武汉大学出版社，2010.
[2] 金广君.图解城市设计[M].第1版.北京：中国建筑工业出版社，2010.
[3] 王建国.城市设计[M].第1版.南京：东南大学出版社，2004.
[4] 上海市城市规划设计研究院.城市规划资料集[M].北京：中国建筑工业出版社，2005.
[5] 杨俊宴.城市中心区规划设计理论与方法[M].南京：东南大学出版社，2013.
[6]（美国）埃德蒙·N·培根著.黄富厢等译.城市设计[M].北京：中国建筑工业出版社，2005.
[7] 梁江，孙晖.模式与动因——中国城市中心区的形态演变[M].北京：中国建筑工业出版社，2007.
[8] 陈超，王耀武.理想空间个性与创造——中心区城市设计[M].上海：同济大学出版社，2009.
[9] 中国城市规划设计研究院，住房和城乡建设部城乡规划司.城市规划资料集[M].北京：中国建筑工业出版社，2010.
[10] 杨保军，王富海.城市中心区规划与建设[J].城市规划，2007，（12）：51-58.

第4章

[1] 董鉴泓.中国城市建设史[M].第3版.北京：中国建筑工业出版社，2004.
[2] 沈玉麟.外国城市建设史[M].第2版.北京：中国建筑工业出版社，1996.
[3] 李军.城市设计理论和方法[M].第1版.武汉：武汉大学出版社，2010.
[4] 金广君.图解城市设计[M].第1版.北京：中国建筑工业出版社，2010.
[5] 王建国.城市设计[M].第1版.南京：东南大学出版社，2004.
[6] 上海市城市规划设计研究院.城市规划资料集[M].北京：中国建筑工业出版社，2005.
[7] 朱家瑾.居住区规划设计[M].第2版.北京：中国建筑工业出版社，2007.
[8] 吴志强.百年现代城市规划中不变的精神和责任——纪念霍华德提出"田园城市"概念100周年[J].城市规划，1999，（1）.
[9] 仇保兴.19世纪以来西方城市规划理论演变的六次转折[J].规划师，2003，19（11）：5-10.
[10] 王凯.从西方规划理论看我国规划理论建设之不足[J].城市规划，2003，27（6）：66-71.

[11] 史舸，吴志强，孙雅楠等．城市规划理论类型划分的研究综述 [J]. 国际城市规划，2009，24（1）：48-55，83.

[12] 孙施文．后现代城市规划 [J]. 规划师，2002，18（6）：20-25.

第 5 章

[1] 李军．城市设计理论和方法 [M]. 第 1 版．武汉：武汉大学出版社，2010.

[2] 金广君．图解城市设计 [M]. 第 1 版．北京：中国建筑工业出版社，2010.

[3] 王建国．城市设计 [M]. 第 1 版．南京：东南大学出版社，2004.

[4] 上海市城市规划设计研究院．城市规划资料集 [M]. 北京：中国建筑工业出版社，2005.

[5] 刘世能．旧城改造案例研究 [M]. 北京：中国城市出版社，2012.

[6] 阳建强．西欧城市更新 [M]. 南京：东南大学出版社，2012.

[7] 蔡永洁．城市更新与设计研究 [M]. 北京：中国建筑工业出版社，2010.

[8] 中国城市规划设计研究院，住房和城乡建设部城乡规划司．城市规划资料集 [M]. 北京：中国建筑工业出版社，2010.

[9] 清华大学建筑与城市研究所．旧城改造规划、设计、研究 [M]. 北京：清华大学出版社，1993.

[10] 李峰，俞静．理想空间——城市更新 [M]. 上海：同济大学出版社，2010.

第 6 章

[1] 李军．城市设计理论和方法 [M]. 第 1 版．武汉：武汉大学出版社，2010.

[2] 金广君．图解城市设计 [M]. 第 1 版．北京：中国建筑工业出版社，2010.

[3] 王建国．城市设计 [M]. 第 1 版．南京：东南大学出版社，2004.

[4] 上海市城市规划设计研究院．城市规划资料集 [M]. 北京：中国建筑工业出版社，2005.

[5] 温锋华，沈体雁．园区系统规划．转型时期的产业园区智慧发展之道 [J]. 规划师，2011，（9）：15-19.

[6] 王缉慈．中国产业园区现象的观察与思考 [J]. 规划师，2011，（9）：5-8.

[7] 丁灵鸽，陈天，李磊等．弹性理念主导下的产业园区规划实践探索——以天津中华自行车王国产业园区为例 [J]. 城市规划，2010，（9）：93-96.

[8] 樊杰，陶岸君，梁育填等．小尺度产业空间组织动向与园区规划对策 [J]. 城市规划，2010，（1）：33-39.

[9] 蔡震，张晋庆，陈烨等．全程式产业园规划及要素控制初探——以北川新县城山东产业园详细规划为例 [J]. 城市规划，2011，（z2）：104-109.

第 7 章

[1] 李军．城市设计理论和方法 [M]. 第 1 版．武汉：武汉大学出版社，2010.

[2] 金广君．图解城市设计 [M]. 第 1 版．北京：中国建筑工业出版社，2010.

[3] 王建国．城市设计 [M]. 第 1 版．南京：东南大学出版社，2004.

[4] 中国城市规划设计研究院，住房和城乡建设部城乡规划司．城市规划资料集 [M]. 北京：中国建筑工业出版社，2010.

[5] 宋泽方，周逸湖 . 大学校园规划与建筑设计 [M]. 北京：中国建筑工业出版社，2006.
[6] 何静堂 . 当代大学校园规划理论与设计实践 [M]. 北京中国建筑工业出版社，2009.
[7] 胡昱 . 高校校园规划与建设 [M]. 北京：中国建筑工业出版社，2008.
[8] 江浩波 . 理想空间——个性化校园规划 [M]. 上海：同济大学出版社，2005.
[9] 包小枫 . 理想空间——中国高校校园规划 [M]. 上海：同济大学出版社，2005.

第 8 章

[1] 李军 . 城市设计理论和方法 [M]. 第 1 版 . 武汉：武汉大学出版社，2010.
[2] 金广君 . 图解城市设计 [M]. 第 1 版 . 北京：中国建筑工业出版社，2010.
[3] 王建国 . 城市设计 [M]. 第 1 版 . 南京：东南大学出版社，2004.
[4] 上海市城市规划设计研究院 . 城市规划资料集 [M]. 北京：中国建筑工业出版社，2005.
[5] 孙鹏，王志芳 . 遵从自然过程的城市河流和滨水区景观设计 [J]. 城市规划，2000，24（9）：19-22.
[6] 王建国，吕志鹏 . 世界城市滨水区开发建设的历史进程及其经验 [J]. 城市规划，2001，25（7）：41-46.
[7] 杨春侠 . 促进桥梁与城市的“协同发展”——突破滨水区“城桥设计脱节”的困境 [J]. 城市规划，2014，38（4）：58-64.
[8] 赵民，张佶 . 回到母亲河，重塑滨江城市形象——广州市珠江滨水区建设的探讨 [J]. 城市规划汇刊，2001，（2）：36-38.
[9] 陈伟 . 城市经营中的滨水区开发与经营 [J]. 规划师，2004，20（8）：10-12.
[10] 陈伟，洪亮平 . 公私合作进行滨水区开发：以美国托莱多市为例 [J]. 国外城市规划，2003，18（2）：52-54.
[11] 王嘉漉，钱欣，郭鉴等 . 城市滨水区规划的实践和思考 [J]. 城市规划学刊，2008，（z1）：131-135.
[12] 钟虹滨 . 哥本哈根滨水景观规划理念 [J]. 国际城市规划，2009，24（1）：68-71.

后　记

作为讲授城市规划设计课程的大学教师，总有毕业了的学生向我们反映刚参加工作时的茫然无措，尤其是在方案设计上的无从下手。这让我们不禁反思，教学没有能够引导学生建立起设计思维逻辑，造成了理论与实践的脱节。因此，我们想把近几年来在教学和设计方法上积累的一些经验与读者分享，把城市设计的思路和方法梳理出来，让设计变成可以“学会”的。

本书从筹划、汇编到成册历时近 18 个月时间。在团队成员的共同努力下，搜集资料、精选案例、精心撰写，经数次修改完善，最终定稿。在此，要特别感谢王石林、许琴两位研究生，帮助完成了本书的审核、校对工作。还有王晶晶、丁叶、王梦娇、陈玮、郭璇、楼梅竹、刘羽佳、陆雅君、郭盈盈、徐诗雪十位研究生，帮助完成了本书的资料整理、编撰工作。本书的成稿还离不开绘世界手绘教育培训研究机构的支持，尤其是总部负责人张光辉老师，在本书的出版过程中给予了热心的指点和帮助。